电工基础

Diangong Jichu

主　编／闫　明
副主编／刘亚明
主　审／胡志东

人民交通出版社股份有限公司
China Communications Press Co.,Ltd.
北 京

内 容 提 要

本书采用现实一体的思路、结合大量实例编写而成，全书共设6个项目，主要内容包括：直流电路、安装单相照明电路、小型配电箱的制作、三相电动机的控制、安全用电的相关知识。

本书可作为中等职业教育机电专业、电工电子专业、焊接技术专业、自动控制专业、数控专业及相关专业的教材，也可供机电技术和电气技术人员参考学习。

图书在版编目(CIP)数据

电工基础／闫明主编. —北京：人民交通出版社股份有限公司，2015.2

ISBN 978-7-114-10827-3

Ⅰ. ①电… Ⅱ. ①闫… Ⅲ. ①电工学—中等专业学校—教材 Ⅳ. ①TM1

中国版本图书馆CIP数据核字(2013)第179133号

中等职业教育土木类专业规划教材

书　　名：电工基础
著 作 者：闫　明
责任编辑：刘彩云　谢海龙
出版发行：人民交通出版社股份有限公司
地　　址：(100011) 北京市朝阳区安定门外外馆斜街3号
网　　址：http://www.ccpress.com.cn
销售电话：(010) 59757973
总 经 销：人民交通出版社股份有限公司发行部
经　　销：各地新华书店
印　　刷：北京市密东印刷有限公司
开　　本：787×1092　1/16
印　　张：13.25
字　　数：276千
版　　次：2015年2月　第1版
印　　次：2015年2月　第1次印刷
书　　号：ISBN 978-7-114-10827-3
定　　价：29.00元

前　言

电工基础是机电类专业各门专业课的基础课，其内容主要包括直流电，单相照明，三相电动机的控制，单相配电、单相用电及相关保护，低压电器、电动机的控制电路图，变压器的结构与原理，安全用电的相关知识。

本书主要以用电的相关工艺为主线，配合以相应的理论知识，简化大量的理论计算，辅以相应的大量的实验及实训，完成对所述内容的具体化，使学生能够具备用电方面的实践技能，具有电路故障分析的能力。在编写过程中，作者参阅了许多同行专家编著的文献，参考了各相关国家标准、工业与民用配电设计师手册等相关资料。全书深入浅出、结构合理、通俗易懂，具有较强的实用性。

本书由齐齐哈尔铁路工程学校闫明担任主编，刘亚明担任副主编。具体分工如下：项目一由郑彤编写，项目二由刘亚明编写，项目三由闫明编写，项目四由盛伟编写，项目五由周靖冉编写，项目六由金宇编写。胡志东同志审阅了全部文稿，并提出了很多宝贵意见。

限于编者水平，不足之处敬请广大读者批评指正。

编　者

2014 年 10 月

目　　录

项目一　安装与测量直流电路

【项目描述】

我们的生活和工作都离不开电，要掌握和利用电，就要从认识电路开始。在本项目中，我们从电路的组成入手，进一步认识电路中的物理量，掌握电路中最常见的电阻元件特性，学习电阻的串联与并联，学会使用万用表，最终能够安装与测量简单的直流电路。

【技能要点】

通过色环读出电阻值及误差，利用万用表测量电阻值，利用万用表测量电压值和电流值。

【知识要点】

电路的组成及工作状态，电阻的串联与并联，电路中的基本物理量。

任务一　认 识 电 路

一、电路组成

电能的产生、输送及各种电气设备的工作都是依靠电路来实现的，我们把电流流过的路径称为电路。电路一般由电源、负载、导线和开关四部分组成，如图 1-1 所示。

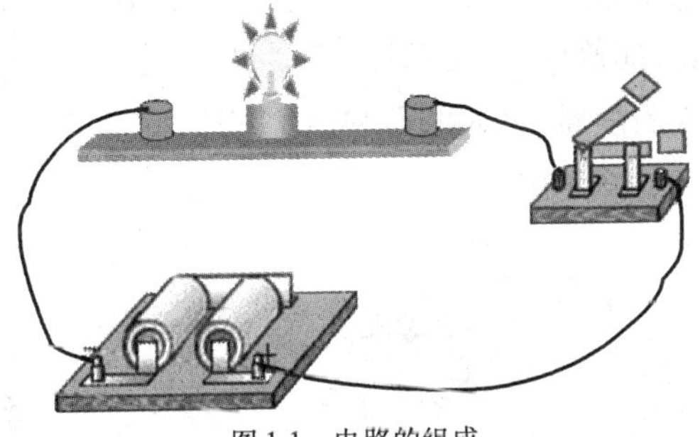

图 1-1　电路的组成

1. 电源

电源：电源是电能的来源，它将其他形式的能量转换为电能，如图 1-2 ~ 图 1-6 所示为几种常用电源。

图 1-2　干电池

图 1-3　蓄电池

图 1-4　柴油发电机

图 1-5　太阳能电池板

图 1-6　风力发电机

2. 负载

负载是消耗电能的设备，如照明灯、电热器、电动机等，它们能将电源产生的电能转变为光能、热能、机械能等其他形式的能量，为人们所利用。

常用的负载如图 1-7 ~ 图 1-9 所示。

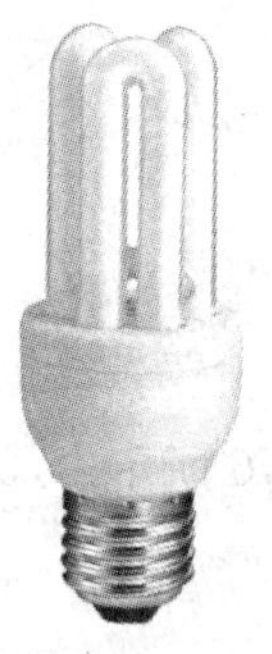

图 1-7　节能灯

图 1-8　电热器

图 1-9　电动机

3. 导线

导线的作用是将电路中的各个元件连接起来，形成回路。由于用途的不同，导线的外形和结构也有所不同常用的导线如图 1-10 ~ 图 1-12 所示。

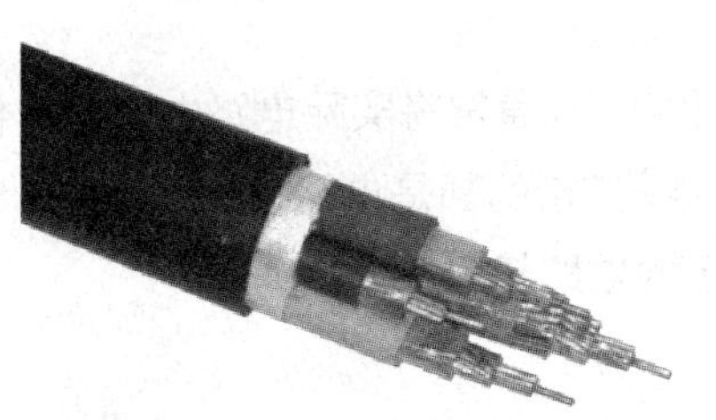

图 1-10　电缆线

图 1-11　多芯软铜线

图 1-12　信号线

4. 开关

开关用于控制电路的通断，如通过开关可以控制房间里面的灯的开闭常用的开关形式如图 1-13 ~ 图 1-16 所示。

图 1-13　照明开关

图 1-14　刀开关

图 1-15　空气开关

图 1-16　按钮开关

二、电路模型

实际电路中的电气设备多种多样，为了便于分析和研究，通常将实际电路中的元器件用规定的符号来表示，这就是电路模型，通常我们所说的“电路”指的都是电路模型。

如图 1-1 所示的实际电路可简化成如图 1-17 所示的电路模型。

三、电路状态

1. 断路

断路就是电源与负载没有连接成闭合电路，也就是图 1-18 中开关 S 断开时的工作状态。断路状态相当于负载电阻无穷大，电路的电流为零。

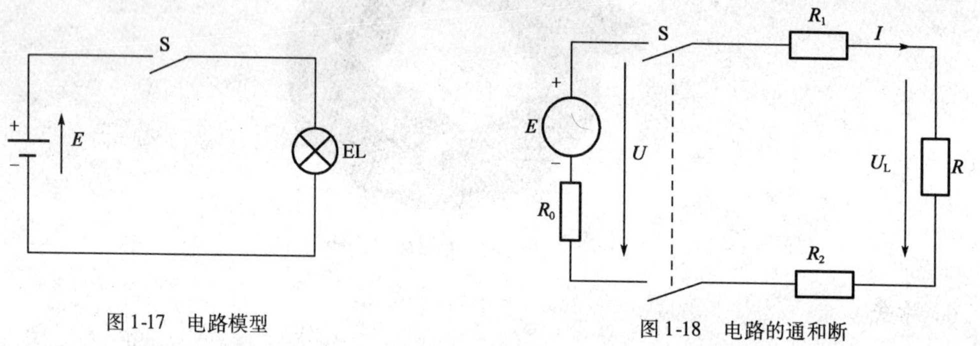

图 1-17　电路模型

图 1-18　电路的通和断

2. 通路

通路就是将电源与负载连接成闭合回路，即为图 1-18 中开关 S，闭合时的工作状态，此时电路中有电流流过。

3. 短路

短路就是电源未经负载而直接由导线连接而成的闭合回路，如图 1-19 所示。图中虚线是指明短路点的符号。电源输出的电流就以短路点为回路而不流经负载。若忽略输电导线的电阻，短路时回路中只存在电源的内阻 R_0，这时的电流为：

$$I_{SC} = \frac{E}{R_0}$$

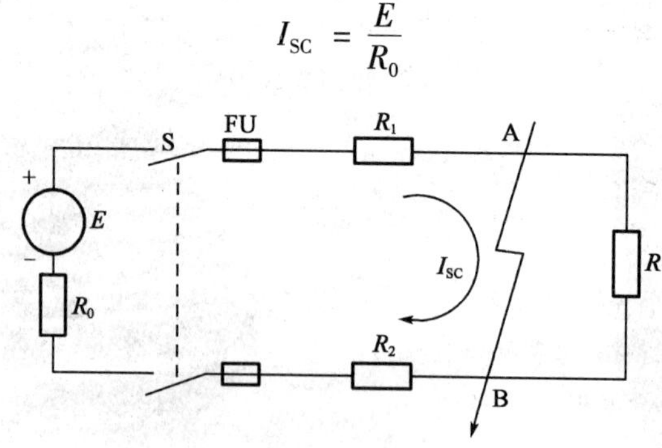

图 1-19　短路示意图

I_{SC}称为短路电流。因为电源内电阻 R_o 一般都比负载电阻小得多，所以短路电流 I_{SC} 总是很大。如果电源短路状态不能迅速排除，电流热效应很大的短路电流将会烧毁电源、导线以及短路回路中所接的电流表、开关等，引起火灾。所以电源短路是一种严重事故，应严加杜绝。

许多短路事故是因绝缘损坏而引起的，错误的接线或误操作也常导致电源短路。

为了避免短路事故引发的严重后果，通常在电路中接入熔断器或自动断路器（图 1-19 中的 FU），以便在发生短路时能迅速将故障电路自动断开。

任务二　认识电路中的基本物理量

一、电流

电路中的电灯会发光，电热器会发热，电动机能够转动都是因为在电路中有电流流过，那么，电流是怎样形成的？

1. 电流的形成

在电路中，电荷的定向移动形成电流。那么，电荷为什么会定向移动呢？

在金属导体中存在着大量的自由电子，通常情况下自由电子处于紊乱的、无规则的热运动状态，当金属导体接到电源上形成闭合电路时，电源会在金属导体中形成电场，自由电子在电场力作用下有规则的定向移动就形成了电流，如图 1-20 所示。

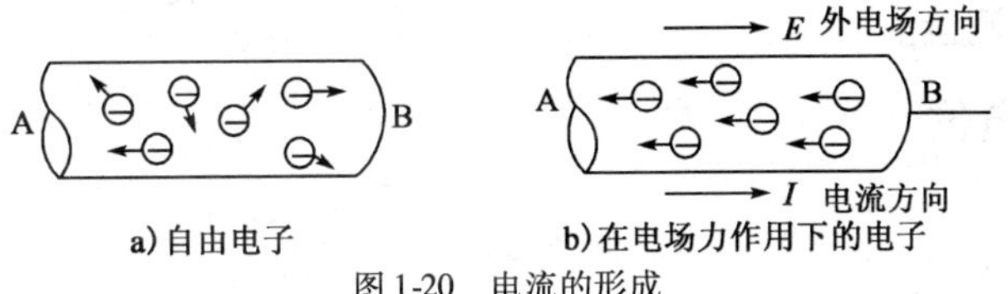

图 1-20　电流的形成

2. 电流的大小

电流的大小用电流强度来描述。单位时间内流过导体某一截面的电荷量称为电流强度，简称电流，即：

$$i = \frac{\Delta Q}{\Delta t}$$

式中：i——电流，单位为安培（A）；

ΔQ——通过导体某一截面的电荷量，单位为库仑（C）；

Δt——时间，单位为秒（s）。

电流常用的单位不仅有安培（A），还有毫安（mA）和微安（μA）。换算单位为：1A = 1000mA，1mA = 1000μA。

如果电流的大小和方向不随着时间的推移而变化，则称为稳恒直流电，简称直流电。

直流电通常这样表示：

$$I = \frac{Q}{t}$$

3. 电流的方向

通常人们规定正电荷运动方向为电流的方向。然而，在金属导体中，电子运动的方向与电流方向是相反的。

在电路分析过程中，有时很难确定电流的实际方向，这时可以先假定一个方向作为电流的参考正方向，简称正方向。

如果电流的实际方向与电流的参考方向一致，则电流为正；如果电流的实际方向与参考方向相反，则电流为负。电流的正负只是用来说明电流的方向，并不表示电流的大小。

在图 1-21 中，实线箭头表示电流的参考方向，虚线箭头表示电流的实际方向。

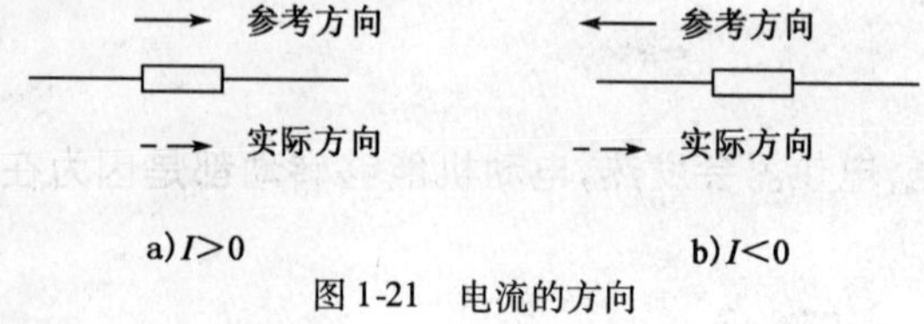

a) $I>0$　　b) $I<0$

图 1-21　电流的方向

[做一做]　测量电流

测量电流时一般使用电流表。

按图 1-22 连接电路。测量时将电流表串接在电路中，让电流从表的“+”端流入，从表的“−”端流出，根据表针指示的刻度，读出电流的大小。

测量时如果发现指针反向偏转，则表示电流表的接线端子极性与电路中电流的方向相反，应交换接线端子重新测量。

二、电压和电位

1. 电压

1) 电压的定义

电流产生的条件是电路闭合并且有电源产生电位差，这个电位差就是电压，电压是怎样形成的呢？如图 1-23 所示，极板 A 带正电荷，极板 B 带负电荷，则 A、B 极板上因为有电荷的堆积，在极板间形成电位差，在电位差的作用下电流流过白炽灯。

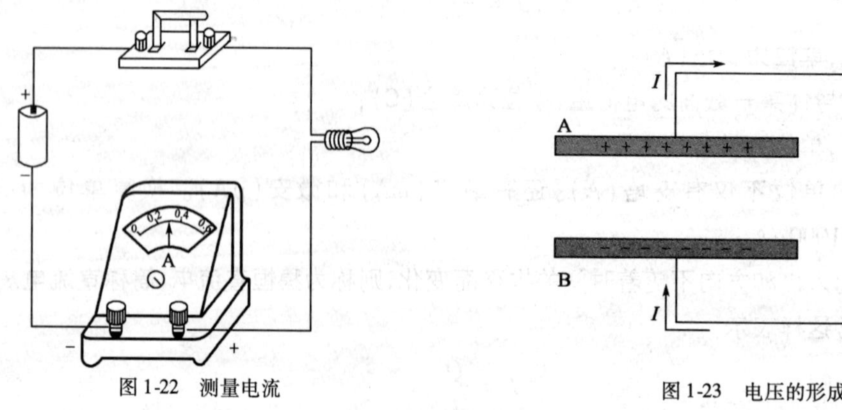

图 1-22　测量电流　　图 1-23　电压的形成

A、B 板之间的电位差称为 A、B 两点之间的电压 U_{AB}。

2) 电压的单位

电压的单位为伏特(V)，常用的单位还有千伏(kV)、毫伏(mV)和微伏(μA)。换算单位为：1kV = 1000V，1V = 1000mV，1mV = 1000μV。

3) 电压的方向

电压的方向由高电位指向低电位，可以用极性符号表示，也可以用箭头符号表示，例如电压 U_{AB} 的方向表示如图 1-24 所示。

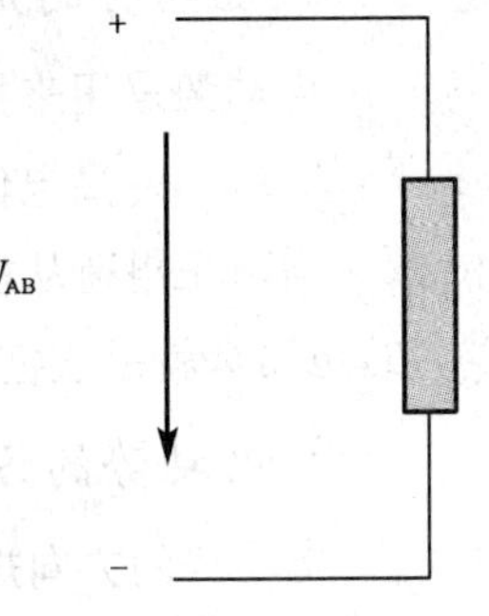

图 1-24　电压的方向

2. 电位

取电路中任一点为参考点，并规定为零电位点，电路中任一点到参考点之间的电压，就称为该点的电位。电位的单位也是伏特(V)。

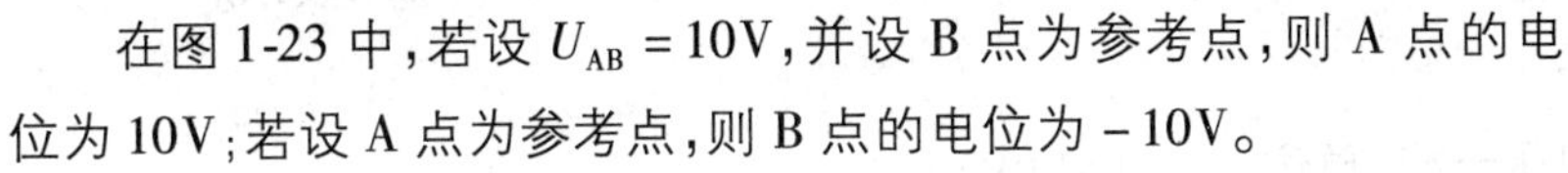

在图 1-23 中，若设 U_{AB} = 10V，并设 B 点为参考点，则 A 点的电位为 10V；若设 A 点为参考点，则 B 点的电位为 -10V。

电路中的参考点常用“⊥”表示，其电位为零。

3. 电压与电位的关系

电压即为两点之间的电位差，即：

$$U_{AB} = V_A - V_B$$

[想一想]　电路中某点的电位与参考点的选择有关系吗？两点之间的电压与参考点的选择有关系吗？

[做一做]　测量电压

测量电压用电压表。

按图 1-25 连接电路，测量时将电压表串接在电路中，让表的“+”极接高电位，表的“-”极接低电位，根据表针所指示的刻度，读出电压的大小。

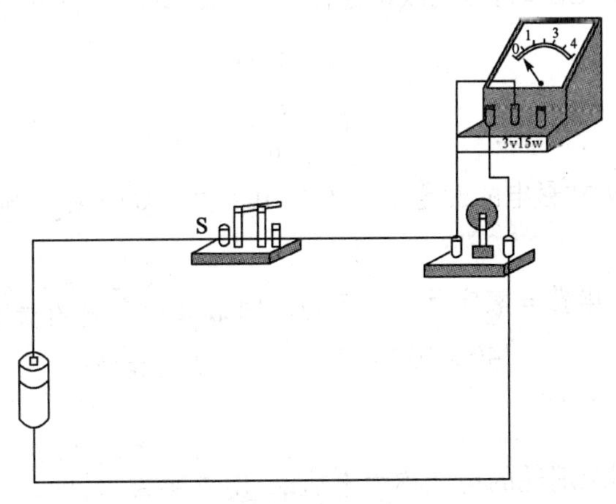

图 1-25　测量电压

［想一想］ 测量过程中，有没有出现表针反向偏转的现象，想一想是什么原因？怎样改正？

三、电动势

1. 电动势的定义

电动势是用来描述电源对电荷做功能力的物理量。在图1-23中，正电荷在电场力的作用下，从极板A（高电位）移动到极板B（低电位），形成电流。为了使电路中的电流能持续流动，还必须将正电荷从极板B（低电位）移到极板A（高电位），这个使电荷移动的力就称为电源力，电动势就是表征电源力对电荷做功能力的物理量。

2. 电动势的方向

电动势的方向规定为电源的负极指向正极，用“+”、“−”或箭头“↑”来表示。

3. 电动势的单位

电动势的单位与电压一样，单位也为伏特（V）。

四、电能和电功率

1. 电能

电流通过电阻时会消耗能量，电能转化为其他形式能的过程，就是电流做功的过程，因此消耗多少电能，可以用电流所做的功来度量，其公式为：

$$W = UIT$$

式中：W——电能，单位为焦耳（J），常用单位为千瓦时（kW·h），即我们常说的1度电；

U——电压，单位为伏特（V）；

I——电流，单位为安培（A）；

T——时间，单位为秒（s）。

如果电路的负载是电阻时，根据欧姆定律 $I = U/R$，可得电阻 R 上吸收的电能为：

$$W = I^2RT$$

$$W = \frac{U^2}{R}t$$

［例1-1］ 一台29寸彩电的额定功率为140W，每千瓦时电的电费为0.5元，工作10h的电费是多少？

解：

$$\begin{aligned}\text{电费} &= \text{额定功率} \times \text{用电小时数} \times \text{每度电的费用}\\ &= 140 \times 10^{-3} \times 10 \times 0.5 = 0.7\text{ 元}\end{aligned}$$

2. 电功率

用电设备单位时间里消耗的电能称为电功率，用 P 来表示，即：

$$P = \frac{W}{T}$$

由于 $W=IUT$　代入上式得

$$P = UI$$

式中：P——功率，单位瓦特(W)。

常用的功率单位还有千瓦(kW)、毫瓦(mW)等。换算关系为：$1\text{kW}=10^3\text{W}$，$1\text{mW}=10^{-3}\text{W}$。

根据 $P=UI$，显然电路中电压越高，电流越大，其电功率也就越大。电功率的测量使用功率表。

[例 1-2]　一台电炉的电压为 220V，额定电流为 10A，该电炉的电功率为多少?

解：由 $P=VI$，知 $P=220\times10=2200\text{W}=2.2\text{kW}$。

3. 电能与电功率的区别

电能是指一段时间内电流所做的功，或者说一段时间内负载消耗的能量；电功率是指单位时间内电流所做的功，或者说是指单位时间内负荷消耗的电能。电能常用的单位是千瓦小时(kW·h)，电功率常用单位是瓦(W)千瓦(kW)，这是两个不同的概念，不能混淆。

任务三　认识电阻和导电材料

一、电阻

1. 电阻的定义

导体对电流的阻碍作用称为导体的电阻，用 R 表示。电阻的单位为欧姆(Ω)，常用的单位还有千欧(kΩ)和兆欧(MΩ)。换算关系为：1 MΩ = 1000kΩ，1 kΩ = 1000Ω。

2. 电阻定律

导体的电阻跟导体的长度成正比，与导体的横截面积成反比，还与导体的材料有关，可表示为：

$$R = \rho \frac{l}{S}$$

式中：ρ——导体的电阻率，单位为欧·米(Ω·m)；

l——导体的长度，单位为米(m)；

S——导体的横截面积，单位为平方米(m^2)；

R——导体的电阻，单位为欧姆(Ω)。

常用导体材料的电阻率见表 1-1。

常用导体材料的电阻率　　表 1-1

材　料	0°C 时的电阻率(Ω·m)	材　料	0°C 时的电阻率(Ω·m)
银	1.5×10^{-8}	铝	2.5×10^{-8}
铜	1.6×10^{-8}		

3. 电阻与温度的关系

温度发生变化,导体的电阻率也发生变化,使得其电阻值发生变化。如果导体的电阻率随着温度的升高而升高,则为正温度系数导体;如果导体的电阻率随着温度的升高而降低,则为负温度系数导体。

金属材料都是正温度系数导体,它们的阻值随着温度的上升而增大,如银、铜、铝等。

[**练一练**] 现有长度为1m,截面积为10mm^{2}的一条铝导线和一条铜导线,试计算它们在0℃时的电阻各为多少?

二、常用的电阻器

常用电阻器的外形、符号、特征见表1-2。

常用电阻器的外形、符号、特征 表1-2

种类	外形	符号	特征
碳膜电阻器			阻值稳定性好,价格便宜,应用广泛,阻值范围1~10MΩ
贴片电阻器			体积小,重量轻,电性能稳定,可靠性高,机械强度高,高频特性优越,广泛应用于计算机、手机、医疗电子产品等电子设备中
金属膜电阻器			耐热性能、噪声指标、温度系数和工作电压范围都优于碳膜电阻器。体积小,精度高,阻值范围1Ω~1000 MΩ
绕线被釉电阻器			在较宽的温度范围内具有较低的温度系数,阻值精度高、稳定性好、抗氧化、耐热,主要作为大功率电阻使用,阻值范围5.1Ω~10KΩ
热敏电阻器			阻值随温度变化而变化,正温度系数电阻多用作过热保护、无触点开关等,负温度系数多用作电路的温度补偿、温度检测等
压敏电阻器			压敏电阻器的制作材料为氧化锌,当所加电压达到电阻的限制电压时,电阻阻值急剧下降,电流明显上升,常用于过电压保护
电位器			通过移动触点在电阻体上移动而改变电阻阻值,一般带有调整柄,用以调整阻值的大小,多用于装置、设备的操作面板对信号的调整
可变电阻器			可变电阻器体积小,通过移动触点在电阻体上移动而改变电阻阻值,一般不带调整柄,多用于电子电路中作为电压、电位的微调

三、电阻阻值的识读

1. 直标法

直接把标称阻值和容许偏差印在电阻上。在一些老式电阻中，容许偏差用罗马数字表示，I 表示 ±5%，II 代表 ±10%，III 或不标出时代表 ±20%。如 100Ω ±5% 表示 100Ω，容许偏差为 ±5%；50kΩII 表示 50kΩ，容许偏差为 ±10%；2MΩ 表示 2 兆欧，容许偏差为 20%。

2. 色标法

用色“圈”或“环”和色点来表示电阻器的标称阻值及容许偏差，各种颜色表示的数值应符合表 1-3 的规定。

电阻器的色标　　表 1-3

颜　色	A(第一位数)	B(第二位数)	C(被乘数)	D(容许偏差)
黑	0	0	×1	
棕	1	1	×10	±1%
红	2	2	$\times10^2$	±2%
橙	3	3	$\times10^3$	
黄	4	4	$\times10^4$	
绿	5	5	$\times10^5$	±0.5%
蓝	6	6	$\times10^6$	±0.2%
紫	7	7	$\times10^7$	±0.1%
灰	8	8	$\times10^8$	
白	9	9	$\times10^9$	
金			$\times10^{-1}$	±5%
银			$\times10^{-2}$	±10%

例如：

(1) 在电阻值的一端标以彩色环，电阻的色标是由左向右排列。图 1-26 的电阻为 27000Ω ±5%。

(2) 精密电阻器的色标志用 5 个色环表示，第 1 ~3 色环表示电阻的有效数字，第 4 色环表示倍乘数，第 5 色环表示容许偏差。图 1-27 的电阻为 17.5Ω ±1%。

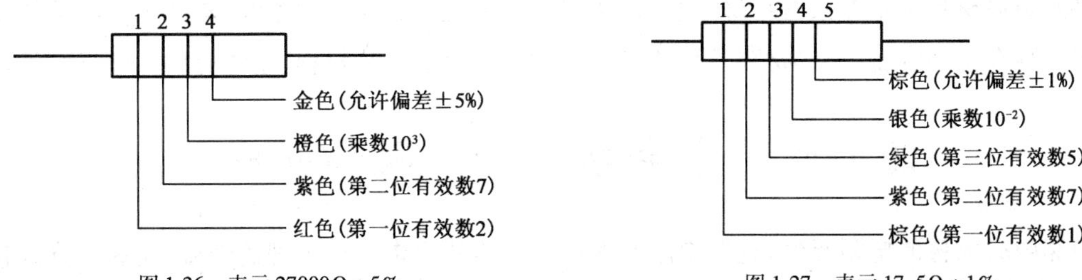

图 1-26　表示 27000Ω ±5%　　图 1-27　表示 17.5Ω ±1%

四、电阻的欧姆定律

欧姆定律:通过一段导体的电流,与导体两端的电压成正比,与该段导体的电阻成反比。即:

$$I=\frac{U}{R}$$

式中:I——流过导体的电流,单位为安培(A);

U——导体两端的电压,单位为伏特(V);

R——导体的电阻,单位为欧姆(Ω)。

[练一练] 一个白炽灯灯丝电阻为484Ω,接到220V的电压上,算一算流过灯丝的电流是多少?

【知识链接】导电材料

导电材料大部分是金属,但不是所有的金属都可以作为导电材料,用作导电材料的金属通常具备下列五个特点:

(1)导电性能好(即电阻率小);

(2)不易氧化和腐蚀;

(3)有一定的机械强度;

(4)容易加工和焊接;

(5)资源丰富,价格便宜。

铜和铝基本符合上述要求,是最常用的导电材料。但在某些特殊的场合,也需要用其他金属或合金作导电材料。如架空线需具有较高的机械强度,常选用铝镁硅合金;保险丝需具有易熔的特点,选用铅合金;电热材料需要具备较大的电阻率,电光源的灯丝要求熔点高,需选用钨丝作为导电材料等。

导电材料分为一般导电材料(电线电缆)和特种电材料。

一般导电材料是指专门用于传导电流的金属材料,主要用于制造电缆和导电结构件。这些导电材料大部分是铜和铝。在产品型号中,铜的标志是T,铝的标志是L。铜的电线电缆标志T有时也可以省略。另外,根据材料的软硬程度,在T或L后面还标志R(表示软的)或Y(表示硬的)。

特殊导电材料是指在某些特殊场合,需要用其他的金属或合金作为导电材料。常用的特殊导电材料有电阻合金、电热材料及元件、电触头材料、双金属片材料、熔体材料和电炭刷等。

任务四 学会电阻的串联和并联

电路中有大量的电阻元件,这些电阻元件根据电路的要求进行不同的连接,在这部分内容中,我们将会学到电阻串联和并联。

一、电阻串联

1. 串联

将两个或两个以上的电阻首尾依次相接，这种连接方式称为串联，如图 1-28、图 1-29 所示，串联电路无分支。

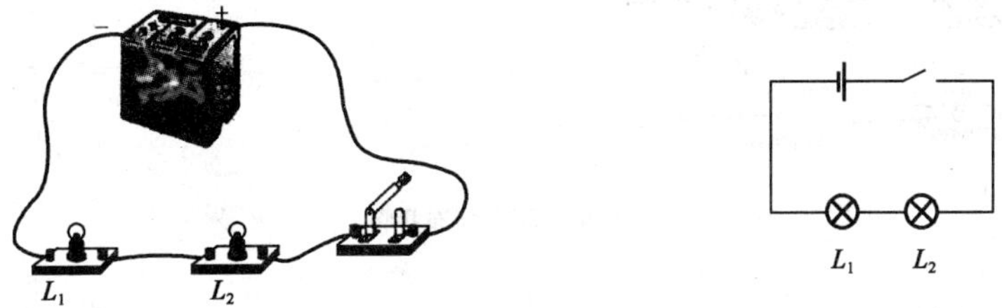

图 1-28　两个电灯串联

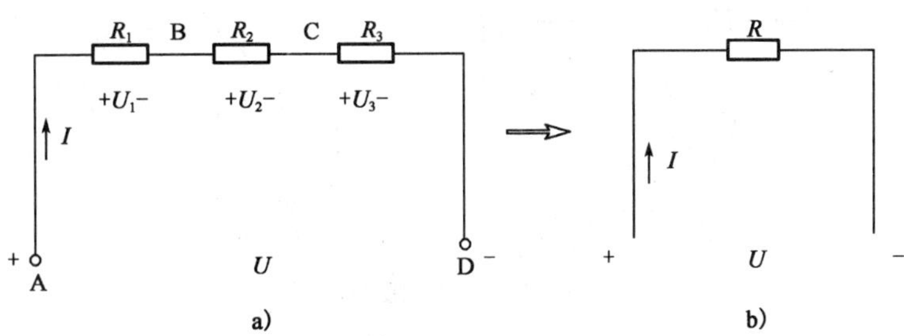

图 1-29　三个电阻串联

2. 串联电路特征

(1) 串联电路中电流处处相等，即：

$$I = I_1 = I_2 = I_3$$

(2) 串联电路两端的总电压等于串联电阻上分电压之和，即：

$$U = U_1 + U_2 + U_3$$

(3) 串联电路的总电阻等于各串联电阻之和，即：

$$R = R_1 + R_2 + R_3$$

二、电阻并联

1. 并联的定义

把两个或两个以上电阻接到电路中的两点之间，电阻两端承受的是同一个电压的电路，叫做电阻并联电路，如图 1-30，图 1-31 所示。

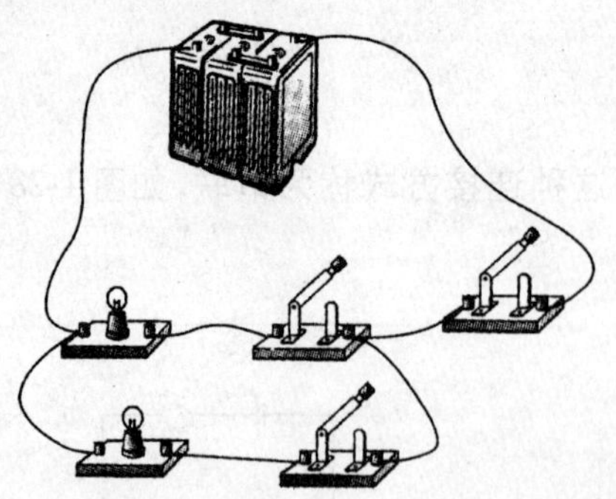

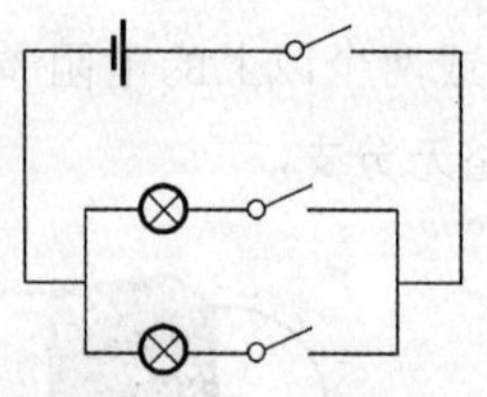

图 1-30　两个灯泡并联

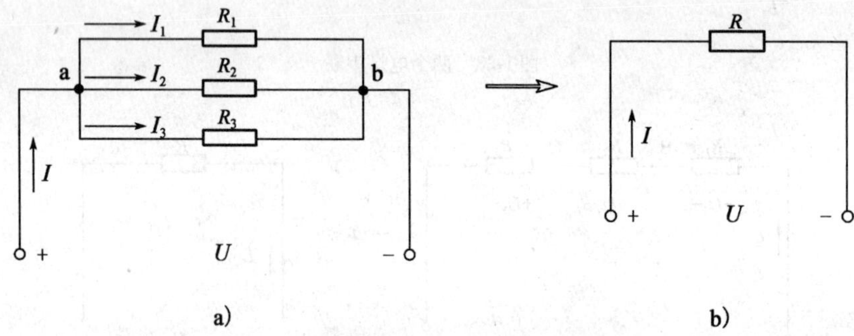

图 1-31　三个电阻并联

2. 并联电路特征

(1) 并联电路中各个电阻两端的电压相同，即：

$$U = U_1 = U_2 = U_3$$

(2) 并联电路总电流等于各支路电流之和，即：

$$I = I_1 + I_2 + I_3$$

(3) 并联电路的总电阻的倒数等于各并联电阻的倒数的和，即：$\frac{1}{R}=\frac{1}{R_1}+\frac{1}{R_2}\frac{1}{R_3}+\cdots+\frac{1}{R_n}$。

根据欧姆定律 $I=\frac{U}{R}$，则：

指导步骤如下：

$$I_1 = \frac{U_1}{R_1}, I_2 = \frac{U_2}{R_2}, I_3 = \frac{U_3}{R_3}$$

由于 $U=U_1=U_2=U_3$，$I=I_1+I_2+I_3$，所以：$\frac{U}{R}=\frac{U_1}{R_1}+\frac{U_2}{R_2}+\frac{U_3}{R_3}$，

则：

$$\frac{1}{R}=\frac{1}{R_1}+\frac{1}{R_2}+\frac{1}{R_3}$$

若有 n 个电阻并联，则：

$$\frac{1}{R}=\frac{1}{R_1}+\frac{1}{R_2}+\frac{1}{R_3}+\cdots+\frac{1}{R_n}$$

若有 n 个相同的电阻 R_0 并联，则总电阻 R 为：

$$R=\frac{R_0}{n}$$

三、电阻混联

很多时候，电路中既有串联又有并联，这样的电路称为混联电路；如图 1-32 所示。在计算混联电路的有关参数时，可先根据串、并联电路的特点对电路进行简化。

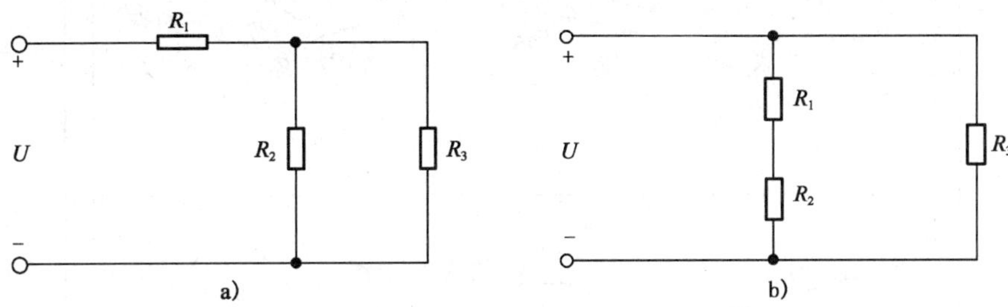

图 1-32　电阻混联电路

任务五　学会使用万用表

一、指针式万用表

万用表（见图 1-33）是电工测量中最常见的仪表。它主要用于测交、直流电压，交、直流电流，直流电阻，并能粗测晶体管，配合一定的附加设备也可以测电感、电容器等元件。

1. 测电阻

(1) 红表笔插入标有"＋"的插孔，黑表笔插入标有"＊"或"－"的插孔。

(2) 将两表笔短路，调节欧姆调零旋钮指针在欧姆刻度零处。

(3) 接入被测电阻 R_x，在刻度盘上读取数值，以刻度指示乘以量程倍数等于被测量值。注意指针最好指在以中心值为中心标尺长度的 2/3 范围内。越接近中心值，结果越准确，如偏离中心值太远应及时转换量程，转换量程后要注意重新校准欧姆零点，然后再测量。

例如：用 R×100 量程，指针指示为 15，则 $R_x = 15\times 100 = 1500\Omega = 1.5\text{k}\Omega$。

2. 测晶体管

同测电阻的(1)、(2)两步骤，但量程选择开关通常选择 R×100 或 R×1k 量程。

(1) 测二极管

把两笔分别与二极管相接，记下表针偏转的位置。然后把两笔的位置调换后再测，并记下指针指示的位置。

①在两次测量中仪表指针一次偏转大，指针几百至几千欧，而另一次偏转小，指示在200kΩ 以上，则说明该二极管是好的，否则是坏的或性能很差。

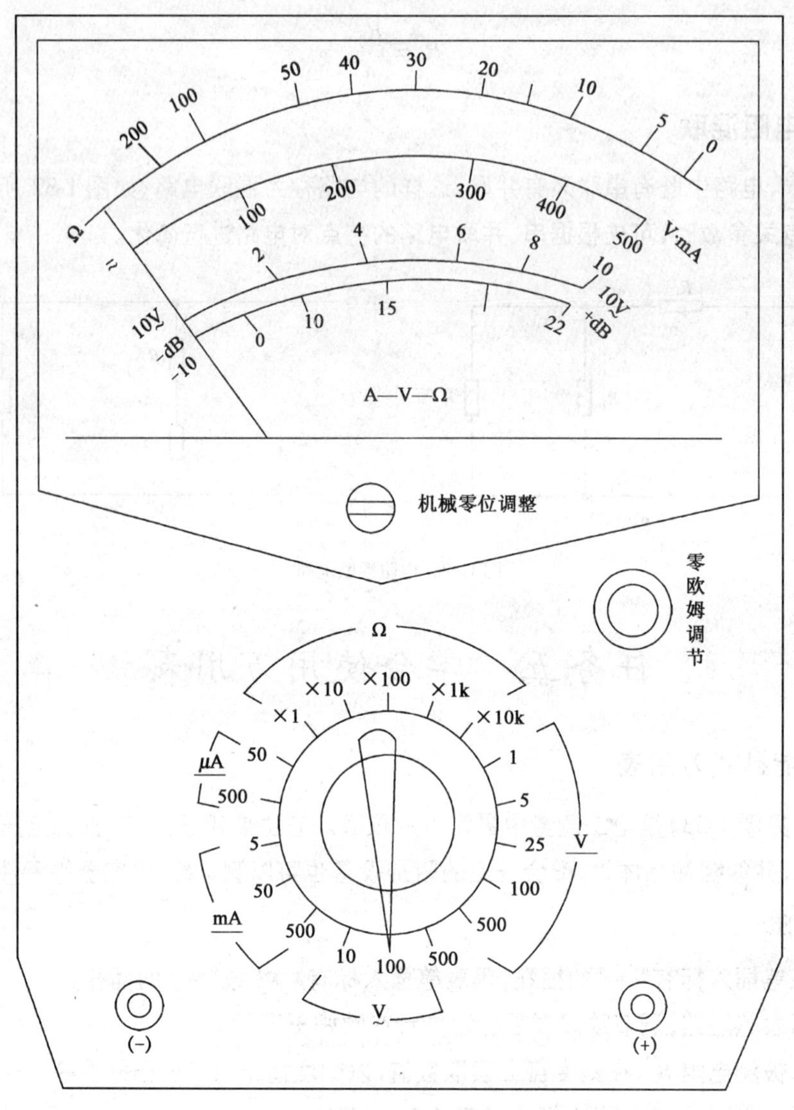

图 1-33　指针万用表

②二极管电极判断：在二次测量中指针偏转大的那一次，黑表笔接的是二极管阳极，红笔接的是二极管的阴极。这是因为万用表在做欧姆测量时，黑表笔与仪表内部电池的正极相接，所以当用黑表笔接二极管阳极时相当于给二极管加了一个正向外电场，二极管导通，电流较大，据此可判断出极性。

（2）测量晶体三极管

①基极和管子判断：将黑表笔接任意电极，红表笔分别接另外两个电极并观察指针的偏转

情况。如两次测量均偏转大或小(几百至几千欧,200kΩ 以上),再将红表笔换接该电极,用黑表笔去分别测量另外的两个电极,表针偏转情况如与第一种情况测量结果相反,则选择的这个电极就是基极。黑表笔接该电极,用红表笔接另外两电极,指针均偏转大,则该管为 NPN 型;如红表笔接该电极,指针偏转大,则是 PNP 型。

②集电极与发射极判断:在判断出基极和管子类型的基础上首先用两表笔分别接除基极外的另两个点极并观看指针偏转情况,如两次指针均指在 200kΩ 以上,说明该管是好的,可按下述方法判断集电极和发射极。

以 NPN 为例,把红表笔和黑表笔分别接除基极以外的两电极,取一个标称 100kΩ 电阻接于黑表笔与基极之间,没有 100kΩ 电阻时可用人体电阻代替,即用两手指捏住两电极,但两电极不能相碰。观察指针偏转情况,然后将两表笔对调,电阻仍接黑表笔与基极之间,再记下指针偏转情况,比较两次结果,偏转较大的那次黑表笔所接的电阻是集电极,红表笔为发射器。

对于 PNP 型管,判断方法与上述同,只要将所述黑表笔改为红表笔即可。

③用上述方法判断集电极和发射极时,指针偏转的大小可粗略判断晶体管的 β 值,指针偏转越大说明 β 值越大,也可根据仪表上附属的测 β 值的装置来测量,具体方法参考有关仪表的说明书。

④不符合①和②第一部分内容的三极管是性能不好或已损坏的三极管。

3. 粗略判断电解电容器

仍用测电阻的量程,操作方法同前所述。把电容器放电(两电极短接)后用黑表笔接其正极,红表笔接其负极。这时指针应快速向右偏转,容量越大偏转越多,过一段时间后指针又会慢慢地向左移动逐渐减小最后接近无穷大,容量越小越接近。

如不符合上述情况说明电容已损坏。指针返回距无穷大指示越远说明漏电越严重。

4. 测量直流电压

根据被测电压大小选择适当直流电压量程。即把量程选择开关掷向与被测电压相适应的直流电压量程,红表笔接高电位点,黑表笔接低电位点,在刻度盘上读取直流电压标尺刻度指示。万用表为多量程共用一条标尺,使用时注意量限与标尺的对应关系。

5. 交流电压测量

测量交流电压的方法同直流电压测量,并根据被测电压大小选择适当的交流电压量程。把表笔接到被测电路的两个被测点上,在刻度盘上读出被测量值的大小。交流电压与直流电压共用一标尺,使用时注意量程与标尺之间的对应关系。有些表有 10V 电压专用标尺。

6. 直流电流测量

根据被测直流电流的大小,把量程选择开关掷向合适的直流电流量程。断开被测电路把表串入被测支路。红表笔接高电位点，黑表笔接低电位点，在直流刻度盘上读出被测直流电流大小。通常直流电流与直流电压共用一条标尺，使用时注意量程与标尺刻度盘之间的对应关系。

某些万用表还可以测量交流电流。

7. 使用万用表时应特别注意以下几点：

(1) 欧姆量程决不允许带电测量电路中元件的电阻，如需要测量必须断开被测电路电源，否则将损坏万用表。

(2) 必须先根据被测量大小选好量程后才能测量，如不知被测量大小，量程选择从最大开始逐渐减小。

(3) 测电流时仪表必须与被测电路串联，一旦出现并联现象仪表会立即损坏。

(4) 要注意直流电压和交流电压选择不能错，错误后轻则出现测量误差，重则损坏仪表。

(5) 万用表在完成实验后必须把量程选择开关掷向交流电压最高挡，以防止仪表内的电池自行放电及下次使用时由于疏忽造成仪表损坏。

二、数字式万用表

传统的机械指针式万用表已有近百年的历史，虽经不断改进，仍不能满足电子与电工测量的需要。在近三十年，随着电子技术的飞速发展，特别是单片数/模转换电路的日臻完善和广泛应用，新型袖珍式数字万用表得到了迅速推广和普及，正逐步取代机械指针式万用表。

数字万用表具有很高的灵敏度和准确度，显示清晰直观，功能齐全，性能稳定，过载保护能力强，小巧轻便，便于携带，深受电子工作者和无线电爱好者的欢迎。

1. DT-890A 型数字式万用表面板

DT-890A 型数字式万用表面板示意图，如图 1-34 所示。

2. 注意事项

(1) 首先检查 9V 电池，将 ON/OFF 钮按下，如果电池电量不足，则显示器的左上方会出现“LOBAT”或是“←”，须更换同型号的新电池；

(2) 测试笔插孔旁提示了量程的有效范围，提醒用户不要超量程使用；

(3) 在测量直流电时，允许红、黑表笔任意接被测负载，直流电的极性在显示读数时会指示红表笔的极性，如出现“ — ”号，就表示红表笔极性与负载接触端极性相反；

(4) 在测量前无法估计被测值的大小范围时，应将量程选择开关置于该挡位的最高量程，再逐步调低，当显示器只在高位显示“1”时，表明实际值已超过所选择的量程，须调高一挡再次测量；

(5) DT-890A 数字式万用表虽然提供了测大电流、大电压的量程 ，建议不要使用，避免内部电路损坏；

(6)数字式万用表是一种精密电子仪表,不要随便改动内部电路以免损坏;

(7)保险丝需要更换时,只能用 200mA/250V 快烧型。

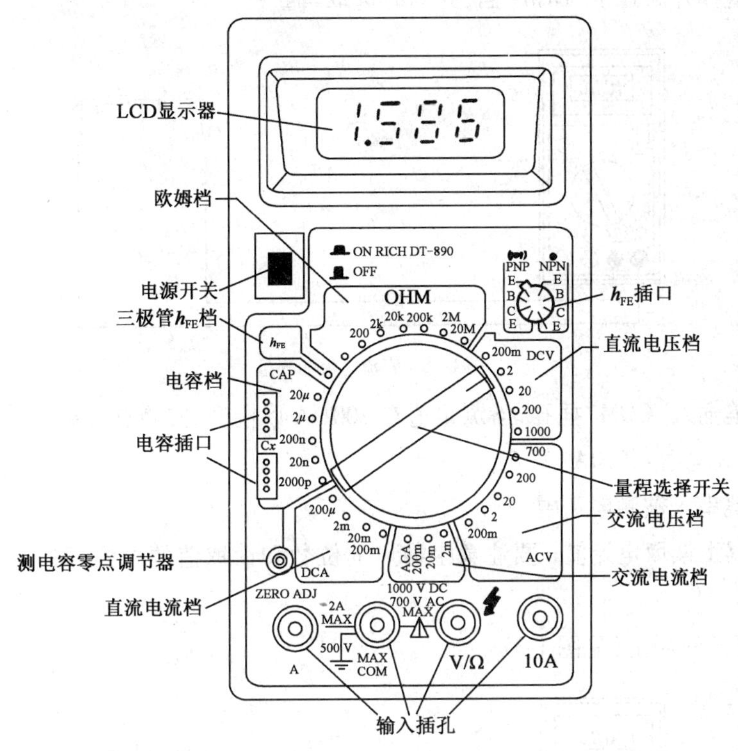

图 1-34 万用表

3. 测量操作

(1)直流电压的测量(见图 1-35)

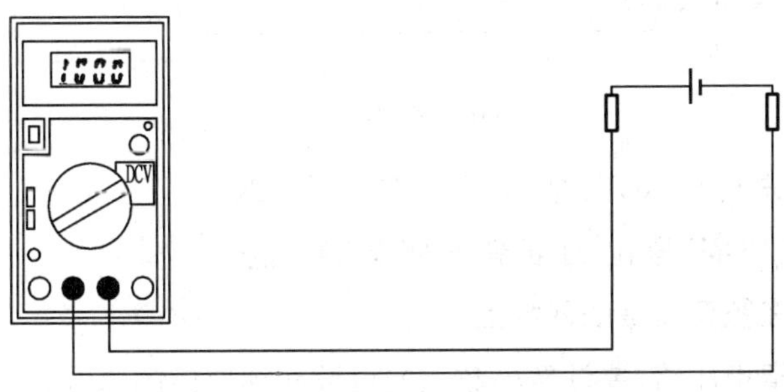

图 1-35 直流电压的测量

①将量程选择开关置于“DCV”挡,并同时选取适当量程;

②将黑表笔插入“COM”插孔,红表笔插入“V/Ω”插孔;

③将两表笔并接在被测负载的两端上;

④从显示器上读取电压值,要注意小数点的位数和读取值的单位,同时可判断出支流电压

的极性。

(2)直流电流的测量(见图1-36)

①将量程选择开关置于“DCA”挡,并同时选取当量程;

图1-36　直流电流的测量

②将黑表笔插入“COM”插孔,当测量值在200mA以内时,应将红表笔插入“A”插孔,如测10A挡,应将红表笔插入“10A”插孔;

③将两表笔串入被测电路中;

④从显示器上读取电流值,要注意小数点的位数和读取值的单位,同时可判断出直流电流的方向。

(3)交流电压的测量(见图1-37)

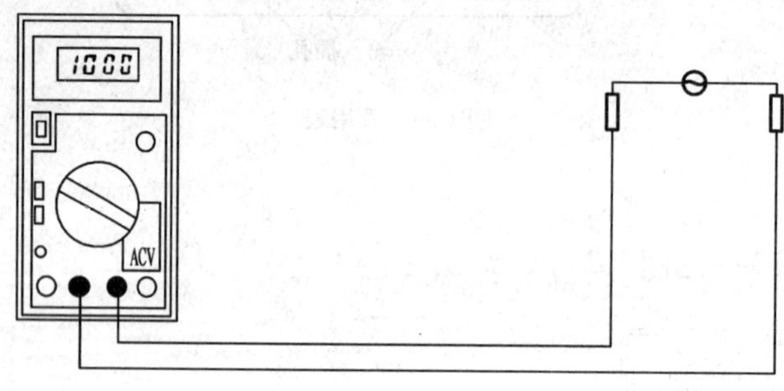

图1-37　交流电压的测量

①将量程选择开关置于“ACV”挡,并同时选取适当量程;

②将黑表笔插入“COM”插孔,红表笔插入“V/Ω”插孔;

③将两表笔并接在被测负载的两端上;

④从显示器上读取电压值,要注意小数点的位数和读取值的单位。

(4)交流电流的测量(见图1-38)

①将量程选择开关置于“ACA”挡,并同时选取适当的量程;

②将黑表笔插入“COM”插孔,当测量值在200mA以内时,应将红表笔插入“A”插孔,如测10A挡,应将红表笔插入“10A”插孔;

③将两表笔串入被测电路中;

④从显示器上读取电流值，要注意小数点的位数和读取值的单位。

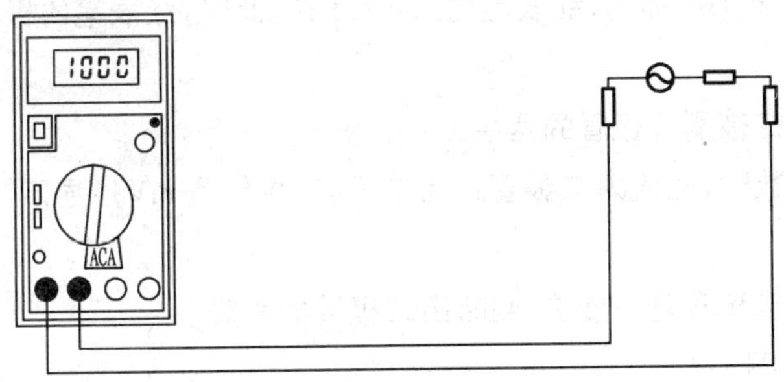

图 1-38　交流电流的测量

(5) 电阻的测量(见图 1-39)

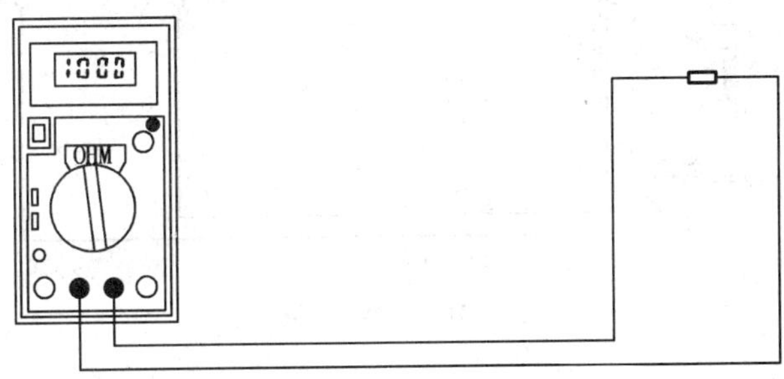

图 1-39　电阻的测量

①将量程选择开关置于“Ω”挡，并同时选取适当量程；

②将黑表笔插入“COM”插孔，红表笔插入“V/Ω”插孔，在使用欧姆挡时，红表笔的极性为“+”，黑表笔的极性为“-”；

③将两表笔并接在被测电阻的两端上；

④从显示器上读取电阻值，要注意小数点的位数和读取值的单位。

被测电阻值在 1MΩ 以上时，此时万用表需数秒时间方能稳定读数；当表输入端开路时，显示出过量状态“1”，此现象属于正常。

(6) 二极管的测量(见图 1-40)

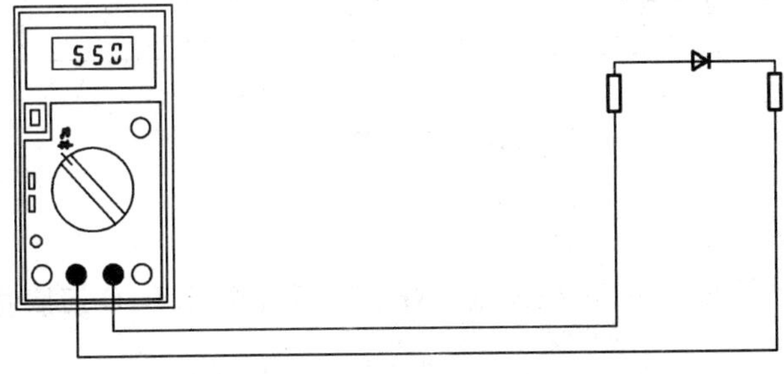

图 1-40　二极管的测量

①将量程选择开关置于“h_{FE}”档；

②将黑表笔插入“COM”插孔，红表笔插入 V/Ω 孔，此时，红表笔的极性为“+”，黑表笔的极性为“-”；

③将两表笔并接在被测二极管的两端上；

④显示器确切读数时，此值为二极管正向电压值(单位是 mV)；显示“1”时，此时二极管为反向偏置状态；

⑤根据二极管状态和表笔的接法，判断出二极管的管脚。

(7)电容测量(见图 1-41)

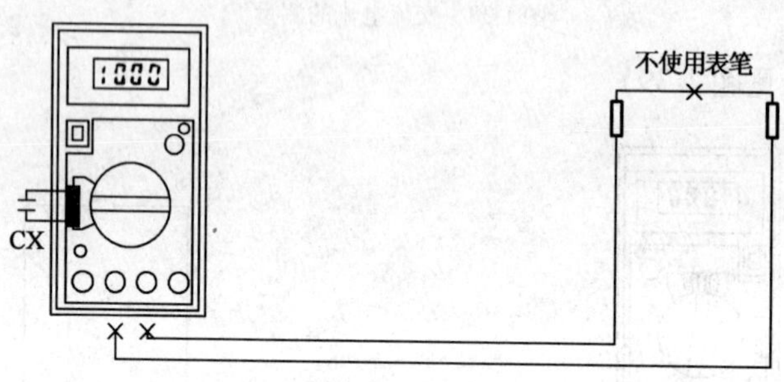

图 1-41　电容的测量

①将量程选择开关置于“CAP”挡，并同时选取适当量程；

②调节“电容零点旋钮”，使显示读数为“000”，每改变一次量程须重新调零；

③将被测电容插入电容插座，有极性的电容要注意插入方向，电容测量不重新调零；

④从显示器上读取电容值，要注意小数点的位置和读取值的单位。

(8)三级 $h_{管}$ h_{FE}的测量(见图 1-42)

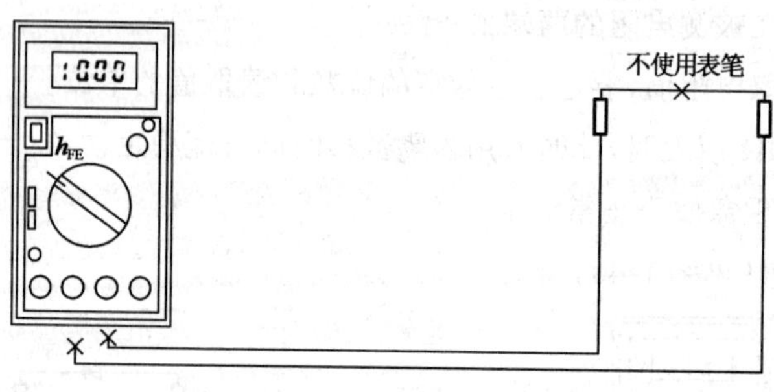

图 1-42　三极管的测量

①将量程选择开关置于“h_{FE}”档；

②在决定三极管的管型是 NPN 型还是 PNP 型之后，将 E、B、C 三脚插入面板上方三极管插座正确的插孔内；

③从显示器上读取 h_{FE}的近似值。

任务六　连接测量直流电路

一、任务要求

验证电阻串并联的基本定律，学习使用电流表、电压表、万用表。

二、仪器设备

直流稳压电源，万用表，直流电流表，电阻器。

三、操作步骤

1. 电阻串联

按图 1-43 所示电路进行连接。

将电源输出电压调整为 12V，然后用万用表分别测量各电阻上的电压值，并将测量值和电流表的指示值填入表中。

2. 电阻并联

按图 1-44 所示电路进行连接，并填写表 1-4。

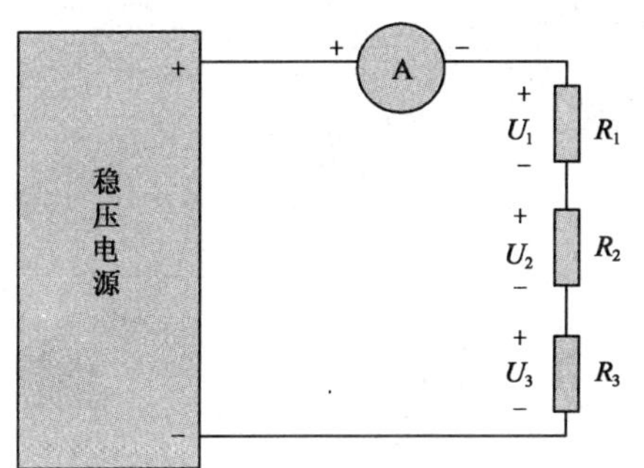

图 1-43　电阻串联电路

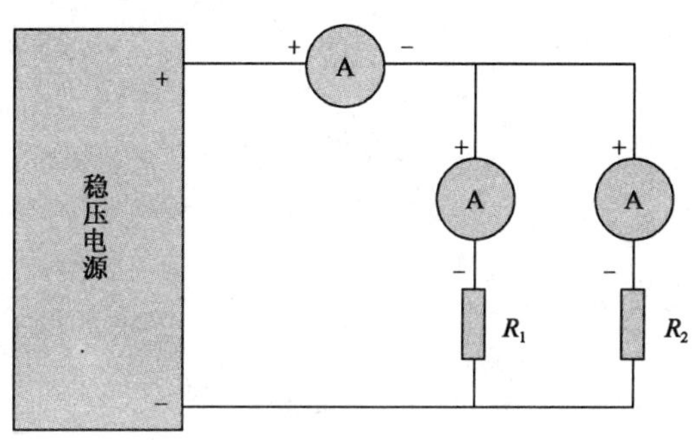

图 1-44　电阻并联电路

实 验 数 据　　表 1-4

电阻(Ω)		R_1(　　)	R_2(　　)	R_3(　　)
给定总电压为 12V	测量分电压(V)			
	测量总电流(mA)			
	计算总电压(V)			
	计算分功率(mW)			
	计算总功率(mW)			

按图连接后，将电源电压调整为 9V，将电流表中的各个电流值填入表 1-5 中。

实验数据 表1-5

并联电阻(Ω)		R_1(　　)	R_2(　　)
测量值	电阻中电流(mA)		
	总电流(mA)		
计算值	电阻中功率(mW)		
	总功率(mW)		

四、实验结果

(1)在串联电路中,电阻上的分电压和总电压是什么关系?电阻上的分功率和总功率是什么关系?

(2)在并联电路中,电阻上的分电流和总电流是什么关系?电阻上的分功率和总功率是什么关系?

项目二　安装单相照明电路

【项目描述】

设置安装单相照明电路，主旨是将与交流电相关的知识要点、技能要点融合到可实施的任务中，形成具体的可展示的成果，使抽象的分散的知识以客观事物为载体形象系统的体现出来，实现知识的简单应用。

【技能要点】

使用万用表测量，使用示波器测量，认识电阻元件、电感元件、电容元件、常用照明电路中使用的元器件，导线连接，连接日光灯实验电路，模拟安装室内照明电路。

【知识要点】

单相正弦交流电，示波器使用方法，交流电路中的电阻元件交流电路特征，交流电路中的电感元件交流电路特征，交流电路中的电容元件交流电路特征，RL 电路的交流电路特征，日光灯电路的原理图，室内照明电路安装图。

任务一　认识单相正弦交流电

交变电动势、交变电压、交变电流统称为交流电，其大小与方向随时间做周期性的变化且在一个周期内平均值为零。

现代生产和生活中用电大多属于交流电。交流电在其电能的产生、输送和使用方面，都有很大的优越性。例如，交流供电系统可以利用变压器方便而又经济地升高或降低电压，远距离输电时采用较高的电压可减少线路上电能损失；而用户采用较低的电压，既安全又可降低电气设备的绝缘费用。又如，广泛应用的交流异步电动机与同一功率的直流电动机相比较，具有构造简单、价格低廉、运行可靠、维护方便等优点。目前一些需用直流电的场合，如城市交通用的电车、工业用的电解和电镀等，也是利用整流设备将交流电能转变为直流电能的。

交流电与直流电的区别在于：直流电的大小和方向不随时间变化，而交流电的大小与方向都随时间做周期性的变化且在一个周期内平均值为零。图 2-1 以电流为例，在直角坐标系中画出了直流电和几种交流电的波形加以比较，从图中可以看出，交流电根据随时间变化的规律又可以分为正弦交流电和非正弦交流电。

目前获得广泛使用的是正弦交流电，即电压、电流、电动势随时间按正弦规律变化。本章只讨论正弦交流电。

正弦交流电动势由交流发电机产生，其基本原理就是固定不动的导体切割旋转的磁场，在导体中就有周期性变化的电动势产生。如果磁场按正弦规律分布，则导体中即产生按正弦规律变化的感应电动势。

电路的基本定律和分析方法对直流电路和交流电路都是适用的。但由于交流电是随时间变化的，因此它通过电阻、电容器及电感线圈时产生的效应与直流电通过上述元件时产生的效应有所不同。例如，电容器有阻止直流电流通过的作用，但交流电流却能顺利通过；电感线圈对交流电流的通过有阻碍的作用，但直流电流却能顺利通过。

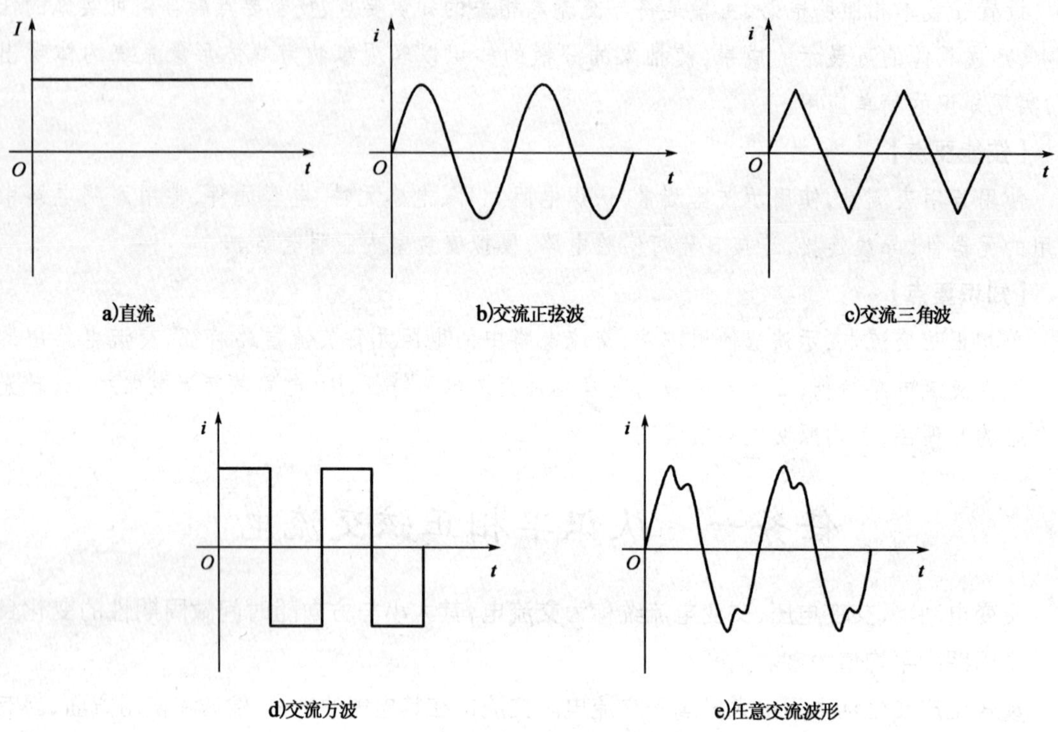

图 2-1　直流电流及几种交流电流波

一、正弦交流电的基本概念

由于交流电的方向是周期性变化的，我们必须在电路中事先选定交流电的正方向，如图 2-2a）电路图中的两箭头分别指示 e 和 i 的正方向。当电流瞬时值为正值，即电流方向与其正方向相同时，曲线就处于横坐标轴的上方；当电流瞬时值为负，即其方向与正方向相反时，曲线就处于横坐标轴的下方。这样正弦交流电就可以用正弦曲线表示，如图 2-2b）（以电流为例）为正弦交流电的波形，其数学表达式为：

$$i = I_{\mathrm{m}}\sin(\omega t + \varphi_i) \tag{2-1}$$

式中：i——瞬时值；

I_{m}——最大值；

ω——角频率；

φ_i——初相位（或初相角），图 2-2b）中 φ_i 为零。

由式(2-1)可见,当最大值、角频率、初相位一经确定,则 i 随时间 t 的变化关系也就确定了;反之,i 随时间 t 的变化关系一经确定,最大值、角频率、初相位也同样确定,所以这三个量称之为正弦交流电的三要素。下面我们逐一学习表示正弦交流电特征的一些物理量。

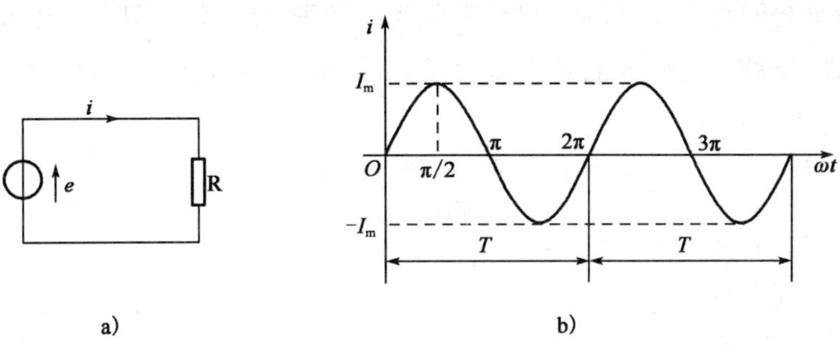

图 2-2　正弦交流电的正方向和正弦曲

1. 交流电的周期、频率和角频率

(1)周期

交流电每重复变化一次所需的时间称为周期,用英文大写字母 T 表示,周期的单位是秒(s),如图 2-2b)所示。

(2)频率

交流电每秒重复变化的次数(即 1s 内含有的周期数)称为频率,用英文小写字母 f 表示,频率的单位是赫兹(Hz)。由定义可知,频率与周期互为倒数,即:

$$f = \frac{1}{T} \quad 或 \quad T = \frac{1}{f} \tag{2-2}$$

我国使用的交流电的频率为 50Hz,称为工业标准频率,简称工频。工频交流电的周期为 $T = \frac{1}{f} = \frac{1}{50} = 0.02\text{s} = 20\text{ms}$。少数国家如美国、日本等使用的交流电频率为 60Hz。

在其他领域中,交流电的频率范围各不相同,如扩音机中放大的音频电流信号,频率从十几赫到两万赫,无线电的信号频率为 $10^4 \sim 30 \times 10^{10}$Hz。

【小常识】频闪与护眼灯

我们日常照明用的日光灯都工作在频率为 50Hz 的交流电路中,即每秒 50 个周期上下起伏变化,由于在一个周期内会出现方向相反的两次最大值(参看图 2-3 中的 I_m 和 $-I_m$),所以日光灯在工作时就会出现每秒 100 次亮暗的强弱闪动,如果用一根棒在日光灯下晃动,就可以看到很多个不连续的棒的影像,如图 2-3 所示。这种由于交流电频率引起的亮暗强弱闪动俗称"频闪"。因此长期在有频闪的光源下阅读工作,会使瞳孔括约肌和视网膜因过度使用而疲劳,导致有酸痛感甚至伤害视神经。

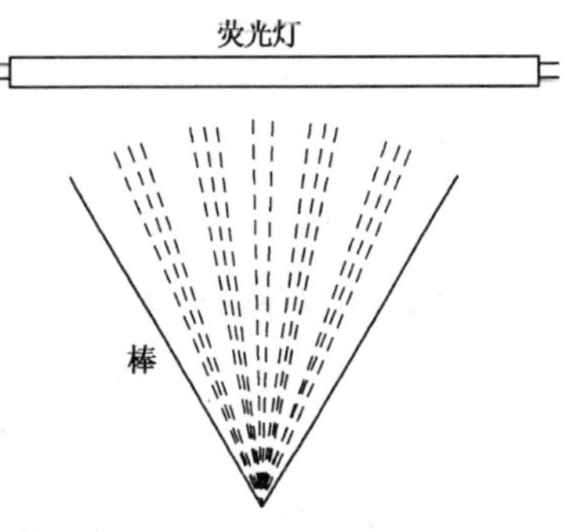

图 2-3　交流电频闪效应

护眼灯的出现在一定程度上解决了这个问题。它的原理是采用变频电子镇流器，将电源频率由50Hz提高到(30～60)kHz，并采用三基色荧光粉，这样就使人眼感受不到频闪不适。但基于变频原理的日光灯并不是完全的无频闪，而应属于高频闪。首先，高频闪也存在频闪，只有达到一定标准我们才认为可以"称为"无频闪。我国2000年7月1日颁布的《上海市企业标准Q/TCGK1—2000》在世界上首先提出了无频闪的标准，要求光源闪烁的波动深度在5%以内。它的计算公式为：

$$H = \frac{\varphi_m - \varphi_n}{\varphi_m} \times 100\%$$

式中：H——光源闪烁的波动深度；

φ_m——闪烁的波峰值；

φ_n——闪烁的波谷值。

高频闪的日光灯在降低了频闪对眼睛影响的同时，高频电子镇流器因高频震荡也带来了有害的高频电磁辐射。电磁辐射已被世界卫生组织列为继空气、水、噪声污染之后的第四大污染，尤其当作台灯使用，离人的头部太近，辐射的影响更不容忽视。而国家在电磁辐射方面是有相应标准的，只有达到这个标准才能认为是合格的、基本无害的。

只有采用直流荧光技术才能真正意义上的解决频闪问题。它无频闪，无电磁辐射，发光面积大，既节能又环保，因此这项技术已被国家知识产权局授予了专利认证。

(3)角频率

每秒钟经过的电角度称为角频率，用ω表示，角频率的单位是弧度/秒(rad/s)。所谓电角度，是指交流电在变化中所经历的电气角度，它并不表示任何空间位置，只是用来描述正弦量的变化规律，具体知识将在相位中讲解。正弦交流电每变化一周所经历的电角度为360或2π弧度，所以角频率与频率、周期之间的关系为：

$$\omega = \frac{2\pi}{T} = 2\pi f \tag{2-3}$$

[例2-1] 我国电力工业交流电的频率$f = 50\text{Hz}$，求周期T及角频率ω。

解：

$$T = \frac{1}{f} = \frac{1}{50}\text{s} = 0.02\text{s}$$

$$\omega = 2\pi f = 2\pi \times 50\text{rad/s} = 314\text{rad/s}$$

2. 交流电的瞬时值、最大值和有效值

(1)瞬时值

交流电在变化过程中某一时刻的值被称为瞬时值，用英文小写字母表示，如i、u、e等。瞬时值是时间的函数，只有具体指出哪一时刻，才能求出确切的数值与方向。

(2)最大值

交流电在变化过程中数值最大的瞬时值称为最大值(又称峰值)，用带有下标m的英文大写字母表示，如I_m(图2-2中所示)、U_m、E_m等。

(3)有效值

正弦交流电在实际应用中常用有效值来计量，如仪器、元件等铭牌上所示的参数以及测量仪表指示值一般都是有效值。

有效值用英文大写字母表示，如 I、U、E 等。其大小等于最大值的$\frac{1}{\sqrt{2}}$倍，即 0.707 倍。

$$I=\frac{I_m}{\sqrt{2}}=0.707I_m \tag{2-4}$$

$$U=\frac{U_m}{\sqrt{2}}=0.707U_m \tag{2-5}$$

$$E=\frac{E_m}{\sqrt{2}}=0.707E_m \tag{2-6}$$

用万用表测量单相正弦交流电。

【阅读材料】有效值的定义

有效值是根据电流的热效应来定义的，即某一交流电流通过电阻 R，经过一周期所产生的热量与另一直流电流通过相同电阻、经过相同时间所产生的热量相同，即以此直流电流的数值作为交流电流的有效值。

按此规定，交流电流 i 通过电阻 R 在一个周期 T 的时间内产生的热量为：

$$W_{\sim}=\int_0^T Ri^2\mathrm{d}t$$

直流电流 I 通过电阻 R 在时间 T 内产生的热量为：

$$W_{-}=RI^2T$$

因 $$W_{\sim}=W_{-}$$

所以 $$\int_0^T Ri^2\mathrm{d}t=RI^2T$$

可得出 $$I=\sqrt{\frac{1}{T}\int_0^T i^2\mathrm{d}t}$$

将 $i=I_m\sin\omega t$ 代入上式，即得：

$$I=\sqrt{\frac{I_m^2}{T}\int_0^T\sin^2\omega t\mathrm{d}t}$$

因 $$\int_0^T\sin^2\omega t\mathrm{d}t=\int_0^T\frac{1-\cos 2\omega t}{2}\mathrm{d}t=\int_0^T\frac{1}{2}\mathrm{d}t-\int_0^T\frac{\cos 2\omega t}{2}\mathrm{d}t=\frac{T}{2}$$

所以 $$I=\sqrt{\frac{I_m^2}{T}\times\frac{T}{2}}=\frac{I_m}{\sqrt{2}}=0.707I_m$$

同理可证： $$U=\frac{U_m}{\sqrt{2}}=0.707U_m$$

$$E=\frac{E_m}{\sqrt{2}}=0.707E_m$$

3. 交流电的相位、初相位和相位差

(1)相位

因为正弦交流电可以用正弦曲线表示,以电流为例,其数学表达式可以写成 $i=I_m\sin(\omega t+\varphi_i)$,很明显这是一个由 $y=a\sin u$ 和 $u=bx+c$ 组成的复合函数。根据三角函数知识,可见 $(\omega t+\varphi_i)$ 相当于三角函数的角度变量,并随时间 t 变化,代表了交流电流的变化进程,这个角度就被称为正弦交流电的相位或相位角(相角)。因为它并不表示任何空间角度,只用来描述正弦量的变化规律,所以通常把这个角叫作电角。

为了方便描述正弦量,我们通常把时间轴 t 换成相位轴 ωt,如图 2-2 所示。

(2)初相位

计时起点,即 $t=0$ 时的相位称为初相位或初相角,简称初相,初相表示计时开始时正弦量所处的变化状态。式 2-1 中的 φ_i 即为正弦交流电流 i 的初相位。

初相角的取值范围一般规定为 $-\pi<\varphi_i\leqslant\pi$。在如图 2-4 所示的正弦交流电流中初相位都是特殊角。

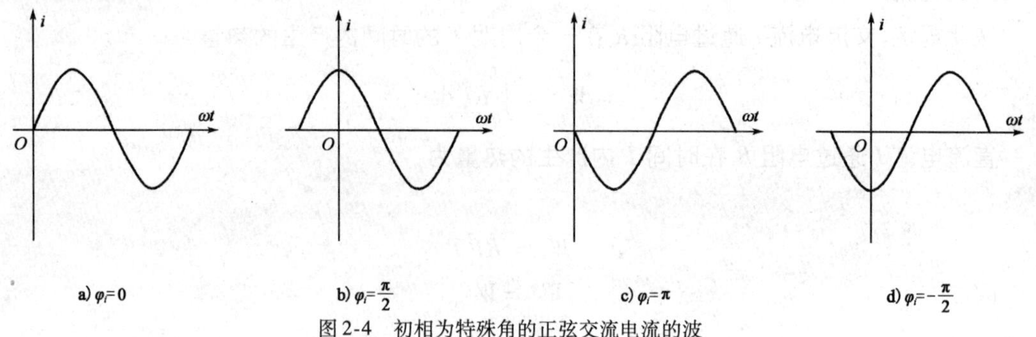

图 2-4 初相为特殊角的正弦交流电流的波

图 2-5 分别画出了两个不同初相位的正弦交流电流的波形。其中 φ_{i_1} 和 φ_{i_2} 分别为电流 i_1 和 i_2 的初相位。不难证明 $\varphi_{i_1}>0$,$\varphi_{i_2}<0$。

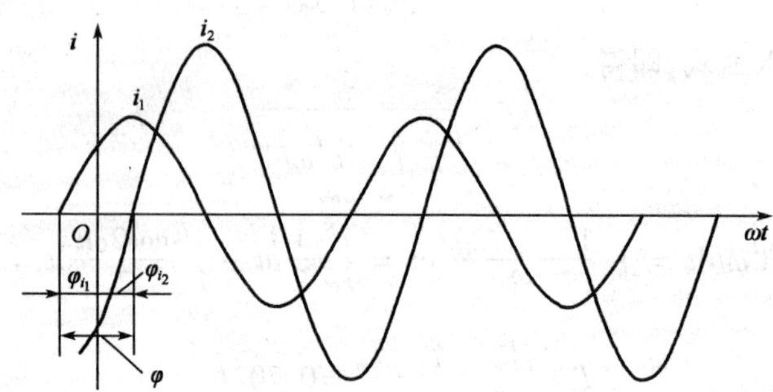

图 2-5 不同初相位的正弦交流电流的波

(3)相位差

分析交流电路时,经常会遇到若干个正弦量,不仅要分析它们的数量关系,还必须分析它们的相位关系。我们这里只需要了解几个同频率正弦量之间的相位关系。

如果两个同频率正弦量初相位不相同，在变化时必然一先一后，并永远保持着这样的差距，这一差距用电角度来度量称为相位差，即两个同频率正弦量的相位之差，记作 φ，即：

$$\varphi = (\omega t + \varphi_{i_1}) - (\omega t + \varphi_{i_2}) = \varphi_{i_1} - \varphi_{i_2} \tag{2-7}$$

可见，两个同频率正弦量的相位差就等于它们的初相之差。相位差的取值范围通常是 $-\pi \leqslant \varphi \leqslant \pi$。

若 $\varphi = \varphi_{i_1} - \varphi_{i_2} > 0$，即 $\varphi_{i_1} > \varphi_{i_2}$，这表明 i_1 比 i_2 先达到最大值或零值，这种情况我们就称 i_1 超前或超前 i_2 一个 φ 角，或称 i_2 滞后 i_1 一个 φ 角；反之，若 $\varphi = \varphi_{i_1} - \varphi_{i_2} < 0$，即 $\varphi_{i_1} < \varphi_{i_2}$，这表明 i_2 超前或超前 i_1 一个 φ 角，或 i_1 滞后 i_2 一个 φ 角。若 $\varphi = \varphi_{i_1} - \varphi_{i_2} = 0$，即 $\varphi_{i_1} = \varphi_{i_2}$，这种情况称 i_1 与 i_2 同相位，简称同相；若 $\varphi = \varphi_{i_1} - \varphi_{i_2} = \pm\pi$，这表明 i_1 与 i_2 在相位上相差 π 角，即当 i_1 达到零时，i_2 也达到零，但 i_1 达到正向最大值时，i_2 却达到反向最大值，而 i_1 达到反向最大值时，i_2 却达到正向最大值，这种情况称为 i_1 与 i_2 反相。

如图 2-5 所示，对 i_1 和 i_2 来说，很明显 i_1 比 i_2 先达到最大值，因此我们说 i_1 超前 i_2 一个 φ 角。

［例 2-2］　已知交流电路中某一个负载上的电压 $u = U_m \sin\left(\omega t + \frac{\pi}{4}\right)$V，频率 $f = 50$Hz，通过该负载的电流 $i = I_m \sin\left(\omega t + \frac{\pi}{2}\right)$A。试求 u 与 i 之间的相位差。

解：u 与 i 之间的相位差

$$\varphi = \varphi_u - \varphi_i = \frac{\pi}{4} - \frac{\pi}{2} = -\frac{\pi}{4}$$

表明负载两端的电压 u 滞后通过负载的电流 i 一个 $\frac{\pi}{4}$ 角。

二、正弦交流电的表示方法

1. 解析式法

用三角函数式表示正弦交流电随时间变化的关系，这种方法叫解析式法。一个正弦电流的解析式为 $i = I_m \sin\alpha$，其中 α 是正弦电流的相位，它与时间的关系是 $\alpha = \omega t + \varphi$，因此，如式(2-1)正弦交流电的解析式通常写成 $i = I_m \sin(\omega t + \varphi_i)$，式中可明确看出正弦量的三要素最大值 I_m、角频率 ω、初相位 φ_i。

2. 图像法

在平面直角坐标系中，将 t(或 ωt)作为横坐标，与之对应的 e、u、i 的值作为纵坐标，做出 e、u、i 随时间 t(或 ωt)变化的曲线，这种方法叫图像法，坐标系中的曲线叫交流电的波形图。它的优点是可以直观地看出交流电的变化规律。如图 2-6 所示，从图中可明显看出正弦电流的最大值为 10A、初相位为 0 以及周期 0.02s，根据式(2-2)间接算出频率为 50Hz、角频率为 314rad/s。

3. 旋转相量表示法

对正弦量进行加、减运算，无论是解析式法还是图像法，都非常麻烦。为此，我们引入一种新的方法——旋转相量表示法。

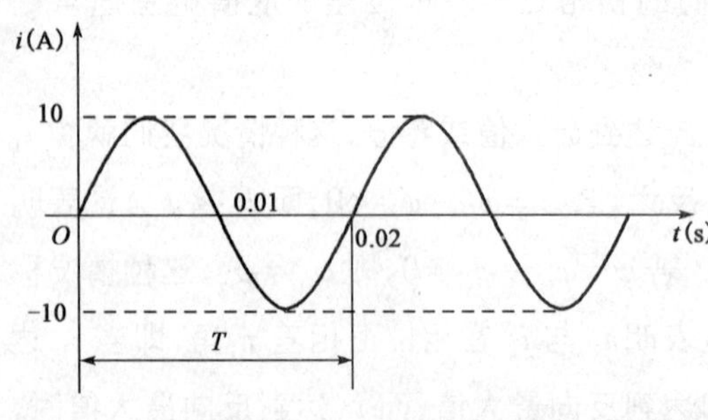

图 2-6 正弦交流电的正弦曲线

在力学中，曾经介绍过速度矢量、力矢量等，它们都是既有大小，又有方向的量，并且服从几何加、减法则——平行四边形法则，因此称它们为空间矢量。旋转相量不同于力学中的矢量，它是相位随时间变化的相量，它的加、减运算服从平行四边形法则。

怎样用旋转相量表示正弦量呢？如图 2-7 所示，以坐标原点 O 为端点做一条有向线段，线段的长度为正弦量的最大值 E_m，旋转相量的起始位置与 x 轴正方向的夹角为正弦量的初相位 φ_e，它以正弦量的角频率 ω 为角速度，绕原点 O 逆时针匀速转动，则在任何一瞬间，旋转相量在纵轴上的投影就等于该时刻正弦量的瞬时值。旋转相量既可以反映正弦量的三要素，又可以通过它在纵轴上的投影求出正弦量的瞬时值。旋转相量可以完整地表示正弦量。为了区别于一般的矢量，我们在正弦量的相量上方加“ $\cdot$ ”。如果有向线段的长度表示正弦量的最大值，就称为最大值相量，用 $\dot{E}_m$、$\dot{U}_m$、$\dot{I}_m$ 表示；如果有向线段的长度表示正弦量的有效值，就称为有效值相量，用 $\dot{E}$、$\dot{U}$、$\dot{I}$ 来表示。

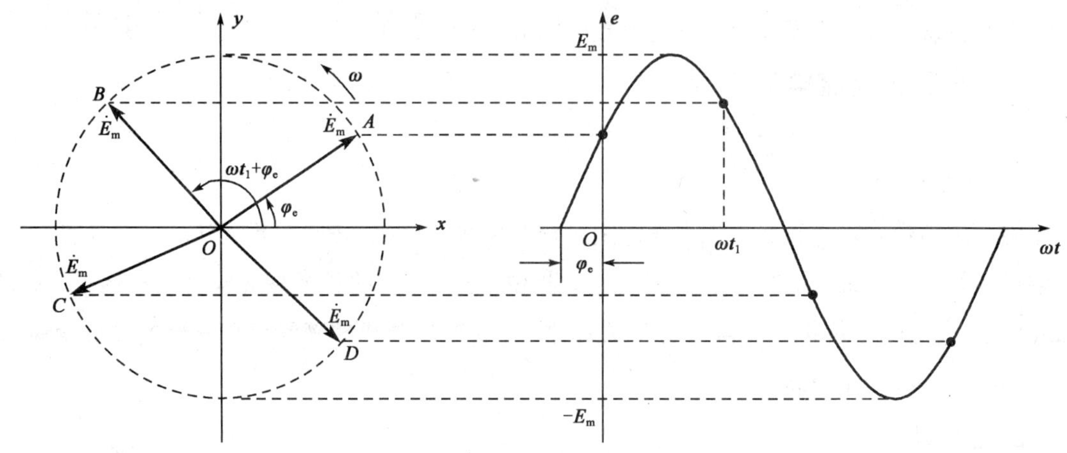

图 2-7 正弦量的旋转相量表示法

在同一坐标系中，画出几个同频率的正弦量的旋转相量，它们以相同的角速度逆时针旋转，各旋转相量间的夹角（相位差）将保持不变，相对位置不变，各个旋转相量是相对静止的。因此，将它们当作静止情况处理并不影响分析和计算的结果，这样，正弦量用旋转相量来表示就可以简化为用相量来表示了。

［例 2-3］　画出下列正弦量的相量图。

$$i = 10\sqrt{2}\sin(\omega t + 30°)\ \mathrm{A}$$

$$u = 150\sqrt{2}\sin(\omega t + 120°)\ \mathrm{V}$$

$$e = 200\sqrt{2}\sin(\omega t - 45°)\ \mathrm{V}$$

解：作图步骤如下。

(1)作基准线 x 轴，如图 2-8 所示(基准线通常可以省略不画)；

(2)确定比例单位；

(3)从 O 作三条射线，与基准线的夹角分别为 30°、120°、-45°；

(4)在三条射线上截取线段，使线段的长度符合 e、u、i 的有效值(或最大值)与比例单位的比例，并在线段末端加上箭头表示相量，对应标清各量的字母符号。

三、正弦交流电的运算

从前面正弦交流电表示方法的介绍可以看出，用解析式直接运算将非常繁琐，而用图像法作图运算也会很复杂，并容易产生很大的误差，因此我们通常应用旋转相量法进行分析计算。在应用旋转相量法分析计算时，一般先将正弦量对应的相量画在相量图上，然后按平行四边形法则求和，和相量的长度表示正弦量和的最大值(有效值相量表示有效值)，和相量与 x 轴正方向的夹角为正弦量和的初相位，角频率不变，这样由该和相量就可以写出对应正弦量和的瞬时表达式。这里应当注意的是，只有正弦量才能用旋转相量来表示，并且只有同频率的正弦量对应的相量才能画在同一个相量图上，才能借助于平行四边形法则进行相量的加、减运算。下面通过例题来分析如何进行正弦量的运算。

［例 2-4］　设已知两个正弦电流分别为 $i_1 = 10\sin(314t - 30°)\ \mathrm{A}$，$i_2 = 20\sin(314t + 60°)\ \mathrm{A}$。求：$i_1 + i_2 = i$。

解：画出与 i_1、i_2 相对应的相量 $\dot{I}_{1m}$、$\dot{I}_{2m}$，如图 2-9 所示。应用平行四边形法则求和，即：

$$\dot{I}_{m} = \dot{I}_{1m} + \dot{I}_{2m}$$

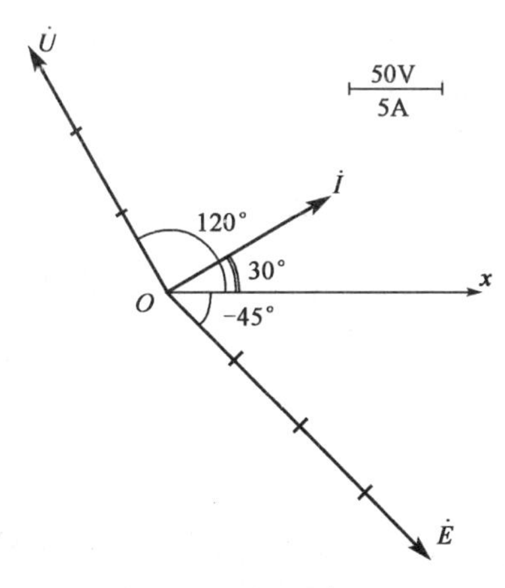

图 2-8　例 2-3 附图

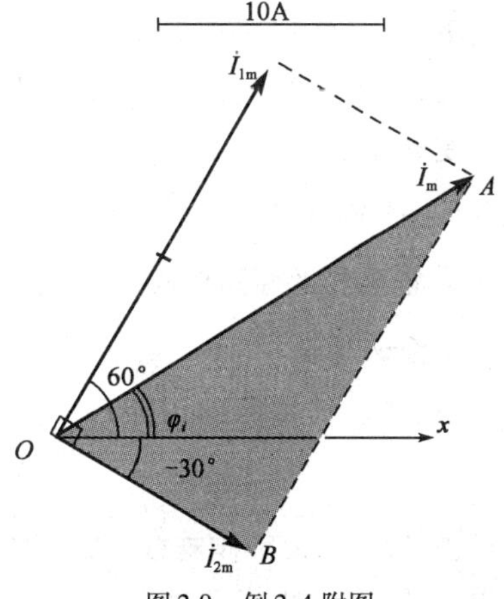

图 2-9　例 2-4 附图

应用平面几何知识，很明显图中阴影三角形 AOB 为直角三角形，两个直角边的长度分别为两个正弦量 i_1、i_2 的最大值，斜边的长度就是要求的和正弦量 i 的最大值，即：

$$I_m = \sqrt{I_{1m}^2 + I_{2m}^2} = \sqrt{10^2 + 20^2} = 22.4\text{A}$$

另外，阴影三角形 AOB 中的 $\angle AOB = 30° + \varphi_i = \arctan\frac{AB}{OB} = \arctan\frac{I_{1m}}{I_{2m}}$，其中的 φ_i 为相量 $\dot{I}_m$ 与 x 轴正方向的夹角，就是我们要求的和正弦量 i 的初相位，即：

$$\varphi_i = \arctan\frac{I_{1m}}{I_{2m}} - 30° = \arctan\frac{20}{10} - 30° = 33.4°$$

又因 i 的角频率与 i_1 和 i_2 相同，所以最后求得正弦电流 i 的瞬时表达式为：

$$i = I_m\sin(\omega t + \varphi_i) = 22.4\sin(314t + 33.4°)\text{A}$$

［**例 2-5**］ 设已知两个正弦电压分别为 $u_1 = 311\sin\left(\omega t + \frac{\pi}{4}\right)\text{V}$，$u_2 = 311\sin\left(\omega t - \frac{\pi}{4}\right)\text{V}$。求：$u = u_1 + u_2$。

解：首先画出正弦量 u_1 和 u_2 对应的相量图，如图 2-10 所示。

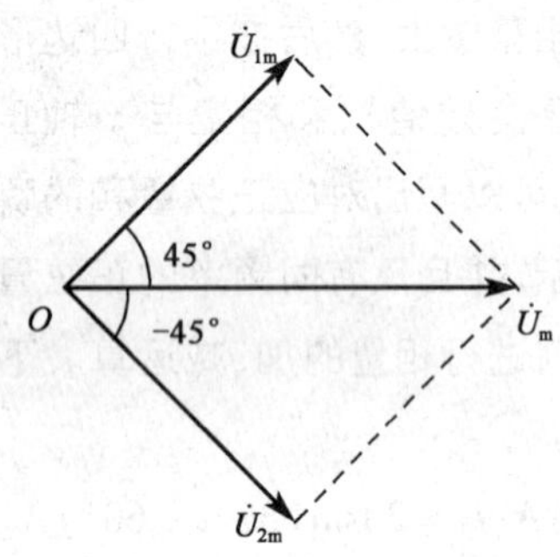

图 2-10　例 2-5 附图

根据平行四边形法则，以 $\dot{U}_{1m}$、$\dot{U}_{2m}$ 为邻边作平行四边形，对角线即为所求的 $\dot{U}_m$。因为 $U_{1m} = U_{2m} = 311\text{V}$ 所以该平行四边形是菱形，从图中不难看出 u_1 和 u_2 的相位差又为 $\varphi = \varphi_{u_1} - \varphi_{u_2} = \frac{\pi}{4} - \left(-\frac{\pi}{4}\right) = \frac{\pi}{2}$，一个角为直角的菱形肯定是正方形。所以根据正方形对角线的性质马上就可以判断出所求的 $\dot{U}_m$ 一定和 x 轴重合，即 $\dot{U}_m$ 的初相为 0。$\dot{U}_m$ 的最大值 U_m 根据正方形对角线的长度为边长的$\sqrt{2}$倍也不难求出 $U_m = 311\sqrt{2}\text{V}$。最后又因为 $\dot{U}_m$ 和 $\dot{U}_{1m}$、$\dot{U}_{2m}$同频，所以求得 u 的瞬时表达式为 $u = 311\sqrt{2}\sin\omega t$ V。

上两例表明在用旋转相量法分析计算时，利用画相量图的方法，运用平面几何知识可以很快得出结果，有时能起到事半功倍的效果。但在很多情况下遇到的并不是顶角为特殊角的规整的平行四边形，这时就很难快速地解决问题。因此下面简单介绍正弦量求和的一般公式，应用时就方便多了。

设 $i_1 = I_{1m}\sin(\omega t + \varphi_{i_1})$，$i_2 = I_{2m}\sin(\omega t + \varphi_{i_2})$，用旋转相量法求 i_1 与 i_2 的和。

先在平面直角坐标系中画出 i_1 与 i_2 的相量 $\dot{I}_1$ 和 $\dot{I}_2$，它们的长度分别 $I_1(OA)$ 和 $I_2(OB)$，与 x 轴正方向的夹角分别为 φ_{i_1} 与 φ_{i_2}（假设 $\varphi_{i_2} > \varphi_{i_1} > 0$）。然后将相量 $\dot{I}_1$ 和 $\dot{I}_2$ 按平行四边形法则相加，对角线为相量的和，即：

$$\dot{I} = \dot{I}_1 + \dot{I}_2$$

分别由 A，C 向 x 轴作垂线，交 x 轴于 D、E 两点，再由 A 向 CE 作垂线交于 F 点，如图 2-11 所示。很明显，图中阴影三角形 OEC 为直角三角形，根据勾股定理，则 OC 的长度为：

$$OC = \sqrt{OE^2 + CE^2}$$

从图中还可以看出：

$$OE = OD + DE = OA\cos\varphi_{i_1} + OB\cos\varphi_{i_2} = I_1\cos\varphi_{i_1} + I_2\cos\varphi_{i_2}$$

$$CE = CF + FE = OA\sin\varphi_{i_1} + OB\sin\varphi_{i_2} = I_1\sin\varphi_{i_1} + I_2\sin\varphi_{i_2}$$

代入 $OC = \sqrt{OE^2 + CE^2}$ 中，得：

$$I = \sqrt{(I_1\sin\varphi_{i_1} + I_2\sin\varphi_{i_2})^2 + (I_1\cos\varphi_{i_1} + I_2\cos\varphi_{i_2})^2} \tag{2-8}$$

初相位 φ 的大小为：

$$\varphi = \arctan\frac{CE}{OE} = \arctan\frac{I_1\sin\varphi_{i_1} + I_2\sin\varphi_{i_2}}{I_1\cos\varphi_{i_1} + I_2\cos\varphi_{i_2}} \tag{2-9}$$

以上讲述的是正弦量的加法运算，那么正弦量怎样进行减法运算呢？很简单，我们把 $i = i_1 - i_2$ 可以看成 $i = i_1 + (-i_2)$。如果假设 $i_2 = I_{2m}\sin\omega t$，那么 $-i_2 = -I_{2m}\sin\omega t = I_{2m}\sin(\omega t \pm \pi)$，显然 $-i_2$ 与 i_2 是反相关系。表现在相量图上，则是相量 $-\dot{I}_2$ 与 $\dot{I}_2$ 的大小相等，方向相反，如图 2-12 所示，这样我们就把减法运算转换成了加法运算了。

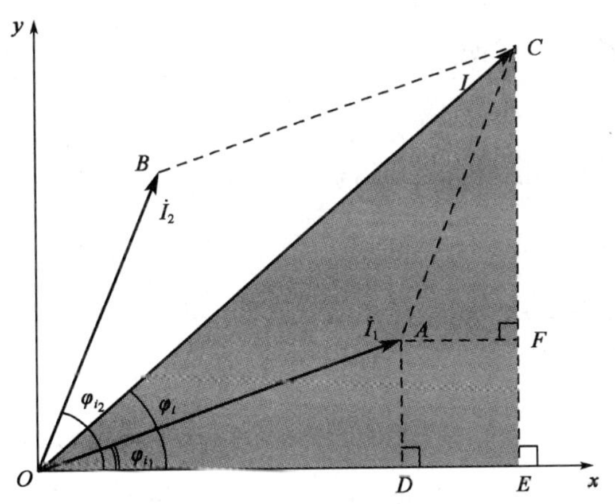

图 2-11　正弦量求和的一般公式的示意图

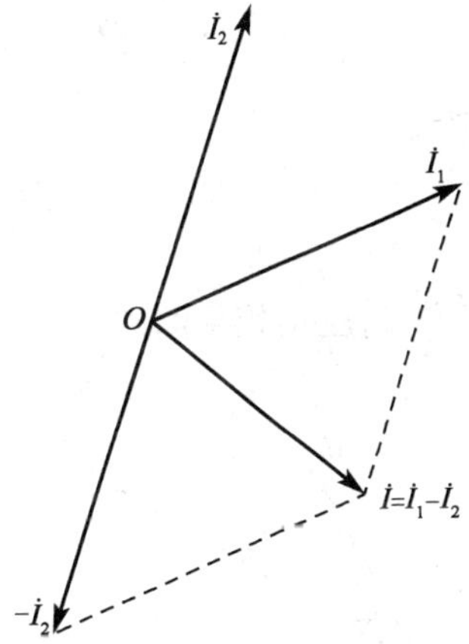

图 2-12　正弦量减法运算的示意图

［例 2-6］　设已知两个正弦电压分别为 $u_1 = 220\sqrt{2}\sin\omega t\,\text{V}$，$u_2 = 220\sqrt{2}\sin\left(\omega t - \frac{2}{3}\pi\right)\text{V}$。求：$u = u_1 - u_2$。

解：方法 1，应用正弦量求和的一般公式式(2-8)和式(2-9)求解。

$$u = u_1 - u_2 = u_1 + (-u_2)$$

$$-u_2 = 220\sqrt{2}\sin\left(\omega t - \frac{2}{3}\pi + \pi\right) = 220\sqrt{2}\sin\left(\omega t + \frac{1}{3}\pi\right)\text{V}$$

所以可知 u_1 的有效值 $U_1=\dfrac{U_{1m}}{\sqrt{2}}=220\text{V}$，初相 $\varphi_{u_1}=0$；$-u_2$ 的有效值与 u_2 的有效值相等为 $U_2=\dfrac{U_{2m}}{\sqrt{2}}=220\text{V}$，初相 $\varphi_{-u_2}=\dfrac{1}{3}\pi$。应用式(2-8)得：

$$U=\sqrt{(U_1\sin\varphi_{u_1}+U_2\sin\varphi_{-u_2})^2+(U_1\cos\varphi_{u_1}+U_2\cos\varphi_{-u_2})^2}$$

$$U=\sqrt{\left(220\sin0+220\sin\frac{1}{3}\pi\right)^2+\left(220\cos0+220\cos\frac{1}{3}\pi\right)^2}$$

$$=220\sqrt{\left(\frac{\sqrt{3}}{2}\right)^2+\left(\frac{3}{2}\right)^2}=220\sqrt{3}\text{V}$$

$$U_m=\sqrt{2}U=220\sqrt{6}\text{V}$$

应用式(2-9)得：

$$\varphi=\arctan\frac{U_1\sin\varphi_{u_1}+U_2\sin\varphi_{-u_2}}{U_1\cos\varphi_{u_1}+U_2\cos\varphi_{-u_2}}=\arctan\frac{\frac{\sqrt{3}}{2}}{\frac{3}{2}}=\arctan\frac{\sqrt{3}}{3}=\frac{\pi}{6}$$

则

$$u=u_1-u_2=220\sqrt{6}\sin\left(\omega t+\frac{\pi}{6}\right)\text{V}$$

方法2，应用相量图求解。

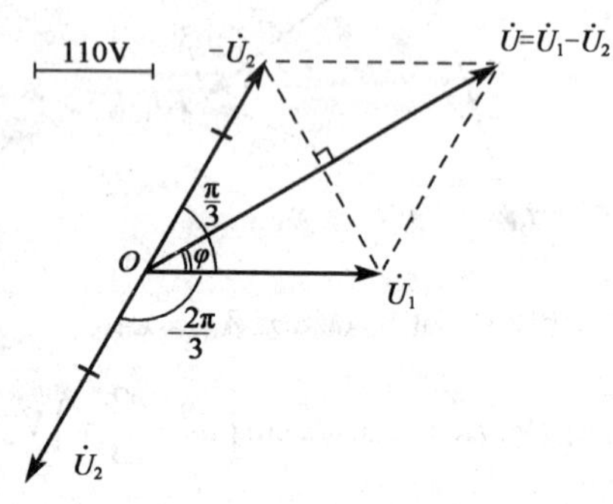

图 2-13 例 2-6 附图

如图 2-13 所示，画出与 u_1 和 u_2 相对应的相量。

根据平行四边形法则，求相量 $\dot{U}=\dot{U}_1-\dot{U}_2$，只需求出 $\dot{U}_1$ 与 $-\dot{U}_2$ 的和。由于 $\dot{U}_1$ 与 $-\dot{U}_2$ 相位相差 π，所以 $-\dot{U}_2$ 与 x 轴(图中略)正方向夹角为 $\dfrac{\pi}{3}$，画出 $-\dot{U}_2$ 的相量，应用平行四边形法则，求 $\dot{U}_1$ 与 $-\dot{U}_2$ 的和，即：

$$\dot{U}=\dot{U}_1+(-\dot{U}_2)$$

由于 $U_1=U_2$，所以 $\dot{U}_1$ 和 $-\dot{U}_2$ 为邻边的平行四边形是菱形，其对角线互相垂直平分，则 $\dot{U}$ 与 x 轴正方向的夹角为 $\dfrac{\pi}{6}$，$\dot{U}$ 的长度为：

$$U=2U_1\cos\frac{\pi}{6}=220\sqrt{3}\text{V}$$

$$U_m = \sqrt{2}U = 220\sqrt{6}\text{V}$$

则

$$u = u_1 - u_2 = 220\sqrt{6}\sin\left(\omega t + \frac{\pi}{6}\right)\text{V}$$

任务二　学会使用示波器

示波器是一种用途十分广泛的用于展示和观测电信号的电子测量仪器，它能把肉眼看不见的电信号变换成看得见的图像，便于人们研究各种电现象的变化过程。利用示波器能观察各种不同信号幅度随时间变化的波形曲线，特别适用于观测瞬时变化的过程，还可以用它测试各种不同的电量，如电压、电流、频率、相位差、调幅度等。

示波器的种类很多，现以 CA8040 型双踪示波器为例，说明其技术性能、操作说明、测量方法、使用注意事项等。

1. 概述

CA8040 型双踪示波器为便携式双通道示波器，其垂直系统具有 0 ~ 40MHz 的频带宽度和 5mV/DIV ~ 5V/DIV 的偏转灵敏度，配以 10:1 探极，灵敏度可达 50V/DIV。本机在全频带范围内可获得稳定触发，触发方式设有常态、自动、TV 和峰值自动。内触发设置了交替触发，可以稳定地显示两个频率不相关的信号。本机水平系统具有 0.5s/DIV ~ 0.2μs/DIV 的扫描速度，并设有扩展 ×10，可将最快扫速达 20ns/DIV。

使用前应特别注意以下几点说明：

（1）一般示波器的最大输入电压峰值不超过 400V，如操作不当，超电压输入，将损坏仪器的高阻抗输入端及保护电路，为有效地保护仪器，延长其使用寿命，测量高电压时应按照以下步骤执行：

①衰减开关逆时针旋至 5V/DIV，如同万用表测量电压时，应先把量程打到最大挡，切不可将衰减开关首先置于 5mV/DIV 观察未知幅度大小的信号，这样极易损坏机器。

②输入耦合方式中 2 只开关按下至 GND 和 AC。

③接上探头（探头置于 ×10）并连至被测点。

④将第②条中 GND 弹出，再适当调节第①条中的衰减开关，使屏幕显示信号幅度适中即可。

（2）在测量状态时，光度不宜太亮，只要能正常使用即可。非测量状态，将示波器辉度关暗，以延长示波管寿命。否则，高亮度、长时间光迹置于示波管某一位置，将会烧伤示波管荧光粉。

注意：输入电压峰值切不可大于 400V，如超出，请配高压探头再按上述要求测量。

2. 技术性能（见表 2-1）

CA8040 型双踪示波器的技术性能　　表 2-1

<table>
<tr><th>项　目</th><th colspan="5">指　标</th></tr>
<tr><td colspan="6">(1)垂直偏转系统</td></tr>
<tr><td>偏转因数
精度
微调范围
上升时间
带宽(-3dB)
输入阻抗
最大安全输入电压</td><td colspan="5">5mV/DIV～5V/DIV,按 1、2、5 顺序分 10 档
±3%
≥2.5:1
≤8.75ns
DC:0～40MHz,AC:10Hz～40MHz
直接:1MΩ±3%,25pF±5pF　经 10:1 探极:10MΩ±5%,10pF±2pF
400V(DC+AC　peak)</td></tr>
<tr><td>垂直方式</td><td colspan="5">CH1,CH2,ALT,CHOP,ADD</td></tr>
<tr><td colspan="6">(2)触发系统</td></tr>
<tr><td rowspan="5">触发灵敏度</td><td rowspan="3">常态或自动方式</td><td></td><td>20MHz</td><td>40MHz</td><td></td></tr>
<tr><td>内</td><td>10DIV</td><td>1.5DIV</td><td></td></tr>
<tr><td>外</td><td>0.3V</td><td>0.5V</td><td></td></tr>
<tr><td rowspan="2">TV 方式</td><td>内</td><td>2DIV</td><td></td><td></td></tr>
<tr><td>外</td><td>0.5V</td><td></td><td></td></tr>
<tr><td colspan="2">自动方式下限频率</td><td colspan="4">20Hz</td></tr>
<tr><td colspan="2">外触发输入阻抗</td><td colspan="4">1MΩ,20pF</td></tr>
<tr><td colspan="2">外触发输入最大安全电压</td><td colspan="4">160V(DC+AC　peak)</td></tr>
<tr><td colspan="2">触发源选择</td><td colspan="4">内,外,电源</td></tr>
<tr><td colspan="2">内触发源选择</td><td colspan="4">CH1,VERT MODE,CH2</td></tr>
<tr><td colspan="2">触发方式</td><td colspan="4">常态、自动、TV、峰值自动</td></tr>
<tr><td colspan="6">(3)水平偏转系统</td></tr>
<tr><td>扫描时间因数
精度
微调范围</td><td colspan="5">0.5s/DIV～0.2μs/DIV,按 1、2、5 顺序分 20 档,扩展×10,最快扫速达 20ns/DIV
×1″:±3%,×10:±8%
≥2.5t1</td></tr>
<tr><td colspan="6">(4)X-Y 方式</td></tr>
<tr><td>偏转因数
精度
带宽(-3dB)
X-Y 相位差</td><td colspan="5">同垂直偏转系统
±5%
DC:0～1M,Hz,AC:10Hz～1MHz
≤3°(DC—50kHz)</td></tr>
<tr><td colspan="6">(5)Z 轴系统</td></tr>
<tr><td>灵敏度
输入极性
频率范围
输入电阻
最大安全输入电压</td><td colspan="5">5V
低电平加亮
DC—1MHz
10kΩ
50V(DC+AC　peak)</td></tr>
<tr><td colspan="6">(6)校正信号</td></tr>
<tr><td>波形
幅度
频率</td><td colspan="5">对称方波
0.5V±2%
1kHz±2%</td></tr>
</table>

续上表

项　　目	指　　标
(7)示波管	
有效工作面 加速电压 发光颜色	8×10 DIV　1DIV = 10mm 12kV 绿色
(8)电源	
电压范围 频率 最大功耗	220V ±10% 50Hz ±2Hz 40W
(9)物理特性	
重量 外形尺寸	6.5kg 310×130×418mm（宽×高×深）
(10)环境条件	
工作温度 储存温度 工作温度 储存温度 工作高度 非工作高度	0℃～40℃ -40℃～60℃ 90%(40℃) 90%(50℃) 5000m 1500m

3. 操作说明

(1)控制件位置图(见图2-14)

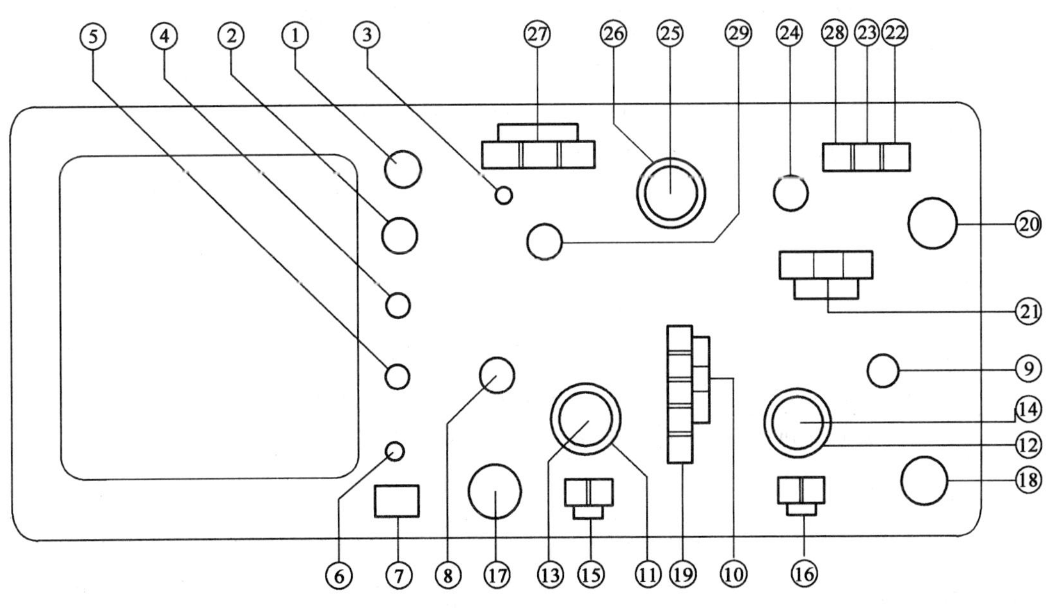

a)前面板

图　2-14

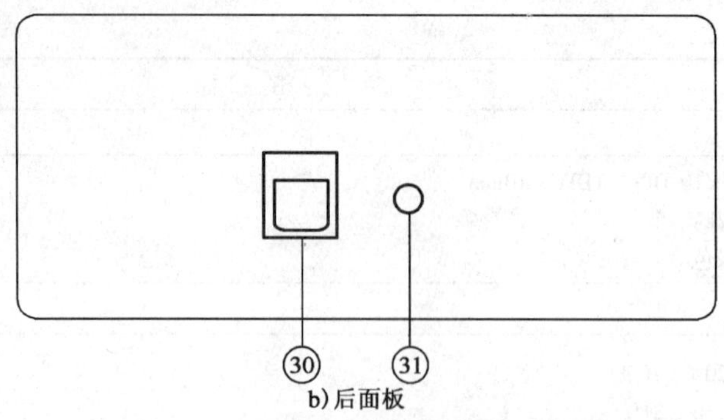

b)后面板

图 2-14 CA8040 型双踪示波器控制件位置图

(2)控制件的作用(见表 2-2)

CA8040 型双踪示波器控制件的作用 表 2-2

序号	控制件名称	功能
①	亮度 (INTEN)	调节光迹的亮度
②	聚焦 (FOCUS)	调节光迹的清晰度
③	触发指示(TRIG'D)	在触发扫描时,指示灯亮
④	迹线旋转 (ROTATION)	调节光迹与水平刻度线平行
⑤	校正信号(CAL)	提供幅度为 0.5V,频率为 1kHz 的方波信号,用于校正 10:1 探极补偿电容器和检测示波器垂直与水平的偏转因子
⑥	电源指示(POWERINDICATION)	电源接通时,灯亮
⑦	电源开关(POWER)	电源接通或关闭
⑧	CH1 移位(POSITION)	调节信道 1 光迹在屏幕上的垂直位置
⑨	CH2 移位(POSITION)	调节信道 2 光迹在屏幕上的垂直位置
⑩	垂直方式(VERT MODE)	CH1 或 CH2:信道 1 或信道 2 单独显示 ALT:两个信道交替显示 CHOP:两个信道断续显示,用于扫速较慢时的双向显示 ADD:用于两个信道的代数和或差
⑪	垂直衰减器(VOLTS/DIV)	调节垂直偏转灵敏度
⑫	垂直衰减器(VOLTS/DIV)	调节垂直偏转灵敏度
⑬	微调(VARIABLE)	用于连接调节垂直偏转灵敏度,顺时针旋足为校正位置
⑭	微调(VARIABLE)	用于连续调节垂直偏转灵敏度,顺时针旋足为校正位置
⑮	耦合方式(AC—DC—GND)	用于选择被测信号馈入垂直通道的耦合方式
⑯	耦合方式(AC—DC—GND)	用于选择被测信号馈入垂直通道的耦合方式
⑰	CH1 OR X	被测信号的输入插座
⑱	CH2 OR Y	被测信号的输入插座
⑲	Y2 反相(CH2INVERT)	在 ADD 方式时使 CH1 + CH2 或 CH1 − CH2
⑳	外触发输入(EXT INPUT)	外触发输入插座

续上表

序　号	控制件名称	功　　能
㉑	内触发源（INT SOURCE）	用于选择 CH1,CH2 或交替触发、LINE(电源)
㉒	触发源选择（TRIG SOURCE）	用于选择触发源为 INT(内),EXT(外)
㉓	触发极性（SLOPE）	用于选择信号的上升或下降沿触发扫描
㉔	电平　（LEVEL）	用于调节被测信号在某一电平触发扫描
㉕	微调　（VARIABLE）	用于连续调节扫描速度,顺时针旋足为校正位置
㉖	扫描速度（SEC/DIV）	用于调节扫描速度,顺时针旋足为 X－Y
㉗	触发方式（TRIG MODE）	常态(NORM):与信号时,屏幕上无显示;有信号时,与电平控制配合显示稳定波形 自动(AUTO):无信号时,屏幕上显示光迹;有信号时,与电平控制配合显示稳定波形 电视场(TV):用于显示电视场信号 峰值自动(P-P AUTO):无信号时,屏幕上显示光迹;有信号时,无须调节电平即能获得稳定的波形显示
㉘	X1,X10	按入时扫速被扩展 10 倍
㉙	水平位移(POSITION)	调节迹线在屏幕上的水平位置
㉚	外监频输出	监视示波器某一信道波形的频率
㉛	电源插座及保险丝座	220V 电源插座,保险丝为 0.5A

(3)操作方法

①电源检查

本示波器电源电压为 220V/110V 可转换。接通电源前,检查当地电源电压,是否与上表中的第 34 项所示输入电压值相符,如果不相符合,请拨至相符位置,否则严格禁止使用。

②面板一般功能检查

a. 将有关控制件按表 2-3 置位。

CA8040 型双踪示波器控制件置位表　　表 2-3

控制件名称	作 用 位 置	控制件名称	作 用 位 置
亮度(INTEN)	居中	触发方式	峰值自动
聚焦(FOCUS)	居中	扫描速度 SEC/DIV	0.5ms
位移(CH1,CH2,X)	居中	极性(SLOPE)	正
垂直方式(MODE)	CH1	触发源	INT
VOLTS/DIV	10mV	内触发源	CH1
微调(VARIABLE)	校正位置	输入耦合	AC

b. 接通电源,电源指示灯亮,稍候预热,屏幕上出现光迹,分别调节亮度、聚焦、辅助聚焦、迹线旋转,使光迹清晰并与水平刻度平行。

c. 用 10∶1 探极将校正信号输入至 CH1 输入插座。

d. 调节 CH1 移位至 X 移位,使波形与图 2-15 校正信号波相符合。

e. 将探极换至 CH2 输入插座，垂直方式置于"CH2"，内触发源置于"CH2"，重复 d. 操作，得到与图 2-15 相符合的波形。

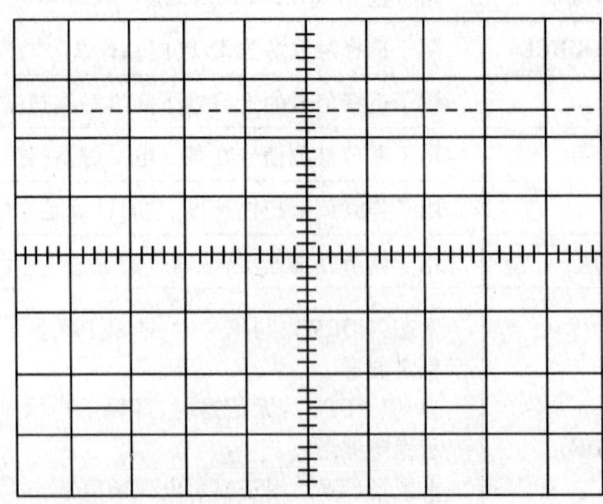

图 2-15　校正信号波

③亮度控制

调节亮度电位器，使屏幕显示的光迹亮度适中。一般观察不宜太亮，以免荧光屏老化，高亮度的显示一般用于观察低频率的快扫描信号。

④垂直系统的操作

a. 垂直方式的选择

当只需观察一路信号时，将"MODE"开关置"CH1"或"CH2"，此时被选中的信道有效，被测信号可从信道端口输入。当需要同时观察两路信号时，将"MODE"开关置交替"ALT"，该方式使两个信道的信号被交替显示，交替显示的频率受扫描周期控制。当扫速低于一定频率时，交替方式显示会出现闪烁，此时应将开关置于断继"CHOP"位置。当需观察两路信号代数和时，将"MODE"开关置于"ADD"位置，在选择这种方式时，两个信道的衰减设置必须一致，CH2 INVERT 9 弹出时为 CH1 + CH2，CH2 INVERT 9 按入时为 CHI - CH2。

b. 输入耦合的选择

直流（DC）耦合：适用于观察包含直流成分的被测信号，如信号的逻辑电平和静态信号的直流电平，当被测信号的频率很低时，也必须采用这种方式。

交流（AC）耦合：信号中的直流分量被隔断，用于观察信号的交流分量，如观察较高直流电平上的小信号。

接地（GND）：信道输入端接地（输入信号断开），用于确定输入为零时光迹所处位置。

⑤触发源的选择

a. 触发源选择

当触发源开关置于电源触发"LINE"，机内 50Hz 信号输入到触发电路。外触发"EXT"，由面板上外触发输入插座输入触发信号；内触发"INT"，由内触发源选择开关控制。

b. 内触发源选择

CH1 触发：触发源取自信道 1。

CH2 触发：触发源取自信道 2。

VERT MODE 触发：触发源受垂直方式开关控制，当垂直方式开关置于“CH1”，触发源自动切换到信道 1；当垂直方式开关置于“CH2”，触发源自动切换到信道 2；当垂直方式开关置于“ALT”，触发源与信道 1、信道 2 同步切换，在这种状态使用时，两个不相关的信号其频率不应相差很大，同时垂直输入耦合应置于“AC”，触发方式应置于“AUTO”或“NORM”。当垂直方式开关置于“CHOP”和“ADD”时，内触发源选择应置于“CH1”或“CH 2”。

⑥水平系统的操作

a. 扫描速度的设定

扫描范围从 0.2μs/DIV ~0.5s/DIV 按 1、2、5 进位分 20 档，微调提供至少 2.5 倍的连续调节，根据被测信号频率的高低，选择合适档级，在微调顺时针旋足至校正位置时，可根据开关的示值和波形在水平轴方向上的距离读出被测信号的时间参数，当需要观察波形某一个细节时，可进行水平扩展 ×10，此时原波形在水平轴方向上被扩展 10 倍。

b. 触发方式的选择

常态（NORM）：无信号输入时，屏幕上无光迹显示；有信号输入时，触发电平调节在合适位置上，电路被触发扫描。当被测信号频率低于 20Hz 时，必须选择这种方式。

自动（AUTO）：无信号输入时，屏幕上有光迹显示；一旦有信号输入时，电平调节在合适位置上，电路自动转换到触发扫描状态，显示稳定的波形。当被测信号频率高于 20Hz 时，最常用这一种方式。

电视场（TV）：对电视信号中的场信号进行同步，在这种方式下，被测信号是同步信号为负极性的电视信号，如果是正极性，则可以由 CH2 输入，借助于 CH2 移位拉出（PULL INVERT）按入把正极性转变为负极性后测量。

峰镇自动（P-P AUTO）：这种方式同自动方式，但无须调节电平即能同步，它一般适用于正弦波、对称方波或占空比相差不大的脉冲波。对于频率较高的测试信号，有时也要借助于电平调节，它的触发同步灵敏度要比“常态”或“自动”稍低一些。

c. 极性的选择（SLOPE）

用于选择被测试信号的上升沿或下降沿去触发扫描。

d. 电平的设置（LEVEL）

用于调节被测信号在某一合适的电平上启动扫描，当产生触发扫描后，“TRIG′D”指示灯亮。

⑦信号连接

a. 探极操作

本示波器附件中有两根衰减比为 10:1 和 1:1 可转换的探极，为减少探极对被测电路的影响，一般使用 10:1 探极，此时探极的输入阻抗为 10MΩ，16pF；衰减比为 1:1 的探极用于观察小信号，但此时输入阻抗已降为1MΩ，输入电容约为70pF，因此在测量时要考虑探极对被测电路的影响和测试的准确性。

为了提高测量精度，探极上的接地和被测电路应尽量采用最短的连接，在频率较低、测量精度不高的情况下，可用前面板上接地端和被测电路地连接，以方便测试。

b. 探极的调整

由于示波器输入特性的差异，在使用10:1探极测试以前，必须对探极进行检查和补偿调节，调整方法见②。

4. 测量

(1) 测量前的检查和调节

为了得到较高的测量精度，减少测量误差，在测量前应对如下项目进行检查和调整。

①光迹旋转(TRACE ROTATION)

在正常的情况下，屏幕上显示的水平光迹应与水平刻度线平行，但由于地球磁场与其他因素的影响，会使水平迹线产生倾斜，给测量造成误差，因此在使用前可按下列步骤检查或调整：

a. 预置示波器面板上的控制件，使屏幕上获得一根水平扫描线。

b. 调节垂直移位使扫描基线处于垂直中心的水平刻度线上。

c. 检查扫描基线与水平刻度线是否平行，如不平行，用螺丝刀调整前面板"ROTATION"控制器。

②探极补偿

探极的调整用于补偿由于示波器输入特性的差异而产生的误差，调整方法如下：

a. 按②设置面板控制件，并获得一扫描基线。

b. 设置VOLTS/DIV为10ms/DIV档级。

c. 将CH1的10:1探极接入输入插座，并与本机校正信号"CAL"联接。

d. 按②内容操作有关控制性，使屏幕上获得图2-16波形。

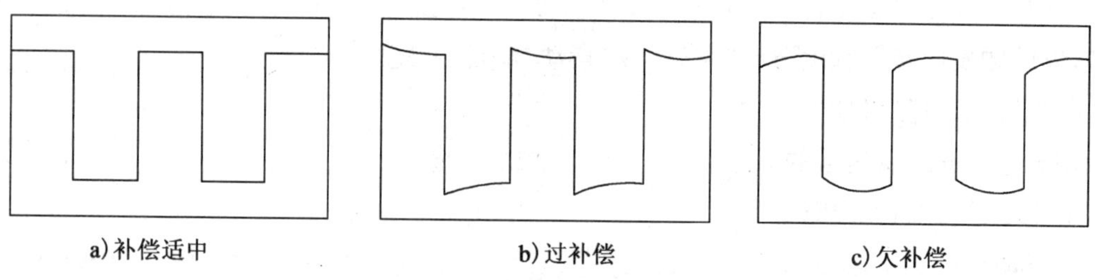

图2-16 探极补偿波形

e. 观察波形补偿是否适中，否则调整探极补偿元件，见图2-17。

f. 设置垂直方式至"CH2"，按步骤b. ~e. 方法检查调整CH2探极。

(2) 幅值的测量

①峰—峰值电压的测量

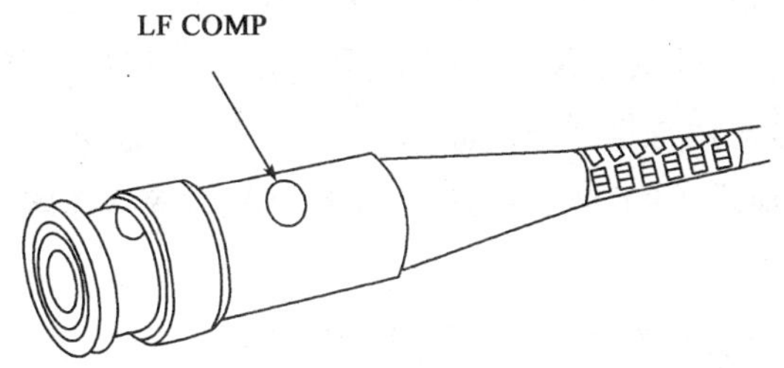

图 2-17　探极调整元件的位置

对被测信号波形峰—峰电压的测量，步骤如下：

a. 将信号输入至 CH1 或 CH2 插座，将垂直方式置于被选用的信道。

b. 设置电压衰减器并观察波形，使被显示的波形在 5 格左右，将微调顺时针旋足（校正位置）。

c. 调整电平使波形稳定（如果是峰值自动，无须调节电平）。

d. 调节扫速控制器，使屏幕显示至少一个波形周期。

e. 调节垂直移位元，使波形底部在屏幕中某一水平坐标上（见图 2-18A 点）。

f. 调整水平移位元，使波形顶部在屏幕中央的垂直坐标上（见图 2-18B 点）。

g. 读出垂直方向 A—B 两点之间的格数。

h. 按下面公式计算被测信号的峰—峰电压数（V_{p-p}）。

$$V_{p-p} = \text{垂直方向的格数} \times \text{垂直偏转因子}$$

例如：在图 2-18 中，测出 A—B 两点垂直格数为 4.1 格，用 10:1 探极的垂直偏转因子为 2V/DIV，则：$V_{p-p} = 2 \times 4.1 = 8.2\text{V}$。

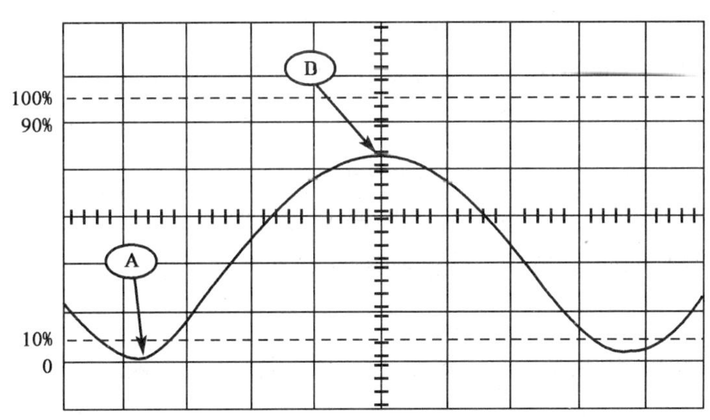

图 2-18　峰—峰电压的测量

②直流电压的测量

直流电压的测量步骤如下：

a. 设置面板控制器，使屏幕显示一扫描基线。

b. 设置被选用信道的耦合方式为“GND”，见图2-18“测量前”。

c. 调节垂直移位，使扫描基线在某一水平坐标上，定义此时电压零值。

d. 将被测电压馈入被选用的信道插座。

e. 将输入耦合置于“DC”，调节电压衰减器，使扫描基线偏移在屏幕中一个合适的位置上，微调顺时针旋足(校正位置)。

f. 基线在垂直方向上偏移的格数，见图2-19“测量后”。

g. 按下列公式计算被测值。

$$V = 垂直方向格数 \times 偏转方向(+或-)$$

例如：在图2-19中，测出扫描基线比原基线上移4格，垂直偏转因子2V/DIV。

则
$$V = 2 \times 4 \times (+) = 8V$$

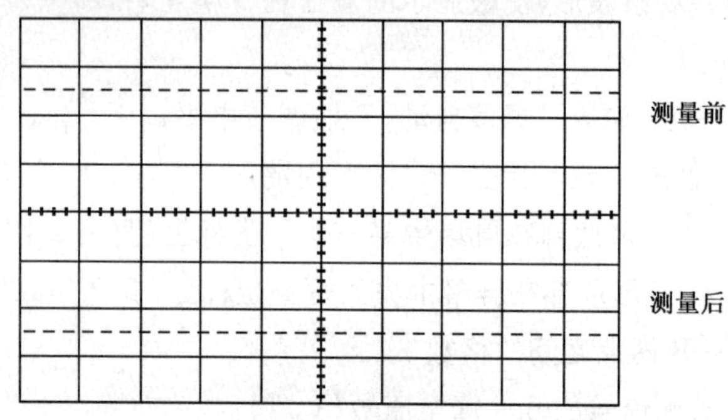

图2-19　直流电压测量

③幅值比较

在某些应用中，需对两个信号之间的幅值偏差(百分比)进行测量其步骤如下：

a. 将作为参考的信号馈入CH1或CH2输入插座，设置垂直方式为被选用的信道。

b. 调整电压衰减器和微调控制器使屏幕显示幅度为垂直方向5格。

c. 在保持电压衰减器和微调控制器在原位置不变的情况下，将探极从参考信号换接至欲比较的信号，调整垂直移位元使波形底部对准屏幕的0刻度线。

d. 调整水平移位元使波形顶部在屏幕中央的垂直刻度线上。

e. 根据屏幕左侧的0和100%百分比标准，从屏幕中央的垂直坐标上读出百分比(1小格等于4%)。

例如：在图2-20中，虚线表示参考波形，幅值为5格，实线为被比较信号波形，垂直幅度为2格，则该信号的幅值为参考信号的40%。

④代数叠加

当需要测量两个信号的代数和或差时，可根据下列步骤操作：

a. 设置垂直方式为“ALT”或“CHOP”(根据信号频率)，CH2移位元值不要拉出不要按入，即 CH2 为正极性。

b. 将两个信号分别馈入 CH1 和 CH2 输入插座。

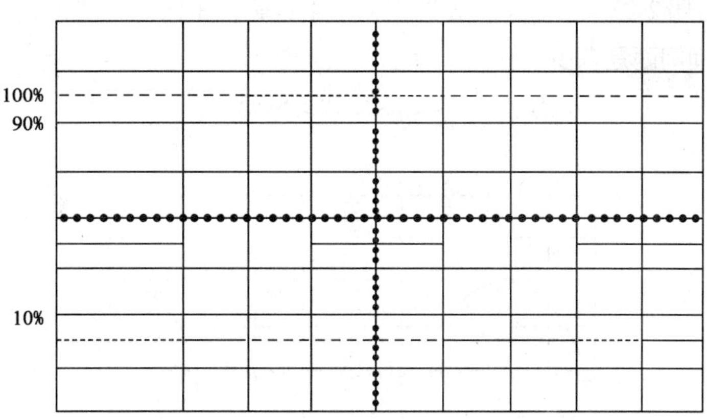

图 2-20　幅值比较

c. 调节电压衰减器使用两个信号的显示幅度适中，调节垂直移位元，使两个信号波形处于屏幕中央。

d. 将垂直方式置于“ADD”，即得到两个信号的代数和显示；若需观察两个信号的代数差，则将 CH2 移位拉出（INVERT），图 2-21 分别示出两个信号的代数和及代数差显示。

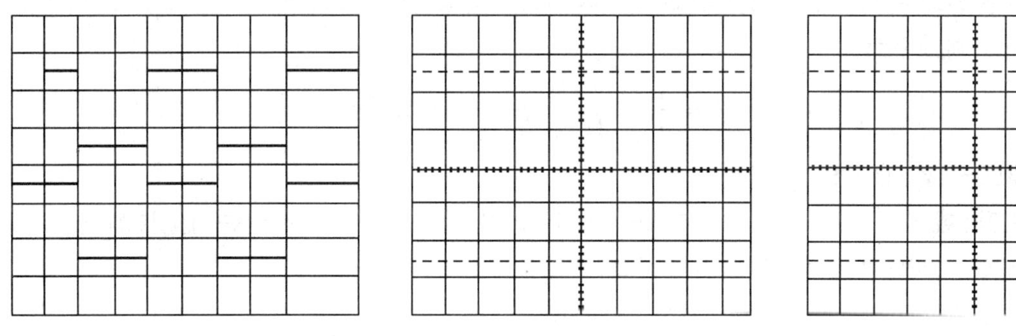

a) ALT方式　　b) ADD方式CH2极性+　　c) ADD方式CH2极性-

图 2-21　代数和叠加显示

（3）时间测量

①时间间隔的测量

对于一个波形中两点间时间间隔的测量，可按下列步骤进行：

a. 将信号馈入 CH1 或 CH2 输入插座，设置垂直方式为被选信道。

b. 调整电平使波形稳定显示（如峰值自动，无须调节电平）。

c. 将扫速微调顺时旋足（校正位置），调整扫速控制器，使屏幕上显示 1-2 信号周期。

d. 分别调整垂直移位和水平移位，使波形中需测量的两点位于屏幕中央水平刻度线上。

e. 测量两点之间的水平刻度，按下列公式计算出时间间隔，即：

$$时间间隔(s) = \frac{两点之间水平距离(格) \times 扫描时间因数(时间/格)}{水平扩展倍数}$$

[例 2-7] 在图 2-22 中，测得 A、B 两点的水平距离为 8 格，扫描时间因子为 2μs/DIV，水平扩展 ×1，则时间间隔是多少？

解：

$$时间间隔 = \frac{2\mu s/DIV \times 8DIV}{1} = 16\mu s$$

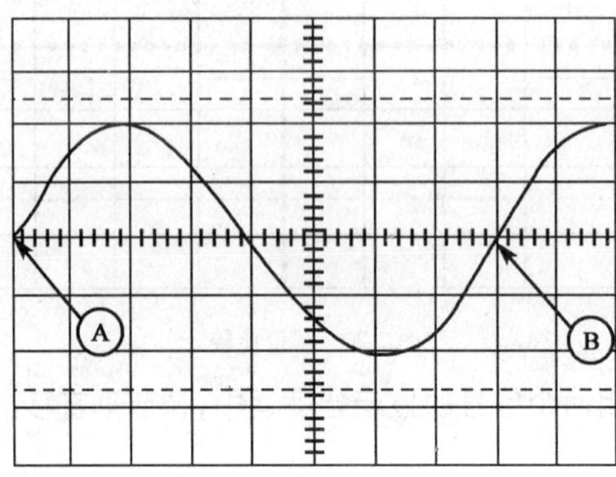

图 2-22 时间间隔测量

②周期和频率的测量

在图 2-22 的例子中，所测得的时间间隔即为该信号的周期 T，该信号的频率为 $1/T$，例如：$T = 16\mu s$，则频率为：

$$f = \frac{1}{T} = \frac{1}{16 \times 10^{-6}} = 62.5kHz$$

③上升或下降时间的位置

上升(或下降)时间的测量方法和时间间隔的测量方法一样，只不过是测量被测波形满幅度的 10% 和 90% 两处之间的水平轴距离，测量步骤如下：

a. 设置垂直方式为 CH1 或 CH2，将信号馈送到被选中的信道输入插座。

b. 调整电压衰减器和微调，使波形的垂直幅度显示 5 格。

c. 调整垂直移位，使波形的顶部和底部分别位于 100% 和 0 的刻度线上。

d. 调整扫速开关，使屏幕显示波形的上升沿和下降沿。

e. 调整水平移位，使波形上升沿的 10% 处相交于某一垂直刻度线上。

f. 测量 10% 到 90% 两点间的水平距离(格)，如波形的上升沿或下降沿较快则可将水平扩展 ×10，使波形在水平方向上扩展 10 倍。

g. 按下列公式计算出波形的上升(或下降)时间，即：

$$上升(或下降时间) = \frac{水平距离(格) \times 扫描时间因数(时间/格)}{水平扩展倍数}$$

例如：在图 2-23 中，波形上升沿的 10% 处至 90% 处的水平距离为 2.2 格，扫描时间因子 1μs/DIV，水平扩展 ×10，根据公式算出：

$$上升时间 = \frac{1\mu s/DIV \times 2.2DIV}{10} = 0.22\mu s$$

④时间差的测量

对两个相关信号的时间差测量,可按下列步骤进行:

a. 将参考信号和一个待比信号分别馈入"CH1"和"CH2"输入插座。

b. 根据信号频率,将垂直方式置于"ALT"或"CHOP"。

c. 设置触发源至参考信号那个信道。

d. 调整电压衰减器和微调控制器,使显示合适的幅度。

e. 调整电平使波形的稳定显示。

f. 调整 SEC/DIV,使两个波形的测量点之间有一个能方便观察的水平距离。

g. 调整垂直移位,使两个波形的测量点位于屏幕中央的水平刻度线上。

按下列公式计算出时间差,即:

$$时间差 = \frac{水平距离(格) \times 扫描时间因数(时间/格)}{水平扩展倍数}$$

[例 2-8]　在图 2-24 中,扫描时间因子置于 10μs/DIV,水平扩展 ×1,测量两点之间的水平距离为 1 格,则时间差为多少?

解:

$$时间差 = \frac{10\mu s/DIV \times 10DIV}{1} = 10\mu s$$

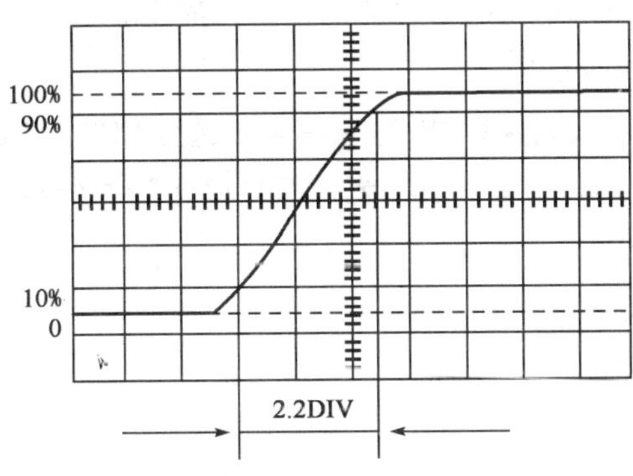

图 2-23　上升时间的测量

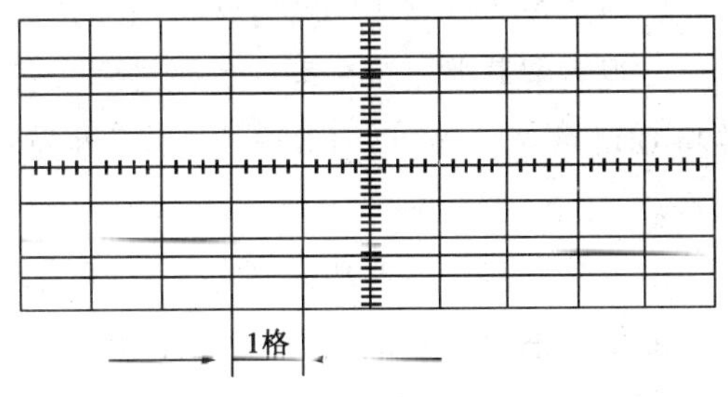

图 2-24　时间差的测量

⑤相位差的测量

相位差的测量可参考时间差的测量方法,步骤如下:

a. 按以上时间差测量方法的步骤 a. 至 d. 设置有关控制器。

b. 调整电压衰减器和微调控制器,使两个波形的显示幅度一致。

c. 调整扫速开关和微调,使波形的一个周期在屏幕上显示 8 格,这样水平刻度线上 1DIV = 40°(360°/9)。

d. 测量两个波形相对位置上的水平距离(格)。

e. 按下列公式计算出两个信号的相位差,即:

$$相位差 = \frac{水平距离(格) \times 40°}{格}$$

[例 2-9] 在图 2-25 中,测量两个波形相对位置上的距离为 1 格,则相位差为多少?

解:

$$相位差 = 40°/DIV \times 1DIV = 40°$$

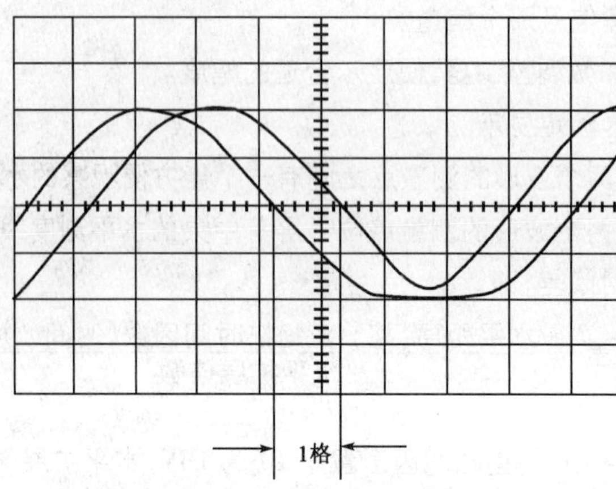

图 2-25 相位差的测量

(4)电视场信号测量

本示波器具有显示电视场信号的功能,操作方法如下:

a. 将垂直方式置于"CH1"或"CH2",将电视信号馈送至被选中的信道输入插座。

b. 将触发方式置于"TV",交将扫速开关置于 2ms/DIV。

c. 观察屏幕上显示是否是负极性同步脉冲的信号,如果不是,可将信号改送至 CH2 信道,并将 CH2 移位拉出(INVERT),使正极性同步脉冲的电视信号倒相为负极性同步脉冲的电视信号。

d. 调整电压衰减器和微调控制器,显示合适的幅度。

e. 如需细致观察电视场信号,则将水平扩展 ×10。

(5)X-Y 方式的应用

在某些场合 X 轴偏转需外来信号控制,如接外扫描信号,阶梯信号及李沙育图形的观察,或作其他设备的显示装置,都要用到这种方式。

X-Y 方式的操作,将 CH1 移位控制器拉出(PULL CH1-X),由 CH1 OR X 端输入 X 信号,其偏转因子直接由 CH1 信道的 VOLTS/DIV 开关示值读取。

(6)Z 轴调制的应用

由本示波器后面板的 Z 轴输入插座可输入对波形亮度的调制信号,调制极性为正电平消隐,负电平加亮。如与 X-Y 方式配合使用,可实现 X、Y、Z 三个方向上的控制,用于图形或字符显示。

任务三　认识交流电路中的电感元件

一、纯电阻电路

前面我们已经讲过电路元件有电阻、电感和电容三种。各种实际的电工、电子元器件及设备在进行电路分析时都可以用这三种元件来等效。为了分析电路方便，我们首先讨论以下三种单一参数的交流电路，即纯电阻电路、纯电感电路和纯电容电路，然后再分析研究由几种元件组合的较复杂的电路。显然实际电路中的电路元件不一定是单一参数的、“纯”的理想元件，例如一个线圈，既含有电感又有电阻，一个电容器一般既含有电容又含有电阻等。

接下来我们先研究纯电阻电路。在交流电路中，凡是电阻起主要作用的负载，如白炽灯、电阻炉、电烙铁、变阻器等，其电感很小可忽略不计，就称为纯电阻元件；则仅由电阻元件构成的电路就被称为纯电阻电路。首先如图 2-26 我们建立一个电路模型，电路中仅有理想的纯电阻元件 R。然后规定电流及电压的参考方向，电流参考方向一般用箭头表示，电压的参考方向一般用箭头或“+”、“-”来表示。并且同一电路上的电压和电流的参考方向通常应规定得一致。如果交流电在某一瞬间的实际方向与所规定的参考方向相同，则该时刻的瞬时值为正；反之，则为负。

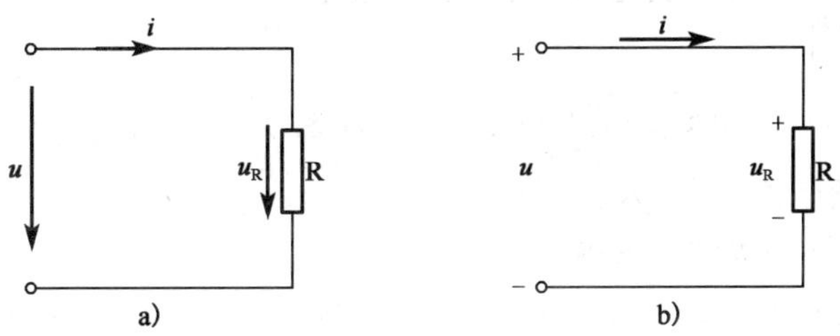

图 2-26　纯电阻电路

1. 纯电阻电路中电压与电流的关系

如图 2-26 所示，若在电路上加正弦交流电压 $u=U_m\sin\omega t$，其波形图如图 2-27 所示。

根据欧姆定律，在正弦交流电的每一瞬间，都应该满足如下式：

$$i=\frac{u}{R}$$

将 u 代入可得：

$$i=\frac{U_m}{R}\sin\omega t=I_m\sin\omega t$$

通过上述推导对比，可以得出以下结论（参看图 2-27）。

（1）电流、电压有效值（或最大值）的关系如下式：

$$I=\frac{U}{R}\quad 或\quad I_m=\frac{U_m}{R}\tag{2-10}$$

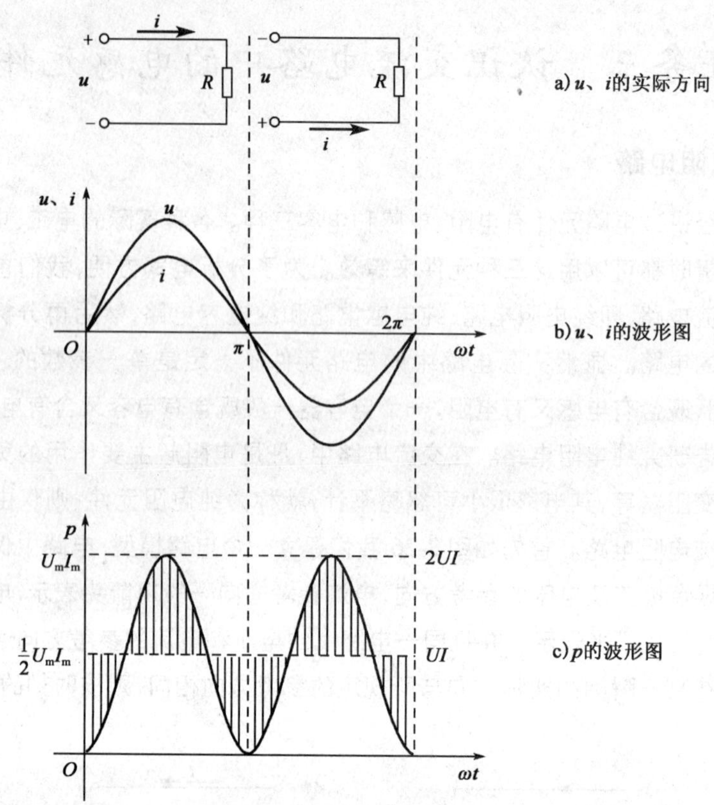

图 2-27　纯电阻电路中电压、电流、功率的波形图

即电流、电压的有效值(或最大值)符合欧姆定律;

(2)电流、电压为同频率的正弦量;

(3)电流、电压同相位,$\Delta\varphi = \varphi_u - \varphi_i = 0$,纯电阻电路中电流、电压的相量图如图 2-28 所示。

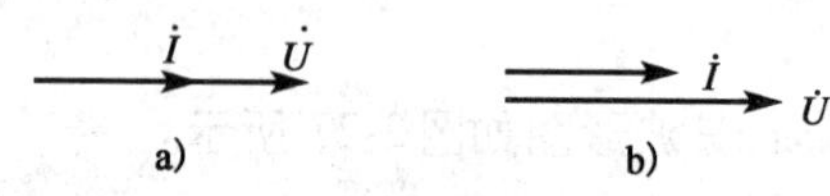

图 2-28　纯电阻电路中电流、电压的相量图

2. 纯电阻电路中的功率和能量

在交流电路中,电压与电流瞬时值的乘积 ui,被称为电功率的瞬时值,简称瞬时功率,用小写字母 p 表示。在纯电阻电路中,电阻上消耗的瞬时功率为:

$$p = ui = U_mI_m\sin^2\omega t = \frac{U_mI_m}{2}(1-\cos2\omega t) = \frac{U_mI_m}{2} + \frac{U_mI_m}{2}\sin\left(2\omega t - \frac{\pi}{2}\right) \quad (2\text{-}11)$$

可见,p 包含两项:一项是常量$\frac{U_mI_m}{2}$,另一项是正弦函数$\frac{U_mI_m}{2}\sin\left(2\omega t - \frac{\pi}{2}\right)$。因此,如图 2-27所示瞬时功率 p 的变化曲线可以这样画出:先画一条与横坐标轴平行且相距为$\frac{U_mI_m}{2}$的直线;然后以这条直线当作新的横坐标轴,画出正弦波形(它的振幅为$\frac{U_mI_m}{2}$、角频率为 2ω、初相为

$-\frac{\pi}{2}$)就是瞬时功率 p 的波形。由于电阻上的电压 u 和电流 i 同相位,总是同时为正或同时为负,所以瞬时功率 $p=ui$ 总是正值,这就是说,电阻总是吸取电源供给的电能并全部消耗转换成热能。我们将这种把电源供给的电能全部消耗的元件称为耗能元件,故纯电阻属耗能元件。

瞬时功率的实用意义不大,通常所说的交流电功率是指平均功率,即在一周期内瞬时功率的平均值。知道了平均功率,乘以时间就得出一定时间里电阻吸取的总能量。平均功率又称为有功功率,或简称功率,用大写字母 P 表示,单位为瓦(W)或千瓦(kW)。它是一周期内电路吸取的电能 W 周期 T 的比值,即:

$$P=\frac{W}{T}$$

在纯电阻电路中,

$$W=\int_0^T p\mathrm{d}t=\int_0^T U_m I_m \sin^2\omega t\mathrm{d}t=\frac{U_m I_m}{2}\int_0^T(1-\cos 2\omega t)\mathrm{d}t=\frac{U_m I_m}{2}T=UIT$$

所以由计算公式可知平均功率为:

$$P=\frac{W}{T}=\frac{U_m I_m}{2}=UI=RI^2=\frac{U^2}{R} \tag{2-12}$$

因此得出结论:纯电阻电路消耗的平均功率(有功功率)等于电压和电流的有效值的乘积。式(2-12)与直流电路的功率计算公式在形式上是一样的。

[例 2-10]　某电路中只有一个电阻 R,其阻值为 10Ω,给电阻两端加一个 $u=20\sin 314t$V 的交流电压。试写出通过电阻的电流的解析式;并计算电流的有效值及电阻消耗的功率。

解:电流的解析式为

$$i=\frac{u}{R}=\frac{20\sin 314t}{10}=2\sin 314t\text{A}$$

电流 i 与电压 u 同频率、同相位。

由已知条件看出:

$$U_m=20\text{V}, U=\frac{20}{\sqrt{2}}=14.14\text{V}$$

所以根据式(2-10)可知电流的有效值为:

$$I=\frac{U}{R}=\frac{14.14}{10}=1.414\text{A}$$

最后根据式(2-12)可得电阻消耗的功率为:

$$P=UI=\frac{20}{\sqrt{2}}\times\frac{2}{\sqrt{2}}=20\text{W}$$

[例 2-11]　已知有一个 220V、25W 的电烙铁接在 $U=220$V 的正弦交流电路中,求正常工作时流过电烙铁的电流 I 和电烙铁的电阻 R。

解:题中已知电烙铁正常工作时消耗的功率 $P=25$W,根据式(2-12)可得电流 I 为:

$$I=\frac{P}{U}=\frac{25}{220}=0.114\text{A}$$

然后根据式(2-10)可得电烙铁的电阻 R 为：

$$R = \frac{U}{I} = \frac{220}{0.114} = 1930\Omega$$

二、纯电感电路

如果一个线圈的电阻可以忽略不计，则这样的线圈被称为纯电感线圈。因为空心线圈的电感 L 是常数，所以仅由空心的纯电感线圈构成的交流电路就称为纯电感电路。

纯电感电路是线性电路，其电路模型如图 2-29 所示，如果加直流电压，因为电阻为零，所以电路将处于短路状态。如果加正弦交流电压，则电路中将有正弦交流电流通过，因为电流的变化，由于自感效应在线圈中将产生自感电动势 e_L。根据麦克斯韦电磁感应定律，可得 e_L 为：

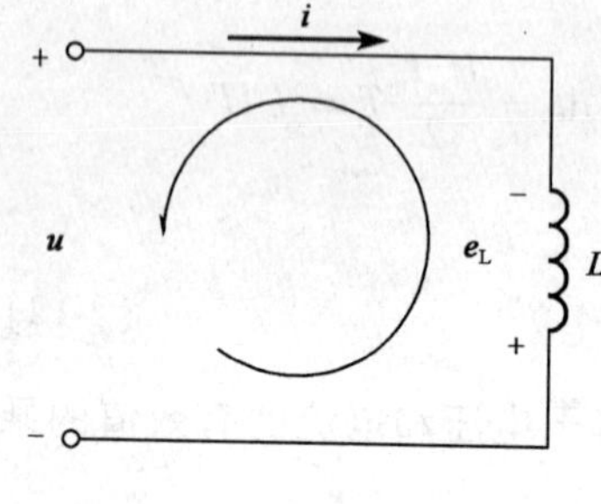

图 2-29 纯电感电路

$$e_L = -L\frac{di}{dt} \tag{2-13}$$

应用此式时，规定自感电动势 e_L 的正方向与电流 i 的正方向一致。

式(2-13)中的 $\frac{di}{dt}$ 表示电流的变化率，此式表明自感电动势与电流的变化率成正比。另外式(2-13)中的负号表示产生的自感电动势 e_L 总是阻碍电路中电流的变化，也就是当电流增加时，即 $\frac{di}{dt}>0$ 时，就有 $e_L<0$，此时自感电动势的实际方向与电流方向相反；当电流减小时，即 $\frac{di}{dt}<0$ 时，就有 $e_L>0$，此时自感电动势的实际方向与电流方向相同；若电流是恒定的，则 $\frac{di}{dt}=0$，那么 $e_L=0$，此时没有自感电动势。

1. 纯电感电路中电压与电流的关系

如图 2-29 所示，根据基尔霍夫第二定律，假设逆时针为回路的绕行方向，对照图中电压、电动势的参考方向可得：

$$u = -e_L$$

将式(2-13)代入可得出电路中电压与电流的关系为：

$$u = -e_L = L\frac{di}{dt}$$

现假设电路中电流为 $i = I_m\sin\omega t$，则：

$$u = -e_L = L\frac{di}{dt} = \omega LI_m\cos\omega t = \omega LI_m\sin\left(\omega t + \frac{\pi}{2}\right) = U_m\sin\left(\omega t + \frac{\pi}{2}\right)$$

通过上述推导对比，可以得出以下结论(参看图 2-30)：

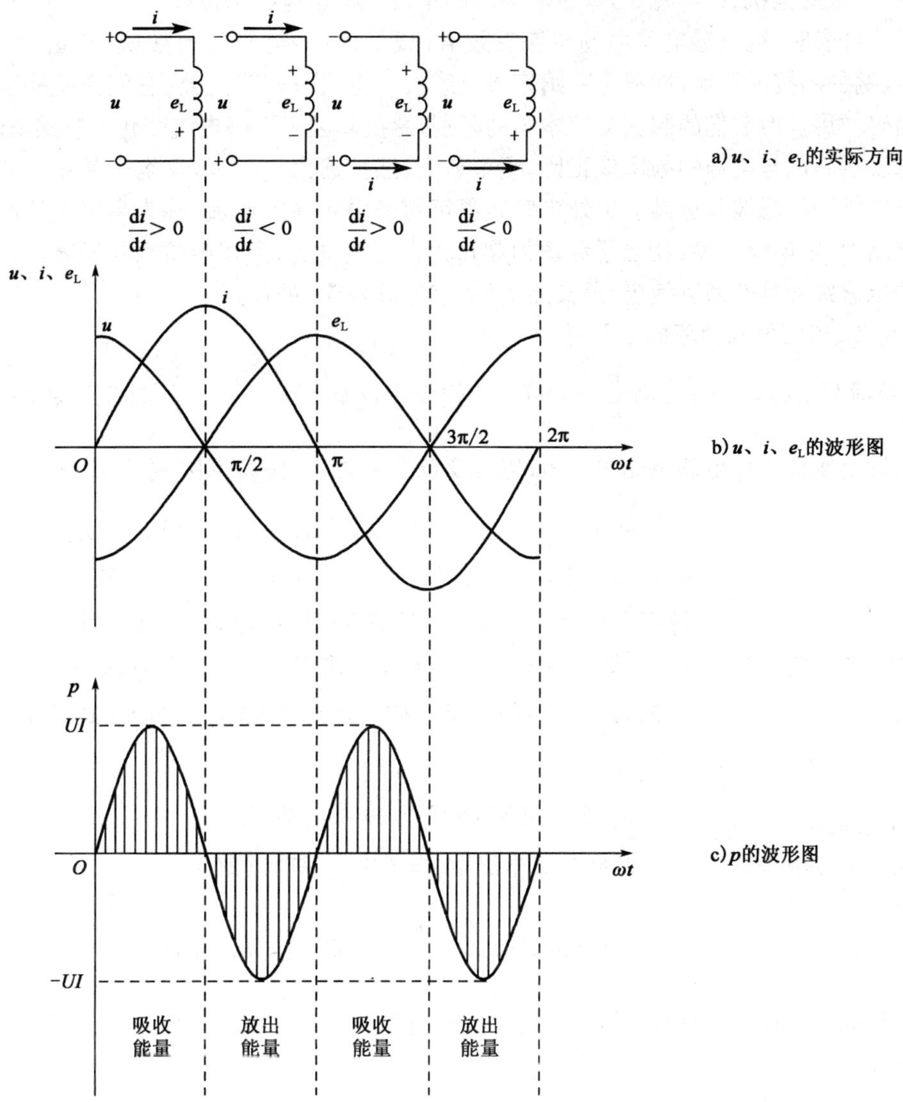

图 2-30　纯电感电路中电压、电流、功率的波形图

(1)电流、电压有效值(或最大值)的关系:

$$U_m = \omega L I_m = X_L I_m \quad 或 \quad I_m = \frac{U_m}{\omega L} = \frac{U_m}{X_L}$$

$$U = \omega L I = X_L I \quad 或 \quad I = \frac{U}{\omega L} = \frac{U}{X_L} \tag{2-14}$$

$$X_L = \omega L = 2\pi f L \tag{2-15}$$

式中：X_L——电感电抗，简称感抗，单位和电阻的单位一样也是欧姆(Ω)。

式(2-14)表明，纯电感电路中的电流有效值(或最大值)与电压有效值(或最大值)成正比，而与电路的感抗成反比，即符合欧姆定律。感抗与电阻有相似之处，它们都反映了电路对电流的阻碍作用。但它们的起因却有本质的区别，感抗起因于阻碍电流变化的自感电动势，故(2-15)已表明感抗与电源的频率成正比，频率愈高，感抗愈大。所以，在电子线路中常利用电感的这一特性进行滤波和选频。另外电感线圈可用来限制高频电流，称为高频扼流线圈。而在直流电路中，因电流不变(相当于频率为零)，无自感电动势，所以感抗也等于零。这就是通常所说的电感线圈具有通直流电、隔交流电(简称通直隔交)的作用。

(2)电流、电压为同频率的正弦量。

(3)电流与电压之间存在着$\frac{\pi}{2}$(即90°)的相位差，$\Delta\varphi = \varphi_u - \varphi_i = \frac{\pi}{2}$，即电压超前电流$\frac{\pi}{2}$，或电流滞后电压$\frac{\pi}{2}$。纯电感电路中电流、电压及自感电动势的相量图如图2-31所示。

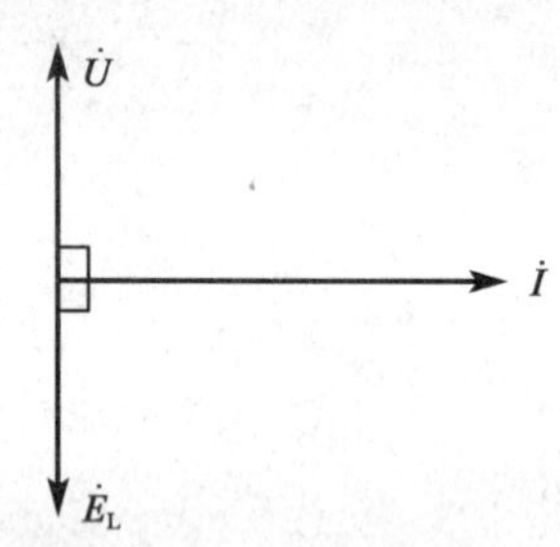

图2-31 纯电感电路中电流、电压、自感电动势的相量图

如图2-30所示，在曲线的上方分四个1/4周期分别画出i、u和e_L在线圈中的实际方向。从中可以看出：u与e_L的方向总是相反。其次在第一和第三个1/4周期内，电流i在增加，而e_L的方向与i相反，即阻碍i的增加；在第二和第四个1/4周期内，电流i在减小，e_L的方向与i相同，即阻碍i的减小；这正好说明了式(2-13)中的负号的含义。

2. 纯电感电路中的功率和能量

在纯电感电路中，电感上的瞬时功率为：

$$p = ui = U_m I_m \sin\omega t \cos\omega t = \frac{U_m I_m}{2}\sin 2\omega t = UI\sin 2\omega t \tag{2-16}$$

由此可知，纯电感电路中的瞬时功率是正弦函数，其频率二倍于电压、电流的频率，变化曲线如图2-30所示。

从瞬时功率p的曲线图中可以看出，在第一和第三个1/4周期内，u与i同方向，p为正值，这时电感做正功，表明线圈从电源吸取电能，并把它转换为磁场能储存于线圈的磁场中，此时线圈起着负载的作用；但在第二和第四个1/4周期内，u与i反向，p为负值，这时电感做负功，表明线圈向电源输送电能，就是把磁场能再转换为电能送回给电源，此时线圈起着一个电源的作用。综上所述，纯电感线圈时而吸收电能，时而释放电能，因为纯电感的电阻忽略不计，所以一个周期内的平均功率为零。即：

$$P = \frac{1}{T}\int_0^T p\mathrm{d}t = \frac{1}{T}\int_0^T UI\sin 2\omega t\mathrm{d}t = 0 \tag{2-17}$$

由此可见，纯电感线圈在交流电路中不消耗有功功率，它只是一种储存能量的电路元件，通常称为储能元件。而前面介绍过纯电阻是耗能元件，因此交流电路中的限流元件一般不采用电阻，而选用电感，即可利用电感起限流作用又可以避免能量的损耗。例如日光灯、电焊机、交流电动机启动器等，均采用电感元件限流。

在交流电路中，储能元件在工作时与电源之间能量经常往返传递，它占用了线路的容量而又未取得电源向负载输送能量的实际效果，为了对这部分往返传递的功率进行计算，我们就规定储能元件中瞬时功率的振幅称为无功功率，用字母 Q 来表示。它只反映储能元件与电源之间能量往返传递的规模。元件中只有能量的传递，而没有能量的消耗，所以称“无功”。由式(2-16)及(2-14)可知，电感元件的无功功率为：

$$Q_L = UI = X_L I^2 = \frac{U^2}{X_L} \tag{2-18}$$

Q_L 的下角标 L 表示是电感的无功功率。为了与有功功率区别，规定无功功率的单位为乏(Var)或千乏(kVar)。

［**例 2-12**］　已知有一个电感 $L=25.5\text{mH}$ 的线圈，求在电源频率 $f=50\text{Hz}$ 和 $f=500\text{Hz}$ 时的感抗各是多少?

解：当 $f=50\text{Hz}$ 时，

$$X_L = 2\pi fL = 2\times 3.14\times 50\times 25.5\times 10^{-3} = 8\Omega$$

当 $f=500\text{Hz}$ 时，

$$X_L = 2\pi fL = 2\times 3.14\times 500\times 25.5\times 10^{-3} = 80\Omega$$

［**例 2-13**］　已知一个电感 $L=127\text{mH}$，电阻忽略不计的线圈，接入电压为 220V 频率为 50Hz 的线路中。求线圈的感抗 X_L、电路中的电流 I、有功功率 P 和无功功率 Q_L。

解：

$$X_L = 2\pi fL = 2\times 3.14\times 50\times 127\times 10^{-3} = 40\Omega$$

$$I = \frac{U}{X_L} = \frac{220}{40} = 5.5\text{A}$$

$$P = 0$$

$$Q_L = UI = 220\times 5.5 = 1210\text{Var}$$

任务四　认识交流电路中的电容元件

前面已经介绍过电容器如果接入直流电源，那么仅在充、放电的瞬时有电流，稳态时就呈断路状态。但接入交流电源时，由于电压是交变的，对电容器交替地进行充电、放电，所以电路中也就有了电流。这就是通常所说的电容器具有隔直流电、通交流电(简称通交隔直)的作用。我们这里所研究的纯电容电路，是把没有任何损耗的理想电容器接入交流电路中所形成的，其电路模型如图 2-32 所示。

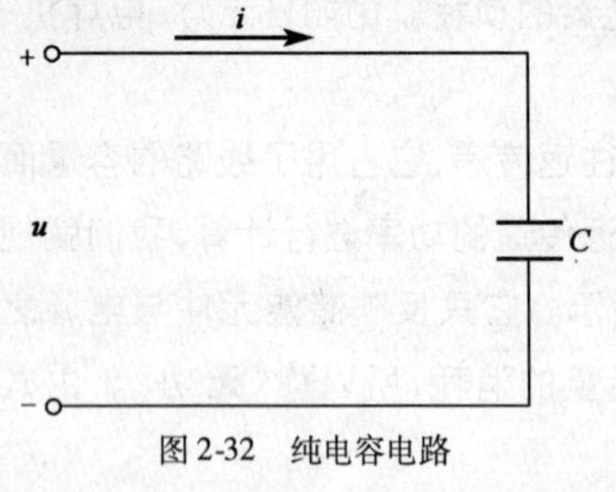

图 2-32　纯电容电路

一、纯电容电路中电压与电流的关系

如图 2-32 所示，图中标出了电压、电流的正方向。如果电容器 C 两端所加的交流电压 $u=U_m\sin\omega t$，又根据 $i=\frac{dQ}{dt}=C\frac{du}{dt}$ 就可以得到电路中的电流 i 为：

$$i=C\frac{du}{dt}=C\frac{d(U_m\sin\omega t)}{dt}=\omega CU_m\cos\omega t$$

$$=I_m\sin\left(\omega t+\frac{\pi}{2}\right) \tag{2-19}$$

通过上述推导对比，可以得出以下结论(参看图 2-33)：

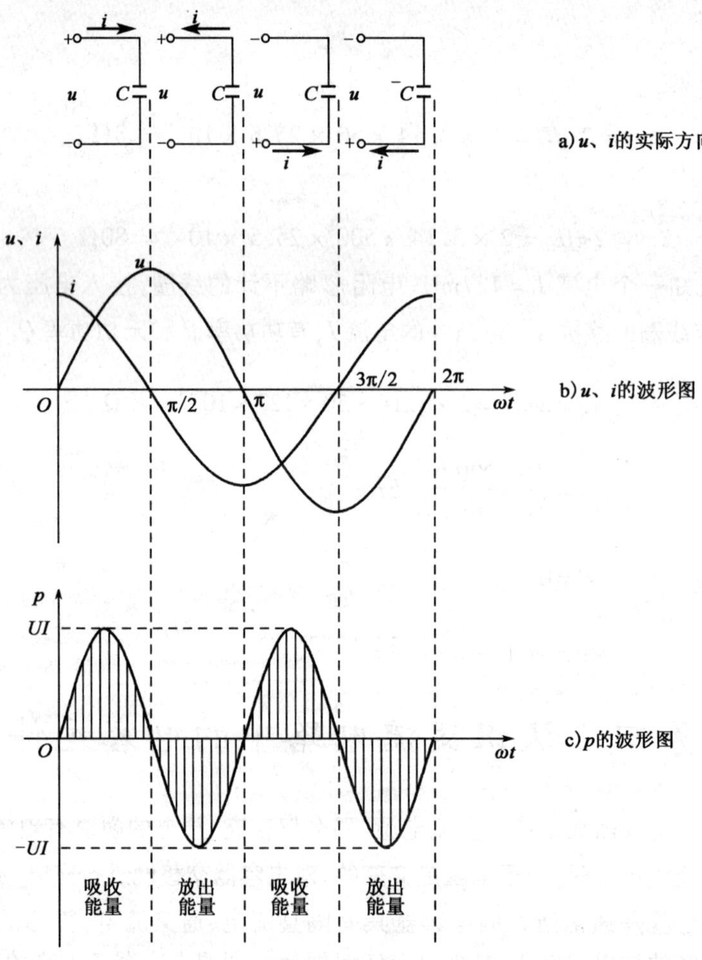

图 2-33　纯电容电路中电压、电流、功率的波形图

（1）电流、电压有效值（或最大值）的关系为：

$$I_m = \omega L U_m = \frac{U_m}{\frac{1}{\omega C}} = \frac{U_m}{X_C}$$

$$I = \frac{U}{X_C} \quad 或 \quad U = X_C I \tag{2-20}$$

$$X_C = \frac{1}{\omega C} = \frac{1}{2\pi f C} \tag{2-21}$$

式中：X_C——电容电抗，简称容抗，单位和电阻的单位一样也是欧姆（Ω）。

式（2-20）表明，纯电容电路中的电流有效值（或最大值）与电压有效值（或最大值）成正比，而与电路的容抗成反比，即符合欧姆定律。

由式（2-21）可知容抗 X_C 与电容 C 及角频率 ω（或频率 f）都成反比。因为 C 越大，在相同电压下能容纳的电量越多，因而电流也越大，即容抗越小。频率越高，电容器充、放电的速率越快，在相同电压作用下，单位时间内移动的电量越多，即电流越大，容抗越小。因而它和电感一样可以在电子线路中进行滤波和选频，但滤波和选频的特性与之相反。如电容器对高频电流的阻碍作用小，这恰好与电感线圈相反，因此在电子线路中常用电容器作为高频电流的通路。对直流来说，因 $\omega=0$，故 $X_C=\infty$，可看作断路，所以电容器有“隔直”作用。

（2）电流、电压为同频率的正弦量。

（3）电流与电压之间同纯电感电路相似也存在着$\frac{\pi}{2}$（即 90°）的相位差，$\Delta\varphi=\varphi_u-\varphi_i=-\frac{\pi}{2}$，只不过是电压滞后电流$\frac{\pi}{2}$，或电流超前电压$\frac{\pi}{2}$。纯电容电路电流、电压的相量图如图 2-34 所示。

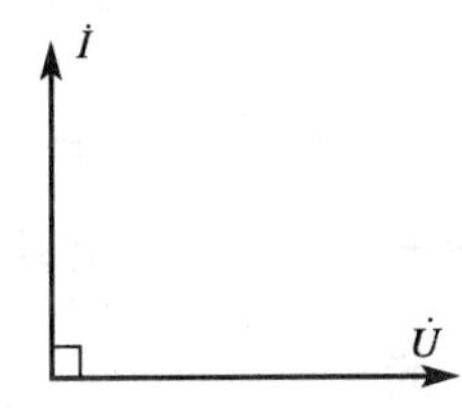

图 2-34　纯电容电路中电压、电流相量图

二、纯电容电路中的功率和能量

在纯电容电路中，因电流和电压也有 90°的相位差，所以它的功率波形与电感电路相似，其瞬时功率的表达式同样为：

$$p = ui = U_m I_m \sin\omega t \cos\omega t = \frac{U_m I_m}{2}\sin 2\omega t = UI\sin 2\omega t \tag{2-22}$$

由此可知，纯电容电路中的瞬时功率表达式在形式上与纯电感电路的完全一样，都是正弦函数，其频率两倍于电压、电流的频率，变化曲线如图 2-33 所示。

从瞬时功率 p 的曲线图中可以看出，在第一和第三个 1/4 周期内，u 与 i 同方向，p 为正值，这时电容器做正功，表明电容器从电源吸取电能，并把它转换为电容的电场能量储存起来，此时电容器相当于负载；但在第二和第四个 1/4 周期内，u 与 i 反向，p 为负值，这时电容器做负功，表明电容器把储存的电场能量再转换为电能送回给电源，此时电容器相当于一个电源。综上所述，纯电容与纯电感同样时而吸收电能，时而释放电能，所以在一个周期内的平均功率也为零。即：

$$P = \frac{1}{T}\int_0^T p\mathrm{d}t = \frac{1}{T}\int_0^T UI\sin 2\omega t\mathrm{d}t = 0 \tag{2-23}$$

这表明纯电容在交流电路中也不消耗有功功率，它也只是一种储能元件。

为了衡量电容器与电源之间能量转换的规模，和纯电感电路一样我们引入了无功功率。由式(2-22)及(2-23)可知，纯电容电路中电容器的无功功率为：

$$Q_C = UI = X_C I^2 = \frac{U^2}{X_C} \tag{2-24}$$

Q_C 的下角标 C 表示是电容器的无功功率。单位为乏(Var)或千乏(kVar)。

［例 2-14］ 已知有一个 $C = 20\mu F$ 的电容器，求在电源频率 $f = 50Hz$ 和 $f = 500Hz$ 时的容抗各是多少？

解： 当 $f = 50Hz$ 时，

$$X_C = \frac{1}{2\pi fC} = \frac{1}{2 \times 3.14 \times 50 \times 20 \times 10^{-6}} = 159\Omega$$

当 $f = 500Hz$ 时，

$$X_C = \frac{1}{2\pi fC} = \frac{1}{2 \times 3.14 \times 500 \times 20 \times 10^{-6}} = 15.9\Omega$$

［例 2-15］ 已知一个 $C = 100\mu F$ 的电容器，接入电压为 220V 频率为 50Hz 的电路中。求电容器的容抗 X_C，电路中的电流 I，有功功率 P 和无功功率 Q_C。

解：

$$X_C = \frac{1}{2\pi fC} = \frac{1}{2 \times 3.14 \times 50 \times 100 \times 10^{-6}} = 31.8\Omega$$

$$I = \frac{U}{X_C} = \frac{220}{31.8} = 6.9A$$

$$P = 0$$

$$Q_C = UI = 220 \times 6.9 = 1518Var$$

任务五　了解电阻与电感串联的交流电路特征

一、电阻、电感和电容串联电路(R、L、C 串联电路)

前面分析的三种纯电路实际上是不存在的，经常遇到的各种元器件都可等效成由若干理想无源元件的组合，例如电动机的任意一个绕组，因为线圈有内阻的存在，所以可以看作由电阻元件和电感元件串联组成的电路模型；而一个串联谐振电路可以认为是电阻、电感和电容串联而成的；同样在电子技术中，某一单元电路也往往可以等效成由电阻、电感和电容三者组合而成的。下面我们就一些有代表性的电路进行分析，首先分析交流串联电路中的一种普遍电路——R、L、C 串联电路，只要掌握了 R、L、C 串联电路，就可以推导出任何一种形式的串联电路。

图 2-35 所示为 R、L、C 串联电路，设在电路两端外加电压 u，则在电路中将产生电流 i，根据串联电路流过每一个负载的电流都相等的性质，电阻、电感、电容上流过的电流都同样是 i，所以以电路中的电流为参考正弦量，即：

$$i = I_m \sin\omega t$$

又因为电路中任何一个元件单独拿出来，它两端的电压和通过该元件的电流都应满足相应纯电路得出的结论。所以如果该电流在电阻上产生电压为 u_R，那么根据前面纯电阻电路的分析可知 u_R 的大小为 $u_R = RI$，其方向与电流 i 相同，即：

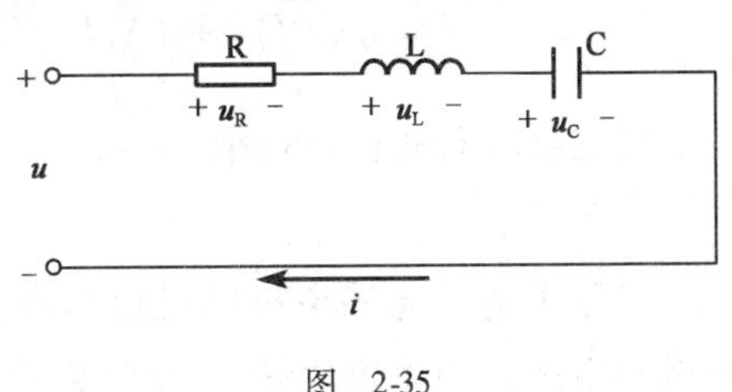

图　2-35

$$u_R = U_{Rm}\sin\omega t = RI_m\sin\omega t$$

如果该电流在电感线圈上产生电压为 u_L，则根据前面纯电感电路的分析可知 u_L 的大小为 $u_L = X_L I = \omega LI$，其方向比电流 i 超前 90°，即：

$$u_L = U_{Lm}\sin\left(\omega t + \frac{\pi}{2}\right) = \omega LI_m\sin\left(\omega t + \frac{\pi}{2}\right)$$

如果该电流在电容上产生电压为 u_C，则根据前面纯电容电路的分析可知 u_C 的大小为 $U_C = X_C I = \frac{I}{\omega C}$，其方向比电流 i 滞后 90°，即：

$$u_C = U_{Cm}\sin\left(\omega t - \frac{\pi}{2}\right) = \frac{I_m}{\omega C}\sin\left(\omega t - \frac{\pi}{2}\right)$$

最后根据基尔霍夫电压定律（KVL）可以得到电路总电压瞬时值应是各元件电压瞬时值之和，即：

$$u = u_R + u_L + u_C \tag{2-25}$$

对应的相量间的关系为：

$$\dot{U} = \dot{U}_R + \dot{U}_L + \dot{U}_C$$

下面应用旋转相量法进行具体分析讨论。

1. R、L、C 串联电路中电压间的关系

首先将 u_R、u_L 和 u_C 所对应的相量 $\dot{U}_R$、$\dot{U}_L$、$\dot{U}_C$ 画在如图 2-36 所示的相量图上。以 R、L、C 串联电路中的电流 $\dot{I}$ 为基准。不难看出图中的阴影区域为一个直角三角形，很容易得到 R、L、C 串联电路中各电压的有效值之间的关系为：

$$U^2 = U_R^2 + (U_L - U_C)^2 = U_R^2 + U_X^2$$

可得串联电路总电压（电源电压）的有效值为：

$$U=\sqrt{U_R^2+(U_L-U_C)^2}=\sqrt{U_R^2+U_X^2} \tag{2-26}$$

串联电路总电压与电路中电流的相位差 φ 为：

$$\varphi=\arctan\frac{U_L-U_C}{U_R}=\arctan\frac{(X_L-X_C)I}{RI}=\arctan\frac{X}{R} \tag{2-27}$$

由式(2-26)可得：

$$U=\sqrt{(RI)^2+(X_LI-X_CI)^2}=\sqrt{R^2+(X_L-X_C)^2}I=\sqrt{R^2+X^2}I \tag{2-28}$$

式(2-27)和式(2-28)中：

$$X=X_L-X_C \tag{2-29}$$

可见 X 等于电感电抗(感抗)与电容电抗(容抗)之差，故称为串联交流电路的电抗，它是电感和电容共同作用的结果，单位是欧姆(Ω)。因此式(2-26)中的 U_X 就称为电抗电压，其值等于电感电压与电容电压之差，即 $U_X=U_L-U_C$。

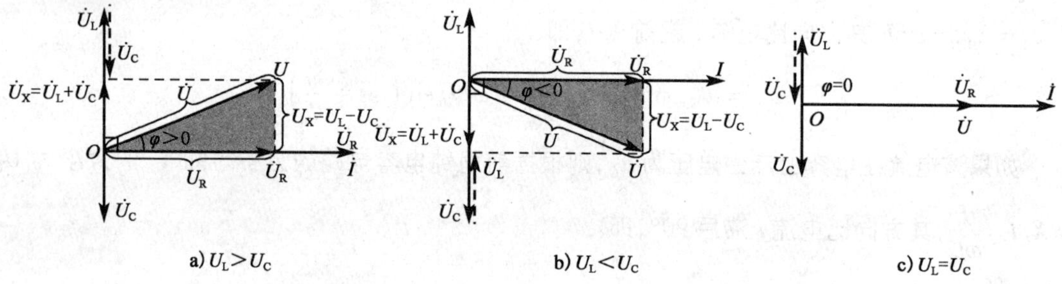

图 2-36　R、L、C 串联电路相量图

为了便于记忆，将图 2-36 中的 $\dot{U}_X$ 相量向右平移，使 $\dot{U}$、$\dot{U}_R$、$\dot{U}_X$ 三个电压相量围成一个直角三角形(此三角形与图 2-36 中的阴影直角三角形全等)，如图 2-37 所示，这个三角形就称为电压三角形。从电压三角形中很容易得到总电压与各部分电压之间的关系，以及总电压与电流之间的夹角 φ。

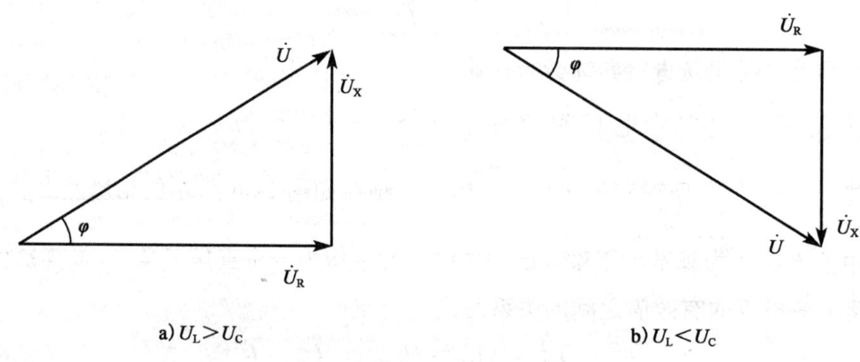

图 2-37　R、L、C 串联电路的电压三角形

2. R、L、C 串联电路的阻抗

将式(2-28)整理后得：

$$I=\frac{U}{\sqrt{R^2+(X_L-X_C)^2}}=\frac{U}{\sqrt{R^2+X^2}}=\frac{U}{|Z|}\tag{2-30}$$

式中：U——电路总电压的有效值，单位是伏特(V)；

I——电路中电流的有效值，单位是安培(A)；

$|Z|$——电路的阻抗，也可以用小写字母 z 表示，单位是欧姆(Ω)。

R、L、C 串联电路中，阻抗 $|Z|$、电阻 R 和电抗 X(包括感抗 X_L 和容抗 X_C)之间的关系为：

$$|Z|=\sqrt{R^2+(X_L-X_C)^2}=\sqrt{R^2+X^2}\tag{2-31}$$

阻抗 $|Z|$、电阻 R 与电抗 X 组成一个直角三角形，称为阻抗三角形，如图 2-38 所示。因为 $U=|Z|I$、$U_R=RI$、$U_X=XI$，所以阻抗三角形也可以由电压三角形三边同时除以电流有效值 I 得到，故阻抗三角形与电压三角形是相似三角形。要注意的是阻抗模 $|Z|$、电阻 R、电抗 X 这三个量不是相量，故不能用相量表示，只能用不带箭头的线段表示。图中阻抗 $|Z|$ 与电阻 R 之间的夹角 φ 称为阻抗角，又称功率因数角，其大小为：

$$\varphi=\arctan\frac{X}{R}=\arccos\frac{R}{|Z|}\tag{2-32}$$

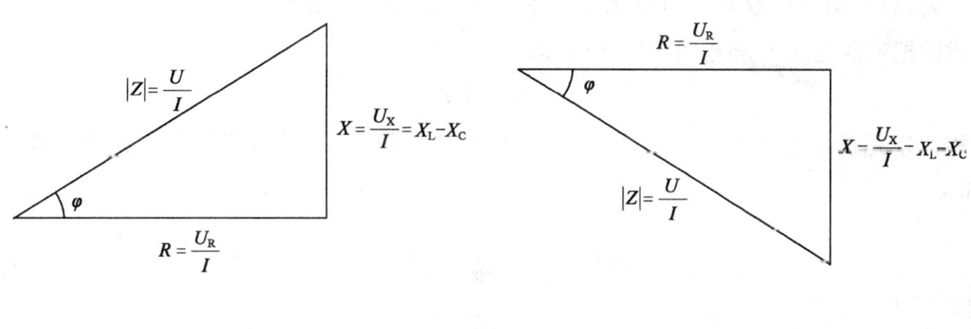

图 2-38　R、L、C 串联电路的阻抗三角形

和式(2-27)对比可知电路的功率因数角就是电路中总电压和总电流的相位差。它与电路的参数 R、L、C 和交流电源的频率 f 有关。

将式(2-30)变换可得：

$$U=|Z|I\quad 或\quad U_m=|Z|I_m\tag{2-33}$$

这表明,R、L、C 串联电路中的电流有效值(或最大值)与总电压有效值(或最大值)成正比,而与电路的阻抗$|Z|$成反比,即符合欧姆定律。$|Z|$反映了电路对电流的阻碍作用。这里要注意的是,对于不同的电路$|Z|$的计算方法有所不同,式(2-31)只是 R、L、C 串联电路的阻抗计算公式。另外因 $X = X_L - X_C$ 随电路频率 f 而变化,所以$|Z|$的值也随电路的频率变化。

3. R、L、C 串联电路中的功率

为了方便起见,我们从电压三角形出发来分析 R、L、C 串联电路中的功率。

因为电阻是耗能元件,而电感、电容是储能元件,所以只有电阻消耗有功功率,而电感、电容与电源之间只有无功功率的转换。

在电压三角形中,电阻上的电压 U_R 即有功电压为:

$$U_R = RI = U\cos\varphi \tag{2-34}$$

电抗电压 U_X(电感和电容上的电压和)即无功电压为:

$$U_X = U_L - U_C = (X_L - X_C)I = U\sin\varphi \tag{2-35}$$

把式(2-34)中各项同乘以电流 I,得电阻消耗的有功功率为:

$$P = U_R I = RI^2 = UI\cos\varphi \tag{2-36}$$

把式(2-35)中各项同乘以电流 I,得电感、电容与电源之间转换的无功功率为:

$$Q = U_X I = U_L I - U_C I = Q_L - Q_C = (X_L - X_C)I^2 = UI\sin\varphi \tag{2-37}$$

可见,总无功功率 Q 等于电感无功功率与电容无功功率之差。

我们把电源电压 U 与电流 I 的乘积,即:

$$S = UI \tag{2-38}$$

称为电路的视在功率。它既不是有功功率,也不是无功功率,而是它们的平方和的平方根,即:

$$S = \sqrt{P^2 + Q^2} \quad 或 \quad S^2 = P^2 + Q^2 \tag{2-39}$$

为了区别于有功功率和无功功率,视在功率的单位用伏安(V·A)或千伏安(kV·A)。

注意有功功率的普遍公式式(2-36),即:

$$P = UI\cos\varphi = S\cos\varphi = S\lambda$$

式中:$\lambda = \cos\varphi$——电路的功率因数(后面详细阐述),它是交流电路运行状态的重要指标之一。这正是 φ 又称为功率因数角的原因。

根据式(2-39)或将电压三角形的各边同乘以电流 I,便得到一个表示三种功率 P、Q、S 之间关系的直角三角形,P 和 Q 为两个直角边,S 为斜边,这个三角形称为功率三角形,如图 2-39

所示。因为功率也不是相量，故不能用相量表示，也只能用不带箭头的线段表示。不难证明同一电路的电压三角形、阻抗三角形和功率三角形都是相似的直角三角形。

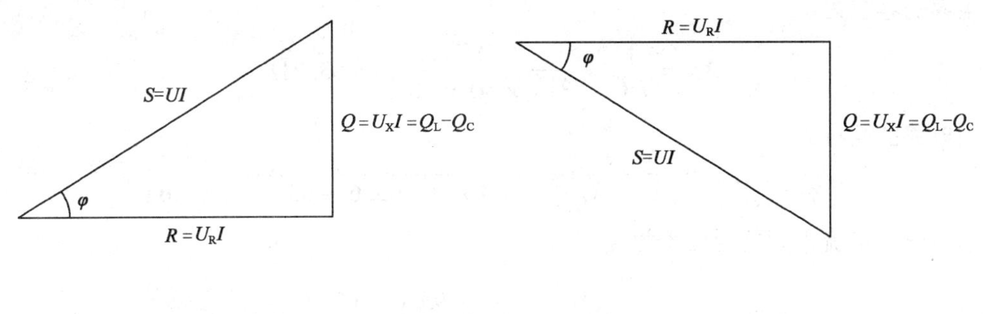

图 2-39　R L C 串联电路的功率三角形

由图 2-37、2-38、2-39 中电压三角形、阻抗三角形和功率三角形中可以看出：

$$\cos\varphi = \frac{R}{|Z|} = \frac{U_R}{U} = \frac{P}{S} \tag{2-40}$$

按所列的三种比值，均可以求得电路的功率因数。

4. 电路性质的确定

下面我们从式(2-29)即 $X = X_L - X_C$ 入手，来分析电路的性质：

(1) 当 $X_L > X_C$，即 $X > 0$ 时，则 $U_L > U_C$，$Q_L > Q_C$，这表示此串联电路感抗大于容抗，电路呈电感性，这样的电路就被称为感性电路，此时 $\varphi = \arctan\dfrac{X}{R} > 0$，阻抗角 $\varphi > 0$，即电路中的总电压 u 超前电流 i 一个 φ 角。

(2) 当 $X_L < X_C$，即 $X < 0$ 时，则 $U_L < U_C$，$Q_L < Q_C$，这表示此串联电路容抗大于感抗，电路呈电容性，这样的电路就被称为容性电路，此时 $\varphi = \arctan\dfrac{X}{R} < 0$，阻抗角 $\varphi < 0$，即电路中的总电压 u 滞后电流 i 一个 φ 角。

(3) 当 $X_L = X_C$，即 $X = 0$ 时，则 $Q_L = Q_C$，$Q = Q_L - Q_C = 0$，这时 $\varphi = 0$，$\cos\varphi = 1$，此时电路中的总电压 u 与电流 i 同相，电路呈电阻性，这样的电路就被称为阻性电路，这时电路中虽有电感和电容，但它们两者转换的能量正好相互补偿，不再需要电源供给它们无功功率。从电压角度看，电抗电压 $U_X = U_L - U_C = 0$，电路的这种工作状态(即 $X_L = X_C$)称为串联谐振或电压谐振，关于谐振本章第八节将详细阐述。

[例 2-16]　已知 R、L、C 串联电路中电阻为 40Ω，电感为 298mH，电容为 50μF，设 $u = 220\sqrt{2}\sin 314t$V，试求电路的阻抗 $|Z|$、电流 I、有功功率 P、无功功率 Q、视在功率 S 及电流 i 的瞬时表达式。

解：线圈的感抗为：

$$X_L = \omega L = 314 \times 298 \times 10^{-3} = 93.6\Omega$$

电容的容抗为：

$$X_C = \frac{1}{\omega C} = \frac{1}{314 \times 50 \times 10^{-6}} = 63.7\Omega$$

则电路的阻抗为：

$$|Z| = \sqrt{R^2 + (X_L - X_C)^2} = \sqrt{40^2 + (93.6 - 63.7)^2} = 50\Omega$$

总电压与电流之间的相位差为：

$$\varphi = \arctan\frac{X_L - X_C}{R} = \arctan\frac{93.6 - 63.7}{40} = 36.9°$$

电路中电流的有效值为：

$$I = \frac{U}{|Z|} = \frac{U_m}{\sqrt{2}|Z|} = \frac{220\sqrt{2}}{50\sqrt{2}} = 4.4\text{A}$$

电路的有功功率为：

$$P = RI^2 = 40 \times 4.4^2 = 774\text{W} \quad 或 \quad P = UI\cos\varphi = 220 \times 4.4 \times \cos 36.9° = 774\text{W}$$

电路的无功功率为：

$$Q = (X_L - X_C)I^2 = 581\text{Var} \quad 或 \quad Q = UI\sin\varphi = 220 \times 4.4 \times \sin 36.9° = 581\text{Var}$$

电路的视在功率为：

$$S = UI = 220 \times 4.4 = 968\text{V}\cdot\text{A} \quad 或 \quad S = \sqrt{P^2 + Q^2} = 968\text{V}\cdot\text{A}$$

电流的瞬时表达式为：

$$i = 4.4\sqrt{2}\sin(314t + 36.9°)\text{A}$$

综合以上分析，R、L、C 串联电路可以看成是交流电路的一种普遍电路，假如我们去掉三个元件中的任意两个，那么电路就变成单一参数的交流电路了。而现实中我们常遇到的是 R、L 串联电路和 R、C 串联电路，分析时只要把其中一个元件去掉就可以了。下面我们具体分析一种最具典型的串联交流电路——R、L 串联电路。

二、电阻与电感串联电路（R、L 串联电路）

1. R、L 串联电路中电压间的关系

如图 2-40 所示为电阻与电感串联电路。由于电路中只有电阻与电感元件，没有电容元件，则由式（2-26）可以得到 R、L 串联电路中各电压的有效值之间的关系为：

$$U^2 = U_R^2 + (U_L - 0)^2 = U_R^2 + U_L^2$$

可得串联电路总电压（电源电压）的有效值为：

$$U = \sqrt{U_R^2 + U_L^2} \tag{2-41}$$

根据式(2-27)串联电路总电压与电路中电流的相位差 φ 为:

$$\varphi = \arctan\frac{U_L}{U_R} = \arctan\frac{X_L I}{RI} = \arctan\frac{X_L}{R} \tag{2-42}$$

如图 2-41 为 R、L 串联电路的相量图。图 2-42a)为 R、L 串联电路的电压三角形。

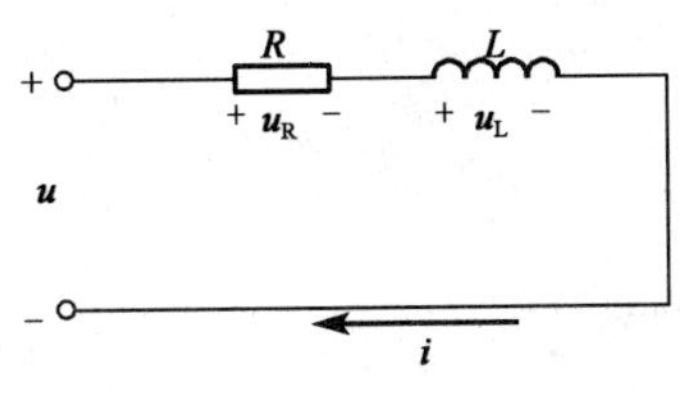

图 2-40　R、L 串联电路

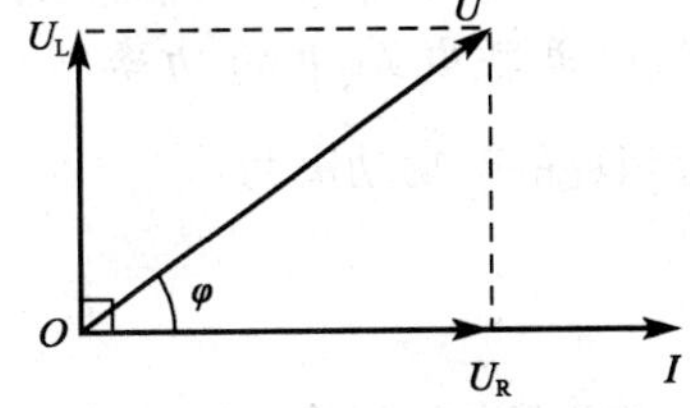

图 2-41　R、L 串联电路相量图

2. R、L 串联电路的阻抗

根据式(2-30)可得,在 R L 串联电路中:

$$SI = \frac{U}{\sqrt{R^2 + (X_L - 0)^2}} = \frac{U}{\sqrt{R^2 + X_L^2}} = \frac{U}{|Z|}$$

$$U = |Z|I \quad 或 \quad U_m = |Z|I_m \tag{2-43}$$

式中:U——电路总电压的有效值,单位是伏特(V);

U_m——电路总电压的最大值,单位是伏特(V);

I——电路中电流的有效值,单位是安培(A);

I_m——电路中电流的最大值,单位是安培(A);

$|Z|$——电路的阻抗,也可以用小写字母 z 表示,单位是欧姆(Ω)。

由式(2-31)可得 R、L 串联电路中,阻抗 $|Z|$、电阻 R 和感抗 X_L 之间的关系为:

$$|Z| = \sqrt{R^2 + (X_L - 0)^2} = \sqrt{R^2 + X_L^2} \tag{2-44}$$

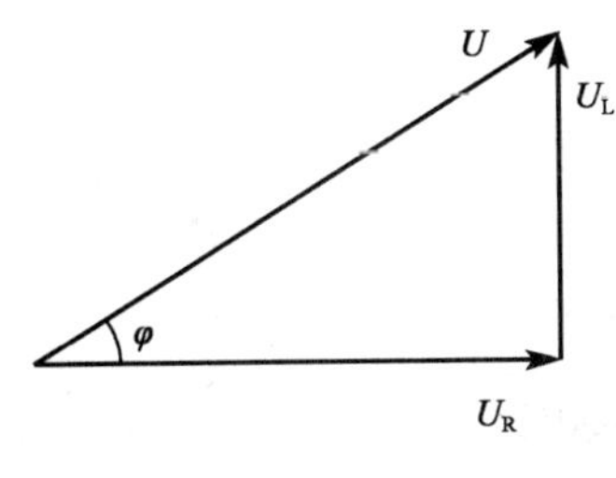

a)电压三角形

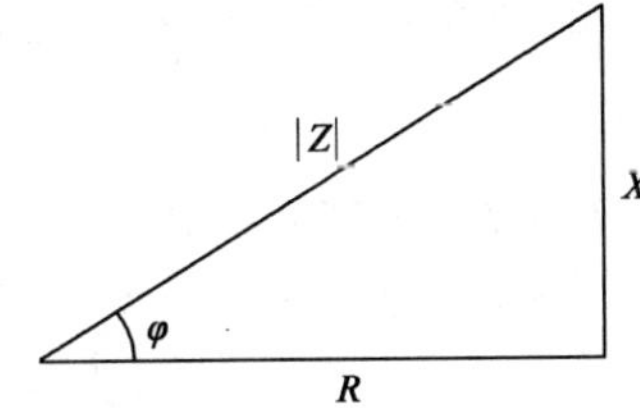

b)阻抗三角形

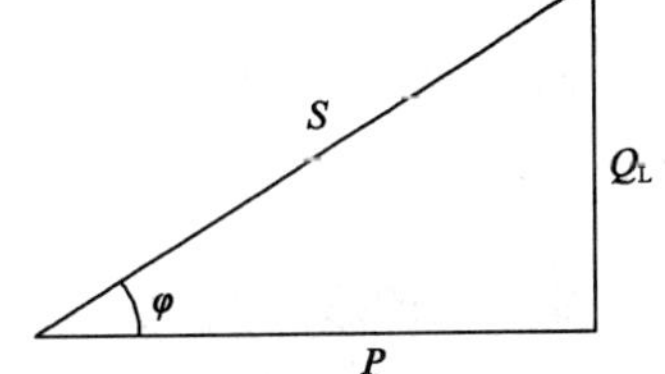

c)功率三角形

图 2-42　R、L 串联电路的电压、阻抗、功率三角形

如图 2-42b)所示为 R、L 串联电路阻抗三角形。图中阻抗 $|Z|$ 与电阻 R 之间的夹角 φ 同样为阻抗角,又称功率因数角,其大小为:

$$\varphi = \arctan \frac{X_L}{R} = \arccos \frac{R}{|Z|}$$

它与电路的参数 R、L 和交流电源的频率 f 有关。

以上表明，R、L 串联电路中的电流有效值（或最大值）与总电压有效值（或最大值）成正比，而与电路的阻抗 $|Z|$ 成反比，即符合欧姆定律。

3. R、L 串联电路中的功率

电阻消耗的有功功率为：

$$P = U_R I = RI^2 = UI\cos\varphi$$

电感与电源之间转换的无功功率为：

$$Q_L = U_L I = X_L I^2 = UI\sin\varphi$$

视在功率为：

$$S = UI = \sqrt{P^2 + Q_L^2} \quad 或 \quad S^2 = P^2 + Q_L^2$$

如图 2-42c）所示的是表示 R、L 串联电路中三种功率 P、Q_L、S 之间关系的功率三角形。P 和 Q_L 为两个直角边，S 为斜边。

［例 2-17］ 日光灯电路是典型的电阻与电感串联电路，它主要由日光灯管（相当于电阻元件）和镇流器（由于有内阻，所以相当于电阻与电感串联的电感线圈）两大部分组成，其电路如图 2-43 所示，已知灯管电阻 $R_1 = 250\Omega$，镇流器内阻 $R_2 = 50\Omega$，电感 $L = 1.275\text{H}$，电源电压 $U = 220\text{V}$，电源频率 $f = 50\text{Hz}$。求电路中的电流 I，加在灯管两端的电压 U_1，镇流器两端的电压 U_2，电路的功率因数 λ，灯管消耗的功率 P_1 及镇流器消耗的功率 P_2，并绘出相量图。

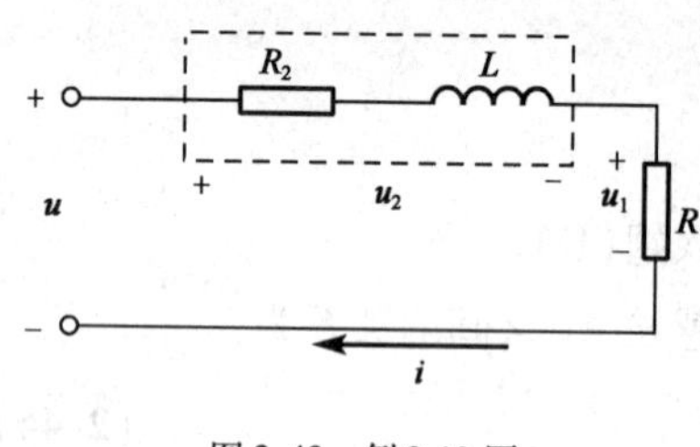

图 2-43　例 2-13 图

解： 电路的总电阻 R 为：

$$R = R_1 + R_2 = 250 + 50 = 300\Omega$$

镇流器的感抗 X_L 为：

$$X_L = 2\pi fL = 2 \times 3.14 \times 50 \times 1.275 \approx 400\Omega$$

镇流器的阻抗 $|Z_2|$ 为：

$$|Z_2| = \sqrt{R_2^2 + X_L^2} = \sqrt{50^2 + 400^2} \approx 403\Omega$$

整个电路的阻抗 $|Z|$ 为：

$$|Z| = \sqrt{R^2 + X_L^2} = \sqrt{300^2 + 400^2} = 500\Omega$$

则电路中的电流 I 为：

$$I=\frac{U}{|Z|}=\frac{220}{500}=0.44\text{A}$$

灯管两端的电压 U_1 为：

$$U_1=R_1I=250\times0.44=110\text{V}$$

镇流器两端的电压 U_2 为：

$$U_2=|Z_2|I=403\times0.44=177.32\text{V}$$

电路功率因数 λ 为：

$$\lambda=\cos\varphi=\frac{R}{|Z|}=\frac{300}{500}=0.6$$

则功率因数角 φ 为：

$$\varphi=\arccos\lambda=53.1°$$

灯管消耗的功率 P_1 为：

$$P_1=U_1I=110\times0.44=48.4\text{W}$$

镇流器消耗的功率 P_2 为：

$$P_2=R_2I^2=50\times0.44^2=9.68\text{W}$$

相量图如图 2-44 所示。

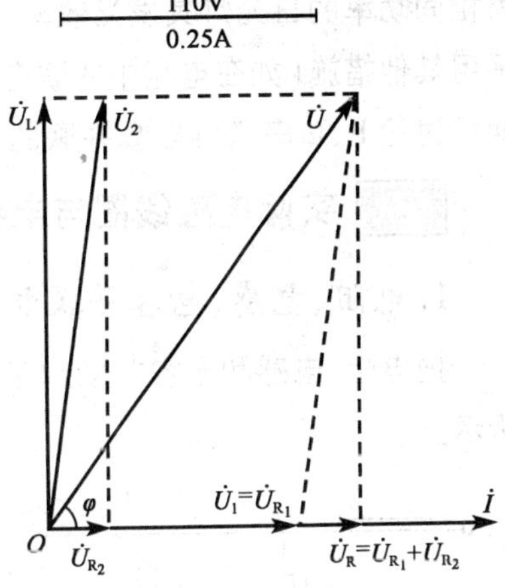

图 2-44 例 2-13 相量图

4. 功率因数的概念

在整个电力系统供电电路中，电感性负载占的比重相当大，例如使用最广泛的电动机、电焊机、电磁铁、接触器、日光灯等都是电感性负载，电感性负载消耗的有功功率为 $P=UI\cos\varphi$，它们的有功功率 P、无功功率 Q_L 和视在功率 S 之间的关系为 $S=\sqrt{P^2+Q_L^2}$。式中有功功率 P 的含义是在电阻 R 上消耗的功率，这是电能直接转换成光能、热能及其他能量的有效部分，而无功功率 Q 则是表示电感 L 的磁场能和电源的电能不断进行相互转换的功率，它并没有作功，但是要维持电路的这种状态，电源必须提供视在功率 S，它大于 P。这说明尽管电感 L 不消耗电源的能量，但电源却需提供和电感的磁场能进行交换的电能。在整个电路中电源实际作功的功率（有功功率 P）和电源提供的全部功率（视在功率 S）之比定义为功率因数，即：

$$\lambda=\cos\varphi=\frac{P}{S}=\frac{R}{|Z|}$$

功率因数是供电系统中一个相当重要的参数，它的数值取决于负载的性质。如果负载为纯电阻，则功率因数 $\lambda=\cos\varphi=1$，它说明电源提供的功率全部转换成作功的有功功率 P；负载的电感成分越大，则功率因数越低，它意味着电源向电路提供的功率中有功成分减少，而与电感进行能量交换的成分较大，这是很不利的。

[想一想] 负载的功率因数低给整个电路带来的不利因素有哪些呢?

(1)使电源设备不能充分利用

因为电力系统中的发电机和变压器等设备在正常运行时，其额定电压和额定电流都有一定的数值，亦即电源设备的容量都是指其电压与电流的乘积(视在功率)。因此当电源设备的电压和电流都已达到额定数值时，负载功率因数的高低便决定了该设备能发出的有功功率的大小。也就是说容量相同的发电设备，当负载功率因数高时，发出的有功功率就多；当负载功率因数低时，发出的有功功率就少，发出的有功功率少时发电设备的潜力就不能得到充分发挥。

(2)在电源设备及输电线路上的电压降和功率损耗将增加

负载的额定电压和额定功率均相同时，若负载的功率因数低，则取用的电流 $I = P/U\cos\varphi$ 就必然增大，这就使电源设备及输电线路上的电压降加大，功率损耗增加。典型的例子如220V、40W 的白炽灯，其电流为 0.182A；而同样 220V、40W 的日光灯，因为它是电感性负载，功率因数低，电流为 0.41 A，增加了一倍多。如果将同样数量(功率相同)的白炽灯改为日光灯，则供电线路上的电压降将加大，功率损耗将增加。当然这并不是说白炽灯比日光灯好，因为相同功率的日光灯其发光效率比白炽灯要高好几倍，而日光灯电路功率因数低的缺点可以采用其他措施(如在电路中并联电容器)加以克服，因而日光灯电路获得了广泛的采用。下面就将讨论 R、L 串联再与 C 并联的电路。

三、实际电感线圈与电容并联电路

1. 电阻、电感、电容并联电路(R、L、C 并联电路)

把电阻、电感和电容并联起来，接到交流电源上，就组成了 R、L、C 并联电路，如图 2-45 所示。

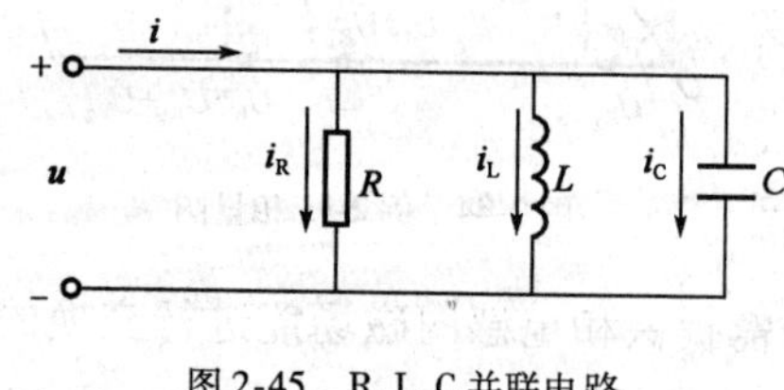

图 2-45 R、L、C 并联电路

在并联电流中，由于各支路两端的电压是相同的，所以在分析电路时，以电压为参考正弦量。设加在 R、L、C 并联电路两端的电压为：

$$u = U_m \sin\omega t$$

则流过电阻的电流为：

$$i = I_{Rm}\sin\omega t$$

其大小应遵循欧姆定律为：

$$I_R = \frac{U}{R}$$

而流过电感的电流为：

$$i_L = I_{Lm}\sin\left(\omega t - \frac{\pi}{2}\right)$$

其大小为：

$$I_L = \frac{U}{X_L} = \frac{U}{\omega L} = \frac{U}{2\pi fL}$$

而流过电容的电流为：

$$i_C = I_{Cm}\sin\left(\omega t + \frac{\pi}{2}\right)$$

其大小为：

$$I_C = \frac{U}{X_C} = \frac{U}{\frac{1}{\omega C}} = 2\pi fC \cdot U$$

根据基尔霍夫第一定律，电路中的总电流为：

$$i = i_R + i_L + i_C \tag{2-45}$$

与之对应的相量关系为：

$$\dot{I} = \dot{I}_R + \dot{I}_L + \dot{I}_C \tag{2-46}$$

如图 2-46 所示画出相量图，应用平行四边形法则，求出 $\dot{I}_R$、$\dot{I}_L$、$\dot{I}_C$ 的相量和，即总电流相量 $\dot{I}$。在图 2-46a）中，$\dot{I}_C > \dot{I}_L$，总电流超前电压 φ，电路呈容性；在图 2-46b）中，$\dot{I}_C < \dot{I}_L$，总电流滞后电压 φ，电路呈感性；在图 2-46c）中，$\dot{I}_C = \dot{I}_L$，总电流与电压同相，电路呈阻性。

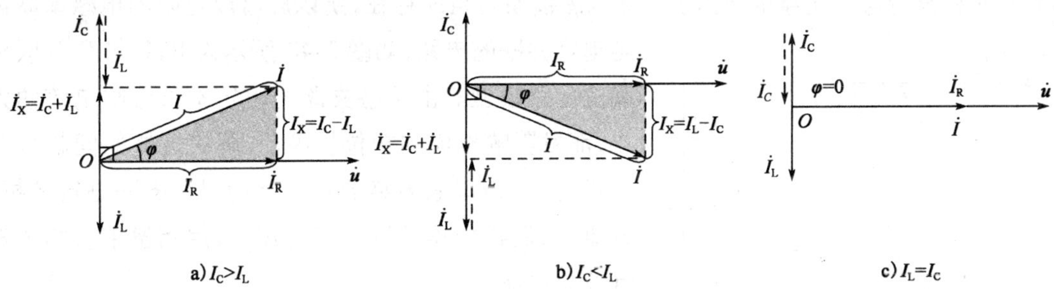

图 2-46　R、L、C 并联电路相量图

从图 2-46 中可以看出，总电流 $\dot{I}$ 与 $\dot{I}_R$、$\dot{I}_L + \dot{I}_C$ 组成了一个直角三角形，我们称为 R、L、C 并联电路的电流三角形，如图 2-47 所示。由电流三角形可以得到总电流与各支路电流之间的数量关系为：

$$I = \sqrt{I_R^2 + (I_C - I_L)^2} \tag{2-47}$$

总电流与流过电阻的电流间的夹角 φ，就是总电流与电压之间的相位差，即：

$$\varphi = \arctan\frac{I_C - I_L}{I_R} \tag{2-48}$$

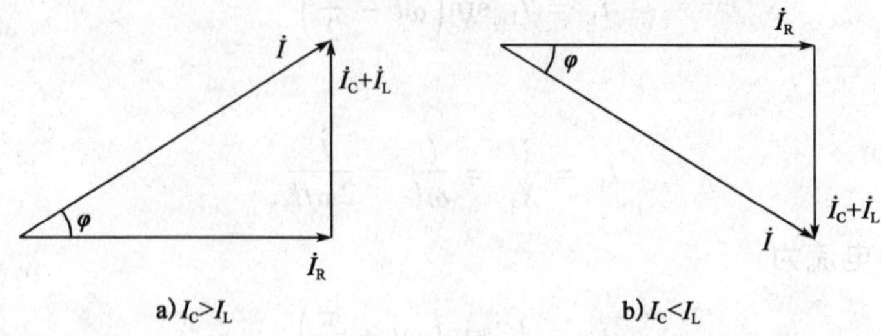

图 2-47　R、L、C 并联电路的电流三角形

R、L、C 并联电路中功率的计算,可以按前面分析的公式计算。

$$S = UI$$

$$P = UI\cos\varphi$$

$$Q = UI\sin\varphi$$

需要指出,功率的正负一般是表示能量传递的方向,如电路中的有功功率都为正值,是因为电路中的耗能元件只会消耗电源电能进行工作,而不会向电源做功。而无功功率最后结果的正负只是反映电路的性质,因为本身无功功率就没有真正的能量消耗,哪种元件的无功功率大,电路就显什么性。

2. 实际电感线圈与电容并联电路(R、L 与 C 并联电路)

在实际生产和生活中,常常遇到实际线圈与电容并联电路,例如,为了提高线路的功率因数,往往将电容器与日光灯、异步电动机等感性负载并联使用;在晶体管振荡电路中用这种电路作振荡回路等等。这类电路由于实际电感线圈内阻的存在,所以应看成电阻和电感串联再与电容并联的电路,如图 2-48 所示为 R、L 与 C 并联电路的电路模型。由于各支路的阻抗不仅影响电流的大小,而且影响电流的相位。因此,解决这样的问题分两步进行,先按串联电路的规律分别对各支路进行分析、计算;然后再根据并联电路的规律,用相量求和的方法计算总电流。

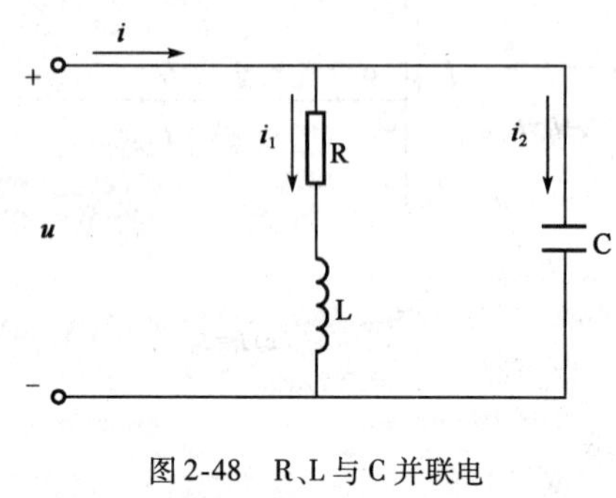

图 2-48　R、L 与 C 并联电

由图 2-48 中可以看出,加在各支路的电压是同一电压,以电压为参考正弦量,即:

$$u = U_m\sin(\omega t)$$

首先我们分析 R、L 串联这一支路,应用前面讲的 R、L 串联电路的结论,很容易得到实际线圈支路的电流为:

$$I = \frac{U}{|Z_1|} = \frac{U}{\sqrt{R^2 + X_L^2}}$$

该支路电压 u 比电流 i_1 超前一个角,即感性支路的功率因数角 φ 为:

$$\varphi = \arctan\frac{X_L}{R}$$

然后分析电容支路，应用纯电容电路的结论，电容支路的电流为：

$$I_2 = \frac{U}{X_C}$$

该支路电压 u 比电流 i_2 滞后 $\frac{\pi}{2}$。

如图 2-49 所示，画出总电压与各支路电流的相量图。应用平行四边形法则，求出各支路电流的相量和，就是电路总电流的相量，即：

$$\dot{I} = \dot{I}_1 + \dot{I}_2$$

总电流的大小为图中阴影直角三角形的斜边长度，即：

$$I = \sqrt{(I_1\cos\varphi_1)^2 + (I_1\sin\varphi_1 - I_2)^2} \tag{2-49}$$

从图中还可以看出电路总电流 $\dot{I}$ 滞后电压 $\dot{U}$ 的相位差，即电路的总功率因数角 φ 可由下式决定：

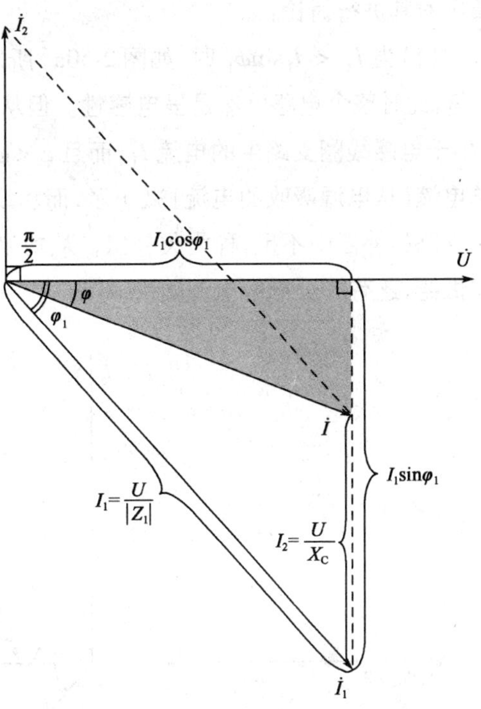

图 2-49　R、L 与 C 并联电路相量图

$$\varphi = \arctan\left(\frac{I_1\sin\varphi_1 - I_2}{I_1\cos\varphi_1}\right) \tag{2-50}$$

线圈中的有功功率为：

$$P_1 = UI_1\cos\varphi_1$$

线圈中的无功功率为：

$$Q_L = UI_1\sin\varphi_1$$

由于电容支路中只有电容元件，不消耗有功功率，它的无功功率为：

$$Q_C = UI_2$$

因此，电路总的有功功率就等于线圈支路的有功功率：

$$P = UI\cos\varphi = UI_1\cos\varphi_1 \tag{2-51}$$

电路总的无功功率为：

$$Q = UI\sin\varphi = Q_L - Q_C = UI_1\sin\varphi_1 - UI_2 \tag{2-52}$$

视在功率为：

$$S = UI = \sqrt{P^2 + Q^2}$$

从以上分析大家已经发现，如果并联电路中的电容器的电容 C 发生变化，那么电容支路的电流 I_2 就会随之改变，就会影响电路总电流的方向，从而影响电路的性质。下面将分三种

情况对其进行讨论:

(1)当 $I_2 < I_1\sin\varphi_1$ 时,如图 2-50a)所示,电路的总电流 i 在相位上仍滞后于电压 u 一个 φ 角,此时整个电路仍然是呈电感性。但从图中可以看出,并联电容 C 后,整个电路的总电流 I 小于电感线圈支路中的电流 I_1,而且 $\varphi < \varphi_1$,亦即 $\cos\varphi > \cos\varphi_1$,说明并联电容后整个电路的总电流(从电源吸收的电流)减小了,而功率因数则提高了。但 i 仍然滞后于 u,说明电容对电感支路的补偿尚不足,称为欠补偿。从功率角度来看,电感线圈所需的无功功率有一部分由电容供给,还有一部分由电源提供。

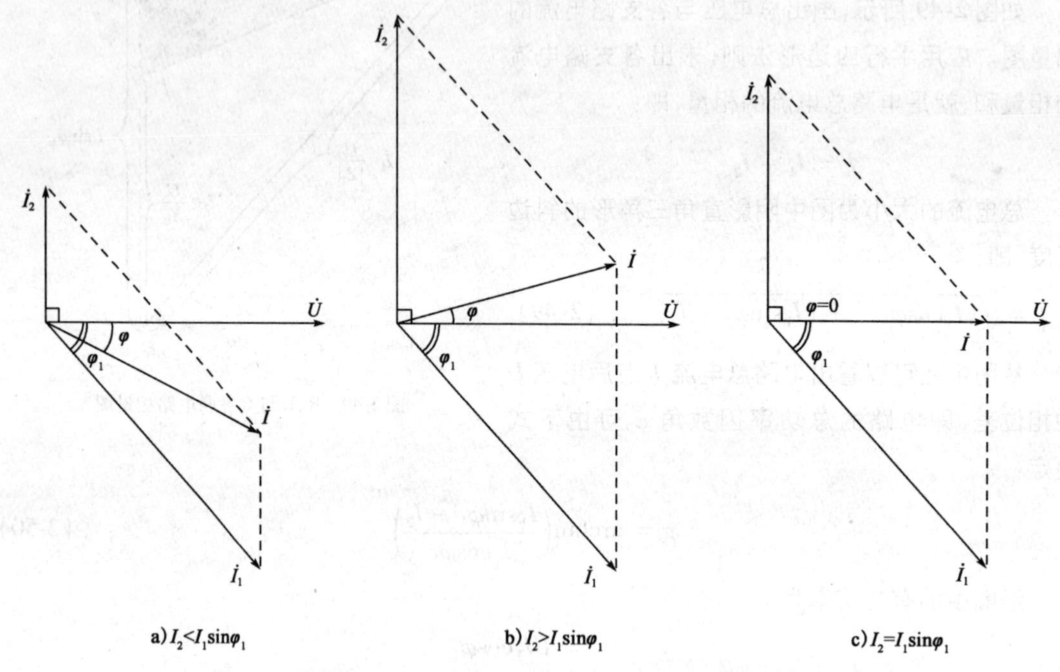

图 2-50 R、L 与 C 并联电路三种不同情况时的相量图

(2)当 $I_2 > I_1\sin\varphi_1$ 时,电路的总电流 i 在相位上超前于电压 u 一个 φ 角,如图 2-50b)所示。此时整个电路呈容性,即电容对电感支路所起的补偿作用已过头了,称为过补偿。

(3)当 $I_2 = I_1\sin\varphi_1$ 时,此时正好使电路的总电流 i 和电源电压 u 同相位,即甲 $\varphi=0$,整个电路的功率因数 $\lambda = \cos\varphi = 1$,如图 2-50c)所示,此时整个电路呈电阻性,这种情况称为并联谐振,又叫电流谐振。从功率角度看,此时电感线圈所需的无功功率全部由电容供给,即整个电路的无功功率 $Q=0$。

3. 功率因数的提高

前面已经说过,功率因数是指整个电路中实际作功的功率(有功功率 P)与电源提供的全部功率(视在功率 S)之比,即 $\lambda = \cos\varphi = P/S$。电路功率因数低,不仅使电源设备不能充分利用,而且增加了供电线路的功率损耗,因此提高整个电路的功率因数是全电力系统一个十分重要的课题。

由于各种用电设备,例如工农业生产及家用电器中广泛采用的各种异步电动机和目前大量使用的日光灯照明电路等都属于电感性负载,它们的功率因数都比较低,必须设法予以提高。

由前面分析可知,电感性负载的无功功率可以由电容性负载的无功功率来补偿。所以提高电感性负载的功率因数除尽量设法提高负载本身的功率因数外(例如异步电动机在满载时功率因数在0.7~0.9之间,而在轻载或空载时功率因数很低,因此应尽量避免电动机轻载或空载运行),主要采用在整个电路中并联适当电容器的办法。由图2-49中可以明显地看出,并联电容C以前,电路的总电流就是负载电流(即R、L支路中的电流)的 i_1,电路的功率因数就是负载的功率因数 $\cos\varphi_1$。并联电容C后,电路总电流 I 将小于原来的电流 I_1,从而电路的功率因数 $\cos\varphi$ 提高了,式(2-51)也可以说明这一点,并且只要C选择得适当,就可以使整个电路的功率因数提高到较高的数值(实际上 $\cos\varphi$ 不可能为1,也不必要追求为1)。必须强调电感性负载并联电容以后,负载本身的工作未受影响,它本身的功率因数也没有提高,我们提高的是整个电路的功率因数。

[例2-18]　为了提高日光灯电路的功率因数,在例2-13的日光灯电路上并联一个 $C=4.75\mu F$ 的电容,如图2-51所示,求并联电容后整个电路的功率因数 λ。

解:由例2-13的数据已知电源电压 $u=220V$,电源频率 $f=50Hz$,$I_1=0.44A$,$\cos\varphi_1=0.6$,$\varphi=53.1°$。

并联电容 C 后,流过 C 中的电流 I_2 为:

$$I_2 = U\omega C = 220\times 2\pi\times 50\times 4.75\times 10^{-6} = 0.328A$$

I_2 的方向超前电压 u 90°角,整个电路的相量图如图2-52所示,根据式(2-50)可以计算整个电路的功率因数角 φ 为:

$$\varphi = \arctan\frac{I_1\sin\varphi_1 - I_2}{I_1\sin\varphi_1} = \arctan\frac{0.44\times\sin 53.1° - 0.328}{0.44\times\cos 53.1°} = \frac{0.352-0.328}{0.264} = 5.2°$$

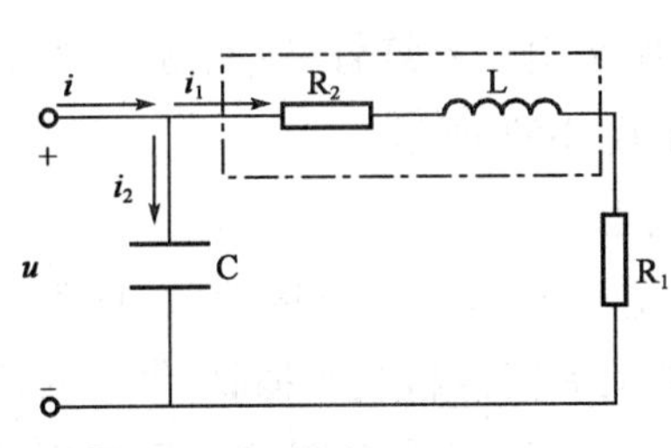

图2-51　例2-14图

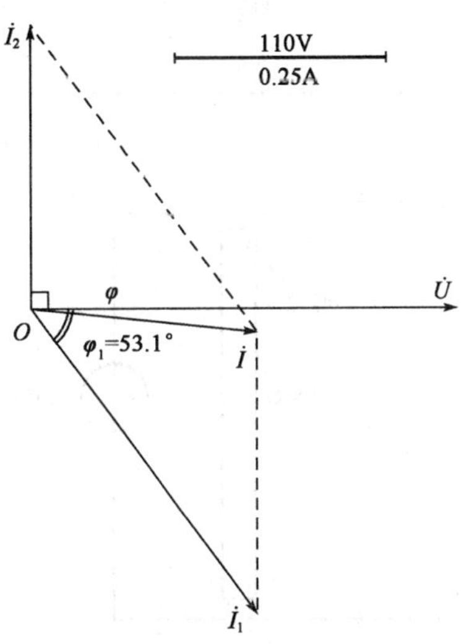

图2-52　例2-14相量图

然后根据 $\lambda = \cos\varphi$ 计算整个电路的功率因数 λ 为:

$$\lambda = \cos\varphi = \cos 5.2° = 0.996$$

可见,在40W的日光灯电路两端并联一个 $C=4.75\mu F$ 的电容器后,整个电路的功率因数由0.6增加到0.996,接近于1,此法在实际中广泛应用。

任务六 日光灯电路的安装与功率因数的提高

一、实验目的

(1)了解日光灯的工作原理,初步学会日光灯电路的安装;

(2)了解提高交流电路功率因数的方法;

(3)进一步学习交流电流表和交流电压表的使用。

二、实验器材(见表2-4)

日光灯电路的安装与功率因数的提高实验表器材　　表2-4

序号	名　称	代号	规　格	数量	备　注
1	日光灯	EL	220V,48W	1支	
2	镇流器	L	220V,40W	1个	与日光灯配套
3	启辉器		40W	1个	与日光灯配套
4	电容器	C	400V,4.75μF	1只	
5	单刀开关	S	250V,5A	2个	
6	交流电流表	Ⓐ	2A	3只	
7	交流电压表	Ⓥ	0~300V~600V	1只	或万用表
8	连接导线			若干	
9	实验板或实验台			1套	供电及短路保护等

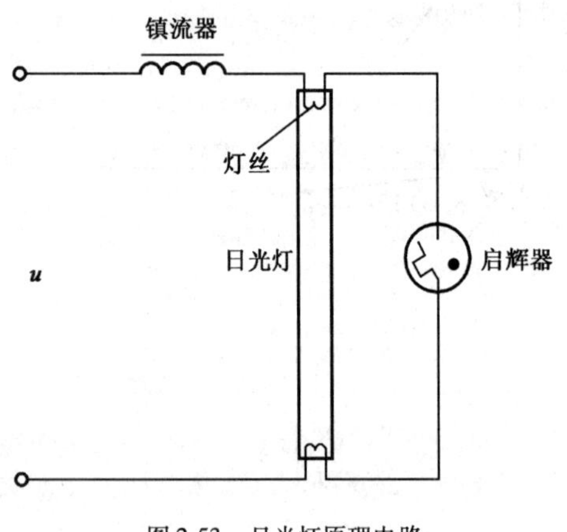

图2-53　日光灯原理电路

三、原理与说明

1.日光灯电路的组成

日光灯电路是由日光灯管、镇流器、启辉器等部分组成,如实验图2-53所示。

(1)日光灯管

日光灯管是一支细长的玻璃管,在灯管的两端装上灯头,灯头上固定两根金属插脚,供插入日光灯座连接电源之用。两个插脚在管内分别与作阴极用的金属钨灯丝的两端相连接,灯管内壁涂有一层荧光粉薄膜，荧光粉的成分决定了日光灯的发光效率和颜色。灯管在封闭之后抽成真空，然后再充入氩气或者氩氮等惰性气体和少量的汞气，汞气在放电时作为主导电材料，产生紫外线激发管壁上的荧光物质转换为可见光。惰性气体能帮助日光灯启动，并有助于延长灯管的使用寿命。

(2)镇流器

镇流器是一个带有铁芯的电感线圈，铁芯由硅钢片叠成，在铁芯上套有由漆包线绕制的电感线圈。镇流器的作用一是与启辉器配合产生瞬间高电压使日光灯管放电而点燃，二是日光灯在正常工作时起限流作用。

(3)启辉器

启辉器主要由辉光放电管即氖泡和电容器组成。充有氖气的小玻璃泡里装有一对电极(触片)，其中一个是固定的静触片，另一个是由双金属片制成的U形动触片，而U形双金属片由两种热膨胀系数不同的金属片制成。里层金属的膨胀系数大，外层金属的膨胀系数小。在启辉器两端加上一定的电压后即产生辉光放电。辉光放电的热量使U形金属片受热膨胀，由于里层的金属膨胀系数大，双金属片趋于伸直，与固定的静触片闭合，闭合后两极间电压降为零，辉光放电停止，随之双金属片冷却恢复原来位置，触点重新断开。启辉器起到了一个自动开关的作用，与氖泡并联的电容器(容量0.05μF～0.02μF)其作用是避免启辉器两触片断开瞬间产生的电火花将触片烧坏，同时也可减小日光灯管点燃时对附近收音机、电视机等无线电设备的干扰。若电容器损坏，也可以将其去掉不用，日光灯仍能正常工作。

2. 功率因数的提高

电感性负载由于电感的存在，功率因数都较低，为了提高日光灯电路的功率因数，通常在其两端并联一定容量的电容器。

四、线路

如图2-55所示。

五、内容和步骤

1. 日光灯电路的安装

(1)在实验板或实验台上布置或找到日光灯管、镇流器、启辉器等实验器材，参照图2-54。

(2)根据图2-53日光灯原理电路所示，连接电路，经老师检查合格后，可通电并观察灯管工作情况。

2. 日光灯电路的测量及功率因数的提高

(1)将安装好的日光灯电路按图2-55所示加接上电流表A_1、A_2及A，电容器C及开关S、S_1。

(2)断开S_1，闭合S给日光灯加220V的交流电。

(3)日光灯正常发光后,用电压表测量电源电压大小即总电压 U、镇流器两端电压大小 U_L、灯管两端电压大小 U_R,并记录于表 2-5 中。

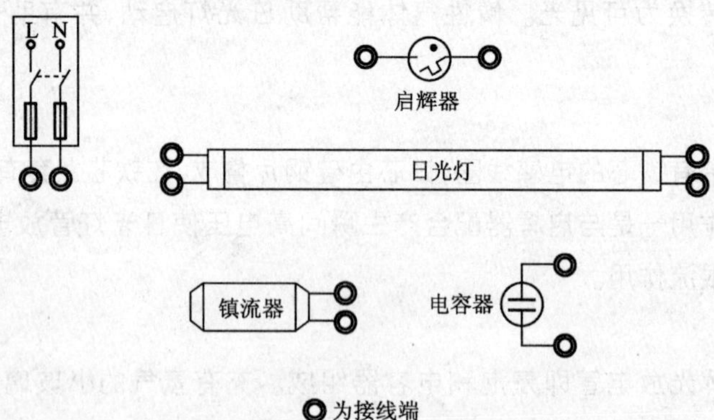

图 2-54 日光灯电路安装电路

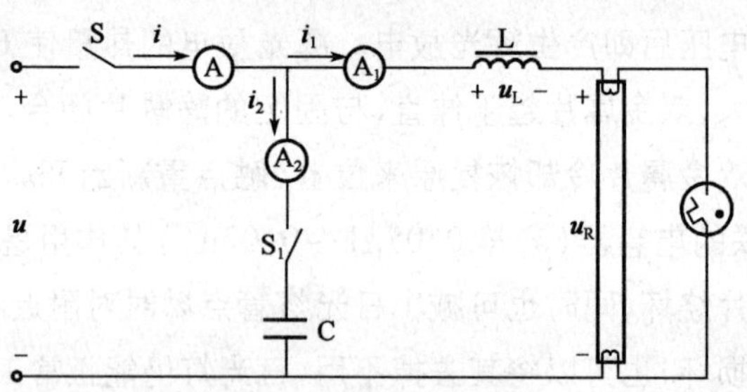

图 2-55 日光灯实验电路图

(4)读出电流表 A、A_1、A_2 的指示值,并记录于表 2-5 中。

(5)闭合电容器支路的开关 S_1,重复(3)、(4)步骤测量。

(6)切断电源,整理实验器材。

(7)整理实验数据,计算出并联电容器后的视在功率 S、有功功率 P 及功率因数 $\cos\varphi$ 的值,并填入表 2-5,表 2-6 中。

日光灯电路的安装与测量实验记录 表 2-5

	总电压 U	镇流器电压 U_L	灯管电压 U_R	总电流 I	灯管电流 I_1	电容器电流 I_2
并联电容前						
并联电容后						

日光灯电路功率因数提高实验记录 表 2-6

	视在功率 S	有功功率 P	功率因数 $\cos\varphi$
并联电容前			
并联电容后			

六、注意事项

(1)注意日光灯电路的正确接线,镇流器必须与日光灯管串联,并注意布线的整齐美观。

(2)实验过程中必须注意测量仪表、设备及人身安全。

思考题

1. 通过实验结果说明并联电容后感性电路的功率因数提高了,并画出相应相量图。

2. 并联电容前后,灯管两端电压及流过灯管的电流是否发生了变化?为什么?

3. 若在感性负载电路中串联电容器,也可以提高功率因数,但感性负载两端电压及流过的电流是否发生变化?

4. 日光灯电路中启辉器的作用是什么?若启辉器损坏了,你能否点燃日光灯?如何操作?

综合练习

一、填空题

1. 频率为 50Hz 的正弦交流电,角频率为________,在$\frac{1}{80}$s 时的相位角为________(设初相角为零)。

2. 灯泡上标出的电压 220V,是交流电的________值。该灯泡接在交流电源上额定工作时,承受电压的最大值为________。

3. 两个________正弦量的相位之差,叫相位差,其数值等于________之差。

4. 将________和________随时间按正弦规律变化的电压、电流、电动势统称为“正弦交流电”。

5. 正弦交流电可用________、________及________来表示,它们都能完整地描述出正弦交流电随时间变化的规律。

6. 正弦交流电的三要素为________、________和________。

7. 已知一正弦交流电流 $i = 30\sin(314t + 30°)$ A。则它最大值 I_m 为________,有效值 I 为________,初相角 φ_i 为________。

8. 已知某交流电的最大值 $U_m = 311$V,频率 $f = 50$Hz,初相角 $\varphi_u = \frac{\pi}{6}$,则有效值 $U =$________,角频率 $\omega =$________,解析式 $u =$____________。

9. 如题图 2-1 所示,为交流电动势的波形。若 $\varphi_e = 60°$,$E_m = 5$V,$f = 50$Hz,则当 $t = 0$ 时,$e =$________,$t = 5$ms 时,$e =$________。

10. 某飞机上交流电源的供电频率为 400Hz,则角频率 ω 为________,周期 T 为________。

11. 如题图 2-2 所示,i_1、i_2 角频率均为 100πrad/s,则两者的相位差为________,相位关系为 i_1 比 i_2________。

12. 某初相角为60°的正弦交流电流，在 $t=\frac{T}{2}$ 时的瞬时值 $i=0.8$ A，则此电流的有效值 $I=$________，最大值 $I_m=$________。

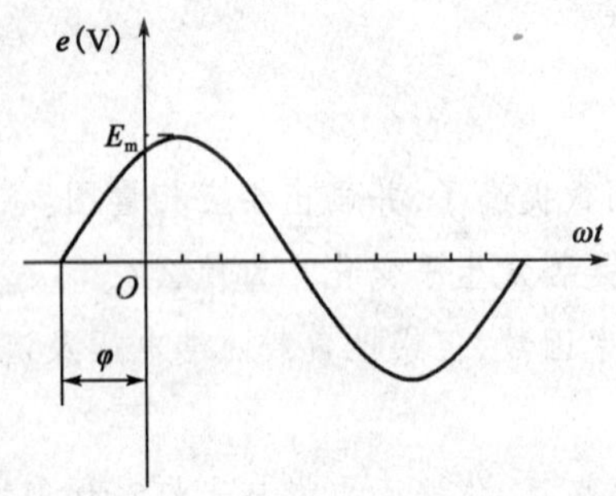

题图 2-1

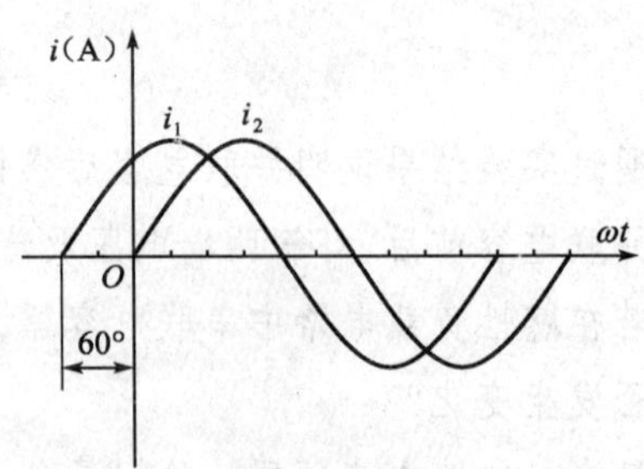

题图 2-2

13. 已知三个同频率正弦交流电流 i_1、i_2 和 i_3，它们的最大值分别为4A、3A和5A，i_1 比 i_2 导前 30°，i_2 比 i_3 超前 15°，i_1 的初相角为零。则 $i_1=$________，$i_2=$________，$i_3=$________。

14. 一个工频正弦交流电动势的最大值为537V，初始值为268.5V。则它的瞬时值解析式为____________；有效值为________。

15. 如题图2-3所示，已知 $I_{1m}=10A$，$I_{2m}=16A$，$I_{3m}=12A$，周期均为0.02s，则三个电流的解析式分别为：$i_1=$________，$i_2=$________，$i_3=$________。

16. 如题图2-4所示，$U_1=U_2=10V$，角频率均为 ω。设 u_1 初相角为零，则 $u_2=$________，$u_1+u_2=$________。

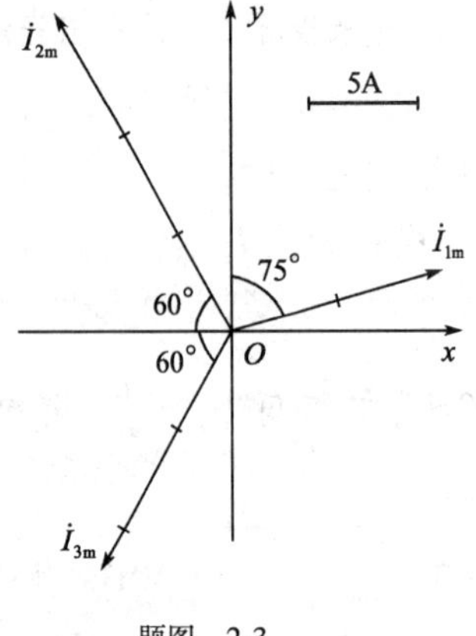

题图 2-3

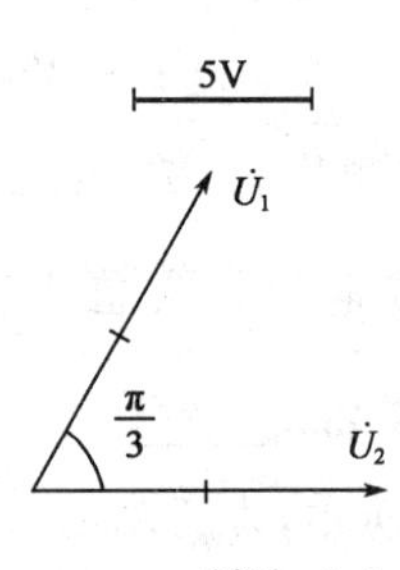

题图 2-4

17. 已知 $i_1=20\sin(\omega t+60°)$ A，$i_2=10\sin(\omega t-30°)$ A，则 $i_1+i_2=i$ 的有效值为________，i 的初相角 $\varphi=$________。

18. 在纯电阻电路中，电压与电流的相位关系为________，电阻元件是________元件，其消耗的平均功率称为________功率。

19. 某用电器两端加以电压 $u = 60\sin(314t + 60°)$ V，流过的电流 $i = 2\sin(314t - 30°)$ A，则电压比电流__________，此电器属于__________性的负载。

20. 如题图 2-5 所示，为通过示波器观察到的一个电路电压和电流的波形，该电路接的是__________元件；若 $U = 220$V，$I = 22$A，$f = 50$Hz，则该元件的参数值为__________，$P =$ __________。

21. 在纯电感电路中，电压与电流的相位关系为电压比电流__________，电感元件为__________元件。

22. 一个纯电感线圈接在直流电源上，其感抗 $X_L =$ __________，电路处于__________状态。

23. 某纯电感线圈通入工频交流电流。已知感抗 $X_L = 47.1\Omega$，则电感 $L =$ __________；若通过线圈的电流频率为 10^6Hz，则感抗 $X_L =$ __________。

24. 已知纯电感线圈 $L = 110$mH，将其接在 $u = 100\sin\omega t$V 的电源上，当 $f = 50$Hz 时，电流 $I =$ __________，当 $f = 5$kHz 时，电流 $I =$ __________。

25. 在正弦交流电路中，某元件的电压 $u = 100\sin(314t + 180°)$ V，电流 $i = 10\sin(314t + 90°)$ A，则该元件是__________元件，有功功率为__________，无功功率为__________。

26. 如题图 2-6 所示，已知 $L = 300$mH，$i = 10\sin\left(100\pi t + \frac{\pi}{2}\right)$ A，则电压表的读数为__________，电流表的读数为__________，电路中的无功功率为__________。

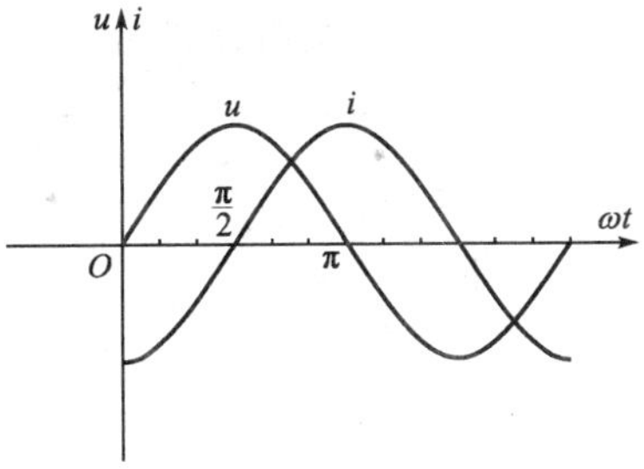

题图　2-5

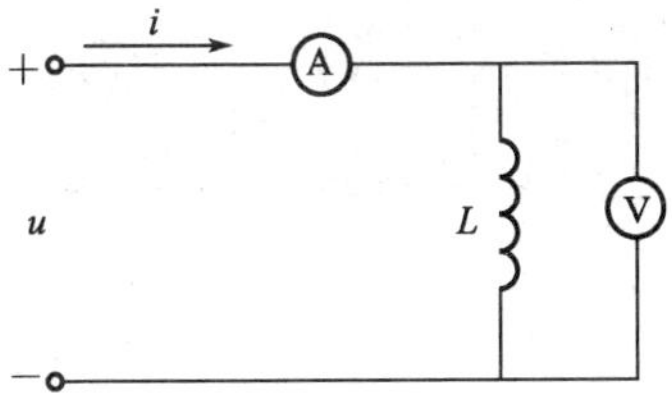

题图　2 6

27. 某电容器接在 220V 工频电源上。已知 $C = 20\mu$F，则通过电容的电流 $I =$ __________，该电容器的耐压值理论上应不小于__________。

28. 将一个电容元件接入直流电路中，其容抗 $X_C =$ __________，电路稳定后处于__________状态。

29. 有一个 $C = 0.05\mu$F 的电容器，接在 $I = 4.2$mA、$f = 120$kHz 的交流电源上，此时电容器电压效值为__________，瞬时值解析式 $u =$ __________（设 $\varphi_i = 0$）。

30. 已知 $C = 0.1\mu$F 的电容器接于 $f = 400$Hz 的电源上，$I = 10$mA，则电容器两端的电压 $U =$ __________，角频率 $\omega =$ __________。

31. 在 $C=1\mu F$ 的电容器两端接入 $u = 70.7\sqrt{2}\sin\left(314t - \frac{\pi}{6}\right)$ V 的电压，则通过电路的电流有效值 $I=$__________，电流的瞬时值解析式为 $i=$__________。

32. 给某一电路施加 $u = 100\sqrt{2}\sin\left(100\pi t + \frac{\pi}{6}\right)$ V 的电压，得到的电流 $i = 5\sqrt{2}\sin(100\pi t + 120°)$ A。该元件的性质为__________，有功功率为__________，无功功率为__________。

33. 有一电感线圈，电阻 $R=30\Omega$，$L=0.2$H，与 $C=1000\mu F$ 的电容器串联后接在 $u=20\sin100\pi t$V 的电源上，则电路中的电流 $i=$__________，电容上的电压 $u_C=$__________。

34. 有一电感线圈，接在220V、50Hz 的交流电源上。线圈电阻 $R=60\Omega$，通过的电流 $I=2.2$A，则线圈阻抗为__________，$L=$__________。

35. 为了测定空心线圈的参数，在线圈两端加 110V、50Hz 的电源，测得 $I=0.5$A，$P=40$W，则线圈电阻为__________，$L=$__________。

36. 如题图2-7所示，已知 $R=X_L=X_C=10\Omega$，$U=220$V。则 V_1 读数为__________，V_2 读数为__________，V_3 读数为__________。

37. 在R、L、C串联电路中，已知 $R=3\Omega$，$X_L=5\Omega$，$X_C=8\Omega$，则电路的性质为__________性，总电压比总电流__________。

38. 在电阻电感串联电路中，已知 $R=3\Omega$，$L=12.7$mH，总电压 $u=220\sin314t$V，则电路中的电流 $I=$__________，电阻两端的电压 $U_R=$__________，电感两端的电压 $U_L=$__________。

39. 如题图2-8所示，交流电源端电压有效值等于直流电源端电压，并且所接的灯泡规格也完全相同，则图__________电路中的灯泡最亮，图__________电路中的灯泡最暗。

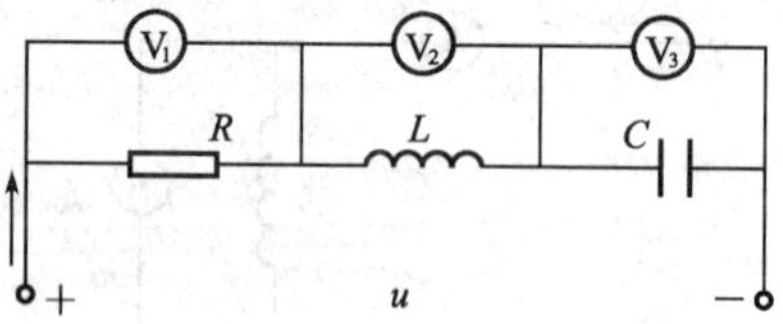

题图 2-7

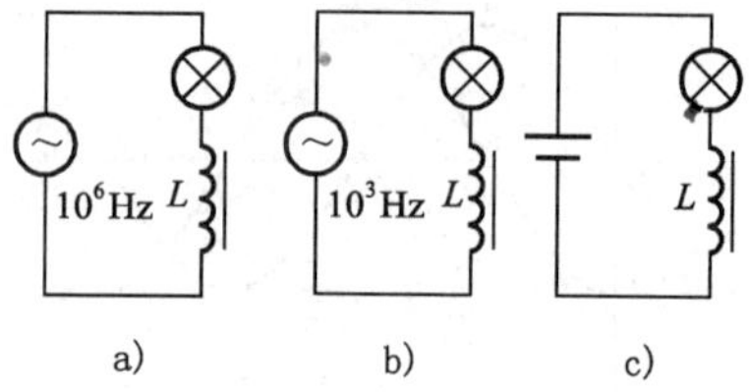

题图 2-8

40. R、L、C串联电路的谐振条件是__________，其谐振频率 $f_0=$__________。串联谐振时，__________达到最大值。

41. 在R、L、C串联电路中，f_0 为谐振频率。当 $f=f_0$ 时，电路呈现__________性；当 $f>f_0$ 时，电路呈现__________性。

42. 有一交流接触器线圈，电阻 $R=200\Omega$，$L=6.3$H，外接220V 工频电压，则通过线圈的电流为__________，若误接到220V 直流电源上，则电流为__________。

43. 在R、C串联电路中，电源电压为220V、频率为50Hz，电容为0.637μF，电路电流为0.02A，则电阻为__________，电容器两端的电压为__________。

44. 将 $C=1250\mu F$ 的电容器与 $R=6\Omega$ 电阻串联后，接在 $u=110\sqrt{2}\sin1000t$V 的电源上。

则电路的阻抗为__________，电流为__________，有功功率为__________。

45. 在R、L、C串联电路中，已知电源电压 $U=120\text{V}$、$f=50\text{Hz}$，$L=0.1\text{mH}$，电路电流 $I=4\text{A}$，有功功率 $P=480\text{W}$，则电阻 $R=$__________，容抗 $X_C=$__________。

46. 有一电感线圈电阻 $R=5\Omega$，$L=1.5\text{mH}$，与 $C=25\mu\text{F}$ 的电容器串联后接在 $f=600\text{Hz}$ 电源上。电路的总阻抗 $|Z|=$__________；若电路中的电流为1mA时，电容器两端的电压有效值为__________，电感线圈两端的电压有效值为__________。

47. 如题图2-9所示，已知 $u=1\text{V}$，$f=1\text{MHz}$，先调节电容 C 使电路达到谐振。电流 $I=100\text{mA}$，电容两端的电压 $U_C=100\text{V}$，则电路元件参数 $R=$__________，$L=$__________，$C=$__________。

48. 在R、L、C串联电路中，$R=10\Omega$，电源电压 $U=100\text{V}$，$I=10\text{A}$，$X_L=30\Omega$。此时电路的总阻抗为 10Ω，则容抗 X_C__________，电路处于__________状态。

49. 如题图2-10所示，已知 $R=X_L=X_C=10\Omega$，$U=220\text{V}$。则A的读数为__________，V_1 的读数为__________，V_2 的读数为__________。

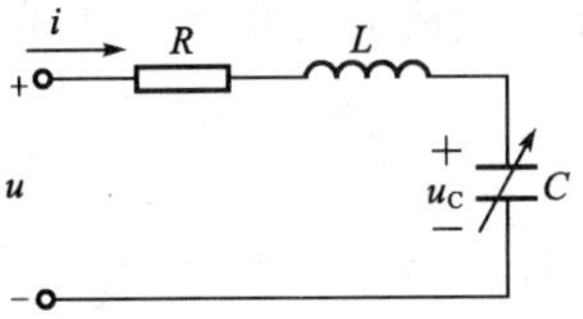

题图　2-9

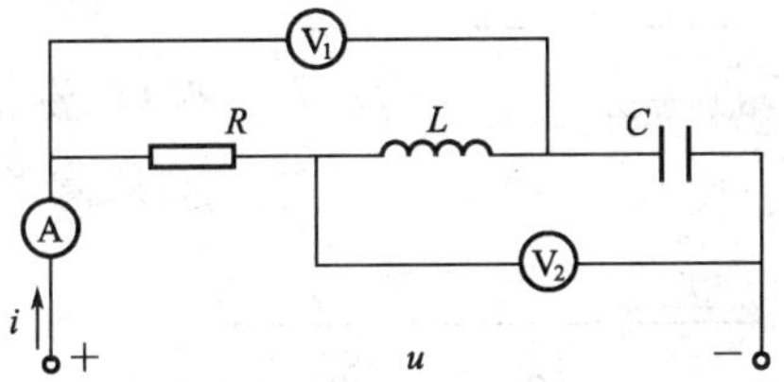

题图　2-10

50. 在R、L串联电路中，已知电源电压 $U=100\text{V}$，电流 $I=10\text{A}$，电压与电流之间的相位差 $\varphi=60°$，则电阻上的电压为__________，电感上的电压为__________，电路的无功功率为__________。

51. 有一电感线圈的电阻 $R=4\Omega$，$L=25.5\text{mH}$，接在115V、50Hz的交流电源上，则通过线圈的电流为__________，电路的功率因数为__________。

52. 在交流串联电路中，若感抗大于容抗，则总电流比总电压__________ φ 角，电路呈现__________性。

53. 在交流串联电路中，若感抗小于容抗，则总电流比总电压__________ φ 角，电路呈现__________性。

54. 将R、L串联电路接在电压为 $u=U_m\sin\omega t\text{V}$ 的电源上。当电压的角频率 $\omega=0$ 时，电路中的电流 $I=$__________，电路性质为__________，当 $\omega\neq0$ 时，电路性质为__________。

55. 在R、L、C串联谐振电路中，$L=4\text{mH}$，$R=50\Omega$，$C=160\text{pF}$，$U=25\text{V}$，则谐振频率为__________，谐振时电路的电流为__________。

56. 在R、L、C串联电路中，已知电源电压 $U=16\text{V}$，$R=2\Omega$，$L=0.01\text{H}$，$C=100\mu\text{F}$，当电路发生谐振时，则 $I=$__________，$U_R=$__________，谐振频率 $f_0=$__________。

57. 在R、C串联电路中，$R=16\Omega$，$C=0.01\mu F$，当电阻电压 u_R 比总电压 u 超前45°时，频率 $f=$__________。若 $U_m=1V$，则电压 u_R 的最大值 $U_{Rm}=$__________。

58. 在R、L、C串联电路中，$R=4\Omega$，$L=0.5$ H，$C=100\mu F$，接在电压 $u=220\sqrt{2}\sin(314t+30°)$ V的电源上。电路阻抗 $|Z|=$__________，电流 $i=$__________，电路的功率因数 $\cos\varphi=$__________。

59. R、L、C并联电路中，已知电源电压 $U=220V$，$f=50Hz$，$L=500mH$，$C=20\mu F$，$R=25\Omega$，则 $I_R=$__________，$I_L=$__________，$I_C=$__________。

60. 如题图2-11所示，当电源电压大小不变，频率减小时，各灯泡亮度变化为 EL_1__________，EL_2__________，EL_3__________。

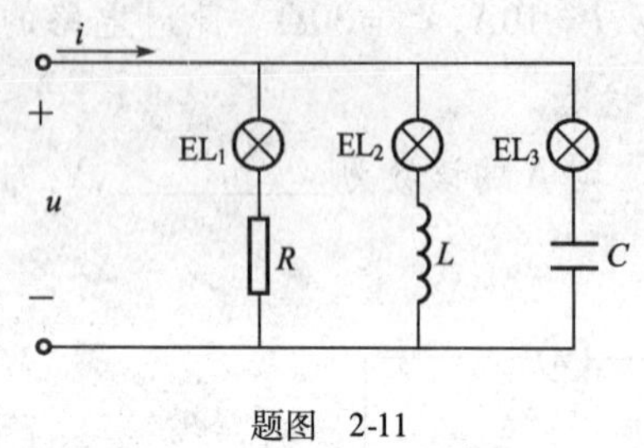

题图 2-11

61. 如题图2-12所示，已知：$I_R=I_L=I_C=40A$，$U=220V$，则电路的总电流 $I=$__________ A；有功功率 $P=$__________ kW，当电路其他参数不变，则电源频率增大时，电路的性质变为__________。

62. 如题图2-13所示，$U=12V$，$f=50Hz$，$R=3\Omega$，$X_L=4\Omega$。要求当开关S接通或断开时电流表中的读数不变，则必须使 $X_C=$__________，电流表的读数为__________。

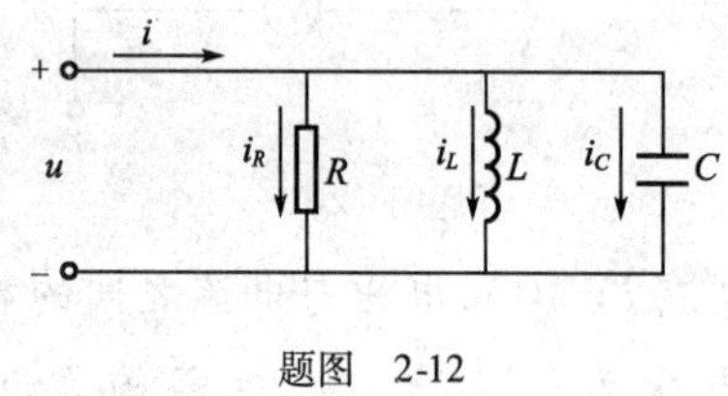

题图 2-12

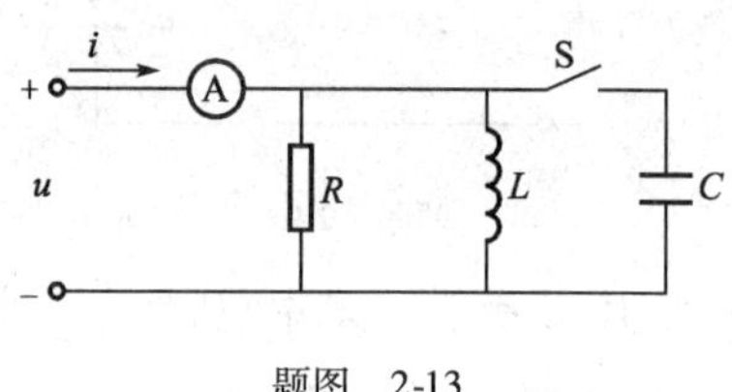

题图 2-13

二、选择题

1. 有一工频正弦交流电压 $u=100\sin(\omega t-30°)$ V，在 $t=\frac{T}{6}$ 时，电压的瞬时值为(　　)。

A. 50V　　B. 60V　　C. 100V　　D. 75V

2. 某正弦交流电压在0.1秒内变化5周，则它的周期、频率和角频率分别为(　　)。

A. 0.05s、60Hz、200rad/s　　B. 0.025s、100Hz、30πrad/s

C. 0.02s、50Hz、314rad/s　　D. 0.03s、50Hz、310rad/s

3. 我国工农业生产及日常生活中使用的工频交流电的周期和频率为(　　)。

A. 0.02s、50Hz　　B. 0.2s、50Hz

C. 0.02s、60Hz　　D. 5s、0.02Hz

4. 如题图2-14所示，正弦交流电流的周期和频率为(　　)。

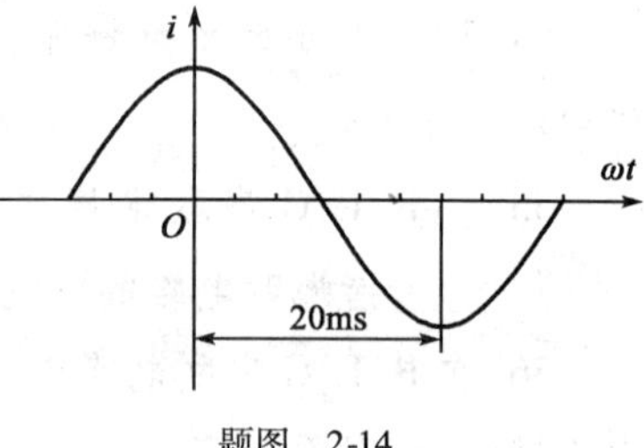

题图 2-14

A. 10ms、100Hz　　B. 20ms、50Hz

C. 5ms、200Hz　　D. 40ms、25Hz

5. 已知交流电流解析式 $i_1 = 60\sin(314t + 30°)$ A, $i_2 = 60\sin(314t + 70°)$ A, $i_3 = 60\sin(314t - 120°)$ A。则下列答案中正确是(　　)。

A. i_1 比 i_2 滞后 60°　　B. i_1 比 i_2 超前 60°

C. i_1 比 i_2 同相　　D. i_3 比 i_1 滞后 150°

6. 两个正弦交流电流 i_1、i_2 的最大值都是 4A,相加后电流的最大值也是 4A,它们之间的相位差为(　　)。

A. 30°　　B. 60°　　C. 120°　　D. 90°

7. 有一正弦交流电压的最大值 $U_m = 310$V,频率 $f = 50$Hz, 初相角 $\varphi = 30°$。当时间 $t = 0.01$s时,电压的瞬时值为(　　)。

A. －155V　　B. 155V　　C. 138V　　D. 310V

8. 已知正弦交流电压的频率为 50Hz,有效值为 $10\sqrt{2}$V,初相角为 30°。则该电压瞬时值解析式为(　　)。

A. $u = 10\sqrt{2}\sin(\omega t + 30°)$ V　　B. $u = 20\sin(\omega t + 90°)$ V

C. $u = 30\sin(100\pi t + 60°)$ V　　D. $u = 20\sin(100\pi t + 30°)$ V

9. 通常所说的交流电压 220V、380V,是指交流电压的(　　)。

A. 平均值　　B. 最大值　　C. 瞬时值　　D. 有效值

10. 已知 $u_1 = U_{1m}\sin\left(314t + \frac{\pi}{3}\right)$ V, $u_2 = U_{2m}\sin\left(314t - \frac{\pi}{6}\right)$ V。则 $u = u_1 - u_2$ 的有效值应为(　　)。

A. $U_{1m} + U_{2m}$　　B. $\frac{U_{1m} + U_{2m}}{2}$

C. $\sqrt{U_{1m}^2 + U_{2m}^2}$　　D. $\frac{\sqrt{U_{1m}^2 + U_{2m}^2}}{\sqrt{2}}$

11. 已知,交流电压 $u_1 = 10\sin100\pi t$V, $u_2 = 10\sin(100\pi t - 60°)$ V。则 $u = u_1 - u_2$ 的解析式为(　　)。

A. $u = 10\sin(100\pi t + 60°)$ V　　B. $u = 10\sin(100\pi t - 60°)$ V

C. $u = 8\sin(100\pi t + 30°)$ V　　D. $u = 8\sin(100\pi t - 30°)$ V

12. 将 $U = 220$V 的交流电压接在 $R = 22\Omega$ 的电阻器两端,则电阻器上(　　)。

A. 电压有效值为 220V,流过的电流有效值为 10A

B. 电压的最大值为 220V,流过的电流最大值为 10A

C. 电压的最大值为 220V,流过的电流有效值为 10A

D. 电压的有效值为 220V,流过的电流最大值为 10A

13. 已知 $i = 4\sqrt{2}\sin\left(628t - \frac{\pi}{4}\right)$ A,通过 $R=2\Omega$ 的电阻时,消耗的功率为(　　)。

A. 16W　　B. 25W　　C. 8W　　D. 32W

14. 在纯电阻电路中,下列各式中正确的是(　　)。

A. $i = \frac{U_R}{R}$　　B. $I = \frac{U_R}{R}$　　C. $I = \frac{U_{Rm}}{R}$　　D. $I = \frac{u_R}{R}$

15. 已知接在 $R=10\Omega$ 电阻上的电压 $u = 100\sin(\omega t - 30°)$ V,则电阻上的电流为(　　)。

A. $i = 100\sin(\omega t + 30°)$ A　　B. $i = 50\sin(\omega t - 30°)$ A

C. $i = 10\sin(\omega t - 30°)$ A　　D. $i = 10\sin(\omega t + 30°)$ A

16. 已知 $i = 4\sqrt{2}\sin\left(314t - \frac{\pi}{4}\right)$ A,通过 $R=20\Omega$ 的灯泡时,消耗的功率应为(　　)。

A. 160W　　B. 250W　　C. 80W　　D. 320W

17. 在纯电感电路中,若已知电流的初相角为 $-30°$,则电压的初相角应为(　　)。

A. 90°　　B. 120°　　C. 60°　　D. 30°

18. 在纯电感电路中,电压和电流的大小关系为(　　)。

A. $i = \frac{U}{L}$　　B. $U = iX_L$　　C. $I = \frac{U}{\omega L}$　　D. $i = \frac{u}{\omega L}$

19. $L=100$mH 的纯电感线圈两端接入 $U=100$V、$f=50$Hz 的交流电源。若电压初相角为零,则电流的瞬时值解析式为(　　)。

A. $i = 3.18\sin(314t - 90°)$ A　　B. $i = 3.18\sqrt{2}\sin(314t - 90°)$ A

C. $i = 6.36\sin(314t + 90°)$ A　　D. $i = 6.36\sin(314t - 90°)$ A

20. 在纯电感电路中,若 $u = U_m\sin\omega t$V,则 i 为(　　)。

A. $i = \frac{U_m}{\omega L}\sin\left(\omega t + \frac{\pi}{2}\right)$ A　　B. $i = U_m\omega L\sin\left(\omega t - \frac{\pi}{2}\right)$ A

C. $i = \frac{U_m}{\omega L}\sin\left(\omega t - \frac{\pi}{2}\right)$ A　　D. $i = U_m\omega L\sin\left(\omega t + \frac{\pi}{2}\right)$ A

21. 一个纯电感线圈的两端接入220V、50Hz 的交流电源。测得通过线圈的电流为5A,则线圈的电感为(　　)。

A. 0.141H　　B. 0.28H　　C. 0.1mH　　D. 0.08H

22. 常用电容器上都标有电容量和耐压值,使用时应根据加在电容器两端电压的(　　)来选择电容器。

A. 有效值　　B. 平均值　　C. 最大值　　D. 瞬时值

23. 有一只耐压值为500V 的电容器,可以接在(　　)交流电源上使用。

A. $U=500$V　　B. $U_m=500$V　　C. $U=400$V　　D. $U=500\sqrt{2}$V

24. 在电容为 C 的纯电容电路中,电压和电流的大小关系为(　　)。

A. $i=\frac{u}{C}$　　B. $i=\frac{u}{\omega C}$　　C. $I=\frac{U}{\omega C}$　　D. $I=U\omega C$

25. 将 $u=U_m\sin\omega t\text{V}$ 的交流电源接到电容为 C 的电容器的两端，则流过电容器的电流 i 为(　　)。

A. $i=\frac{U_m}{\omega C}\sin\left(\omega t+\frac{\pi}{2}\right)\text{A}$　　B. $i=U_m\omega C\sin\left(\omega t+\frac{\pi}{2}\right)\text{A}$

C. $i=\frac{U_m}{\omega C}\sin\left(\omega t-\frac{\pi}{2}\right)\text{A}$　　D. $i=U_m\omega C\sin\left(\omega t-\frac{\pi}{2}\right)\text{A}$

26. 在 R、L、C 串联交流电路中，电路电流 $I=0.1\text{A}$，谐振频率 $f_0=1\text{MHz}$，电感两端的电压 $U_L=100\text{V}$，则谐振时电容 C 为(　　)。

A. $180\times10^{-6}\mu\text{F}$　　B. $159\times10^{-6}\mu\text{F}$

C. $100\times10^{-6}\mu\text{F}$　　D. $200\times10^{-6}\mu\text{F}$

27. 在 R、L、C 串联交流电路中，电路的总电压为 U，则下列关系式中正确的为(　　)。

A. $U=IR+I(X_L+X_C)$　　B. $U=IR+I(X_L-X_C)$

C. $U=U_R+U_L+U_C$　　D. $U=\sqrt{U_R^2+(U_L-U_C)^2}$

28. 在 R、C 串联交流电路中，电路的总电压为 U，则总阻抗 $|Z|$ 为(　　)。

A. $|Z|=R+X_C$　　B. $|Z|=\sqrt{R^2+X_C^2}$

C. $|Z|=\frac{u}{I}$　　D. $|Z|=\frac{U_m}{I}$

29. 在 R、L、C 串联交流电路中，总阻抗 $|Z|$ 为(　　)。

A. $|Z|=R+(X_L-X_C)$　　B. $|Z|=R+X_L+X_C$

C. $|Z|=\sqrt{R^2+(X_L-X_C)^2}$　　D. $|Z|=\sqrt{R^2+(X_L+X_C)^2}$

30. 在 R、L、C 串联交流电路中，当电流与总电压同相时，下列关系式中正确的为(　　)。

A. $\omega L^2C=1$　　B. $\omega^2LC=1$

C. $\omega LC=1$　　D. $\omega LC^2=1$

31. 在 R、L、C 串联交流电路中，总电压与总电流的相位差为 φ，则下列表达式中正确的为(　　)。

A. $\varphi=\arctan\frac{X_L+X_C}{R}$　　B. $\varphi=\arctan\frac{\omega L-\omega C}{R}$

C. $\varphi=\arctan\frac{L-C}{R}$　　D. $\varphi=\arctan\frac{X_L-X_C}{R}$

32. 在 R、L、C 串联交流电路中，已知 $R=3\Omega$，$X_L=5\Omega$，$X_C=8\Omega$，则电路的性质为(　　)。

A. 感性　　B. 容性　　C. 阻性　　D. 不能确定

33. 在 R、L、C 串联交流电路中，电路的总电压为 U，则计算功率因数的公式为(　　)。

A. $\cos\varphi = \dfrac{U_R}{U_L}$　　B. $\cos\varphi = \dfrac{U_R}{U_C}$

C. $\cos\varphi = \dfrac{U_R}{U}$　　D. $\cos\varphi = \dfrac{U_R}{U_R + U_L + U_C}$

34. 在R、L、C串联交流电路中，电路的总阻抗为$|Z|$、总功率因数为$\cos\varphi$、总有功功率为P、总无功率为Q，则计算功率因数的公式为(　　)。

A. $\cos\varphi = \dfrac{Q}{P}$　　B. $\cos\varphi = \dfrac{R}{|Z|}$

C. $\cos\varphi = \dfrac{X_L - X_C}{R}$　　D. $\cos\varphi = \dfrac{X_L - X_C}{|Z|}$

35. 在R、L、C串联交流电路中，电路的总电压为U、总阻抗为$|Z|$、总有功功率为P、总无功功率为Q、总视在功率为S，总功率因数为$\cos\varphi$，则下列表达式中正确的为(　　)。

A. $P = \dfrac{U^2}{|Z|}$　　B. $P = S\cos\varphi$

C. $Q = Q_L + Q_C$　　D. $S = P + Q$

36. 在R、L串联交流电路中，电路的总电压为U、总阻抗为$|Z|$、总功率因数为$\cos\varphi$、总有功功率为P、总视在功率为S，则下列关系式中正确的为(　　)。

A. $U = U_R + U_L$　　B. $|Z| = R + X_L$

C. $\cos\varphi = \dfrac{R}{|Z|}$　　D. $\varphi = \arctan\dfrac{S}{P}$

37. 如题图2-15所示，电压表V的读数为(　　)。

A. 10V　　B. $10\sqrt{2}$V　　C. 20V　　D. 0

38. 如题图2-16所示，当S闭合后，电路中的电流为(　　)。

A. 0　　B. 5/6A　　C. 2A　　D. 3A

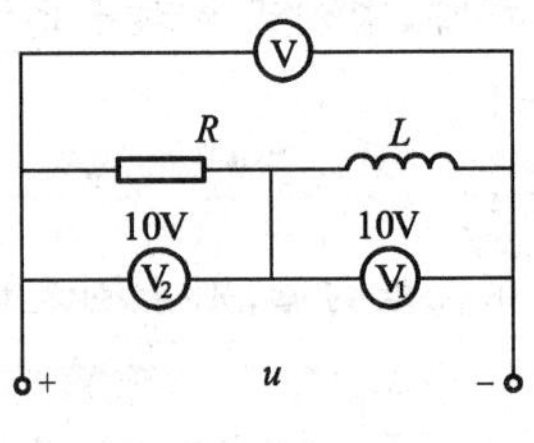

题图　2-15

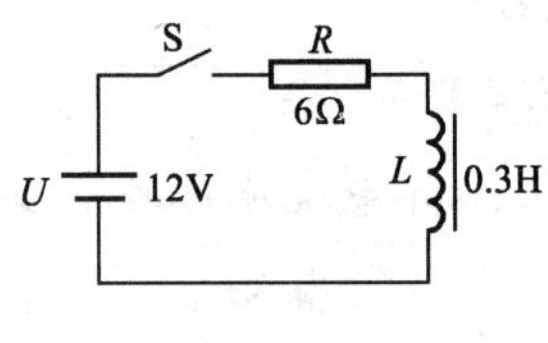

题图　2-16

39. 一个$L = 160\text{mH}$、$R = 2\Omega$的线圈与$C = 64\mu\text{F}$的电容器串联后接在$U = 220\text{V}$、$f = 200\text{Hz}$的交流电源上，则电流约为(　　)。

A. 2.52A　　B. 1.51A　　C. 1.17A　　D. 1.91A

40. 有一电感线圈，加直流电压时，测其电阻$R = 8\Omega$，加工频交流电压时，测得阻抗$|Z| = 12\Omega$，则线圈的感抗X_L为(　　)。

A. 4Ω　　　　B. 20Ω　　　　C. 8.9Ω　　　　D. 4.4Ω

41. 在 R、L、C 串联谐振电路中，若增大电阻 R，则对电路的影响为(　　)。

A. 谐振频率升高　　　　B. 谐振频率降低

C. 电路电流增大　　　　D. 电路电流减小

42. 如题图 2-17 所示，当 C 增大时，I 随之减小。试问原电路的性质为(　　)。

A. 阻性　　　　B. 感性

C. 容性　　　　D. 不能确定

43. 如题图 2-17 所示，当 C 增大时，I 随之增大。试问原电路的性质为(　　)。

A. 阻性　　　　B. 感性　　　　C. 容性　　　　D. 不能确定

44. 如题图 2-18 所示，电流表 A_2 读数为 3A，A_3 读数为 5A，则 A_1 读数为(　　)。

A. 2A　　　　B. 4A　　　　C. 1A　　　　D. 3A

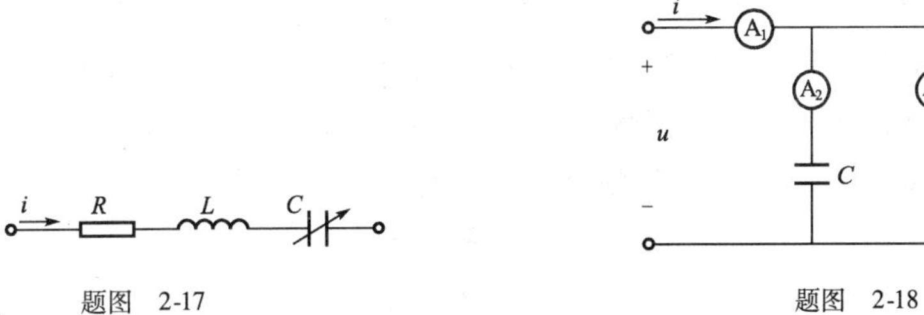

题图　2-17　　　　题图　2-18

45. 在感性负载与电容器并联的交流电路中，电路的总功率因数为 $\cos\varphi$、总有功功率为 P、总无功功率为 Q、总视在功率为 S；感性负载的电流为 I_1、视在功率 S_1、有功功率为 P_1；电容支路的电流为 I_C、视在功率为 S_2、有功功率为 P_2，则下列关系式中正确的为(　　)。

A. $I = I_1 + I_2$　　　　B. $P = P_1 + P_2$

C. $S = S_1 + S_2$　　　　D. $\cos\varphi = \dfrac{Q}{S}$

46. 单相交流电路中，负载并联时，必须具备的条件是(　　)。

A. 并联负载的性质相同

B. 并联负载的功率因数相同

C. 并联负载的大小相同

D. 并联负载的额定电压与电路的端电压相同，且额定频率与电路中电源的频率相同

47. 交流电路中，提高功率因数的目的是(　　)。

A. 节约用电，增加用电器的输出功率

B. 提高用电器的效率

C. 提高电源的利用率，减小电路电压损耗和功率损耗

D. 提高用电设备的有功功率

48. 对于电感性负载，提高功率因数最有效、最合理的方法是(　　)。

A. 给感性负载串接电阻　　B. 给感性负载并联电容器

C. 给感性负载并联电感线圈　　D. 给感性负载串联纯电感线圈

49. 如题图 2-19 所示，已知 $I_R=5A$，$I_L=5A$，$I_C=5A$，则 I 为(　　)。

A. 5A　　B. 15A　　C. 10A　　D. 11.18A

50. 性质相同(同为感性或同为容性)、功率因数 $\cos\varphi$ 值相等的负载并联之后，电路总的功率因数(　　)。

A. 增大一倍　　B. 不变

C. 减小一半　　D. 略有减小

51. 在日光灯电路中，并联电容器后，使电路的总功率因数提高了，而日光灯消耗的电功率将(　　)。

A. 增大　　B. 减小　　C. 不变　　D. 不能确定

52. 如题图 2-19 所示，$R=8\Omega$，$X_L=4\Omega$，$X_C=8\Omega$，则下列答案中正确的为(　　)。

A. 总电压 u 比总电流 i 超前 45°　　B. 总电压 u 比总电流 i 滞后 45°

C. 总电压 u 比总电流 i 超前 26.56°　　D. 总电压 u 比总电流 i 滞后 26.56°

53. 如题图 2-20 所示，电路已经谐振，$I_1=10A$，$I_2=5A$，则 I 为(　　)。

A. 6.88A　　B. 8.66A

C. 10.66A　　D. 9.78A

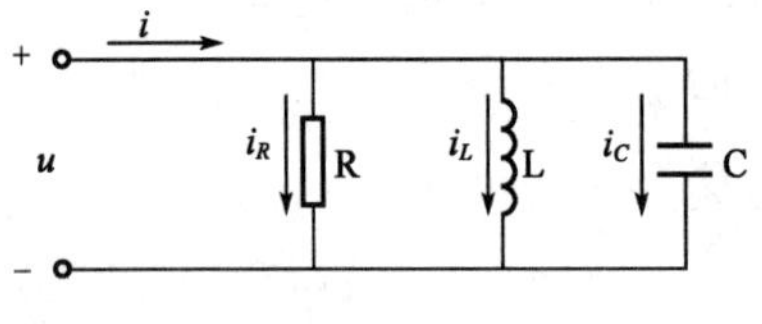

题图　2-19

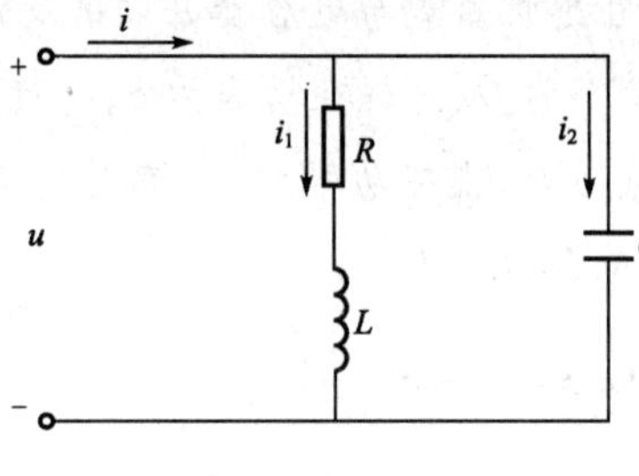

题图　2-20

三、是非题

1. 两个电压均为 110V、功率分别为 60W 和 100W 的白炽灯泡串联后接于 220V 的交流电源上使用，两只灯泡消耗的功率均为额定功率。(　　)

2. 大小随时间作周期性变化的交变电动势、交变电压、交变电流统称为交流电。(　　)

3. 一个正弦交流电瞬时值的大小由它的平均值、角频率、初相角来决定。(　　)

4. 若一个正弦交流电的周期为 0.04s，则它的频率为 25Hz。(　　)

5. 一个正弦交流电的周期为 0.02s，则它的角频率为 100Hz。(　　)

6. 我国工频交流电的周期为 0.2s。(　　)

7. 正弦交流电的最大值和有效值随时间作周期性变化。(　　)

8. 正弦交流电的平均值就是有效值。(　　)

9. 正弦交流电的有效值是指正弦交流电瞬时值中的最大值。（　）

10. 用交流电表测出的交流电的数值都是平均值。（　）

11. 常用的交流电压表和交流电流表的读数均表示有效值。（　）

12. 电气设备铭牌上标出的电压、电流的数据均指交流电的最大值。（　）

13. 用交流电压表测得某交流电压为220V，则此电压的最大值为220V。（　）

14. 有两个频率和初相角都不同的正弦交流电压 u_1 和 u_2，若它们的有效值相同，则最大值也相同。（　）

15. 普通220V的白炽灯，通常接到220V交流电源上使用，但也可以接在220V的直流电源上使用。（　）

16. 一盏额定电压为220V的灯泡，接在最大值为311V的交流电源上使用时，取用额定功率。（　）

17. 一个电炉分别通以10A直流电流和最大值为 $10\sqrt{2}$A 的工频交流电流，在相同时间内，该电炉的发热量相同。（　）

18. 两个交流电的相位差就是它们的初相之差，与频率无关。（　）

19. 只有同频率的正弦交流电，才能求相位差。（　）

20. 若 $u_1 = U_{1m}\sin(\omega t - 160°)$V，$u_2 = U_{2m}\sin(\omega t + 120°)$V，则 u_1 比 u_2 超前40°。

（　）

21. 若 $i_1 = I_{1m}\sin(\omega t - 165°)$A，$i_2 = I_{2m}\sin(\omega t + 170°)$A，则 i_1 比 i_2 超前25°。（　）

22. 若 $u_1 = U_{1m}\sin(\omega t - 110°)$V，$u_2 = U_{2m}\sin(2\omega t - 160°)$V，则 u_1 比 u_2 超前50°。

（　）

23. 用解析式、波形图求交流电的和或差时，必须为同频率的交流电。（　）

24. 用旋转相量表示正弦交流电时，相量在横轴上的投影为瞬时值。（　）

25. 在正弦交流电路中，电阻元件上的电压 u_R 和电流 i_R 同相，则说明 u_R 和 i_R 的初相角都为零。（　）

26. 有一只 $R = 50\Omega$ 的白炽灯，接在 $u = 220\sqrt{2}\sin\left(314t - \frac{\pi}{6}\right)$V 电源上使用，和接在220V直流电源上使用时亮度相同。（　）

27. 总电压导前总电流270°的正弦交流电路是一个纯电感电路。（　）

28. 一个交流电磁铁线圈（内阻忽略），$U_N = 220$V，$I_N = 6$A，有人误将该线圈接在220V直流电源上，此时电磁铁仍能正常工作。（　）

29. 耐压值为300V的电容器能够在有效值为220V的正弦交流电压下安全工作。（　）

30. 一个电容器接在频率10kHz的电源上，容抗 $X_C = 25\Omega$，则此电容器的电容 $C = 0.637\mu$F。

（　）

31. 在同一交流电压作用下，电容 C 越大，电路中的电流也越大。（　）

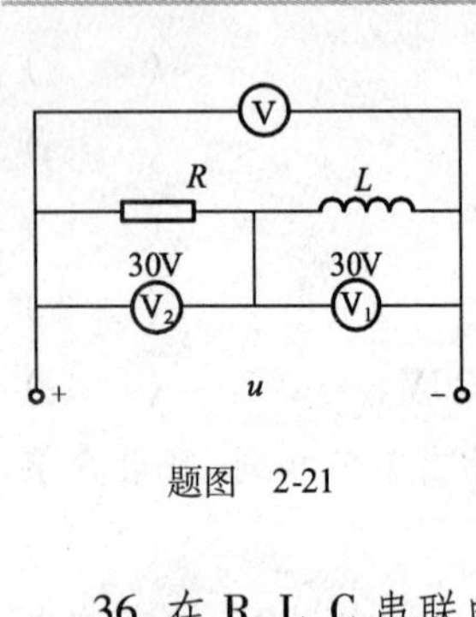

题图 2-21

32. 在R、L、C串联电路中，因为总电压的有效值与电流有效值之比等于总阻抗，即$\frac{U}{I}=|Z|$。则总阻抗$|Z|=R+X_L+X_C$。（ ）

33. 如题图2-21所示，电压表V的读数应为60V。（ ）

34. 如题图2-21所示，电压表V的读数应为42.43V。（ ）

35. 在R、L串联电路中，总电压与总电流的相位差就是功率因数角。（ ）

36. 在R、L、C串联电路中，总电压和总电流之间的相位差只决定于电路中阻抗与电阻的比值，而与电压与电流的大小无关。（ ）

37. 电源提供的视在功率越大，表示负载取用的有功功率越大。（ ）

38. 实际测得40W日光灯管两端的电压为108V，镇流器两端的电压为165V，两个电压直接相加后其值大于电源电压220V，这说明测量数据是错误的。（ ）

39. 当信号频率低于电路固有频率时，R、L、C串联电路是容性的。（ ）

40. 在交流电路中，电压与电流相位差为零，该电路必定是电阻性电路。（ ）

41. 在R、L、C串联电路中，总的无功功率Q等于电感的无功功率Q_L加上电容的无功功率Q_C。（ ）

42. 已知，某感性负载的有功功率P，无功功率Q，负载两端电压U，流过的电流I，则该负载的电阻$R=\frac{P}{I^2}$。（ ）

43. 已知，某感性负载的有功功率P，无功功率Q，负载两端电压U，流过的电流I，则该负载的电阻$R=\frac{U^2}{P}$。（ ）

44. 在R、L、C串联谐振电路中，若使电路呈现感性或容性，则可以通过改变电阻R的大小来实现。（ ）

45. 某R、L、C串联谐振电路。若增大电感L(或电容C)电路呈现感性；反之，若减小电感L(或电容C)，则电路呈现电容性。（ ）

46. 在感性负载两端并联电容器后，对总电流没有影响。（ ）

47. 在日光灯电路两端并联一个电容器，可以提高功率因数，但灯管亮度变暗。（ ）

48. 两个性质相同、$\cos\varphi$相等的负载并联或串联后，电路总的功率因数不变。（ ）

49. 电感性负载并联电容器后，虽然能提高电路的功率因数，但电源输出的有功功率变大了，增加了电源的负担。（ ）

50. 为了减少电路中无功功率，一般将功率因数提高到1。（ ）

四、主观题

1. 已知两正弦交流电流分别为$i_1=5\sqrt{2}\sin(314t+60°)$ A，$i_2=10\sqrt{2}\sin(314t+150°)$ A。求合成电流$i=i_1+i_2$的解析式。

2. 已知两正弦交流电流 $i_1 = 10\sin100\pi t\text{A}$，$i_2 = 10\sin(100\pi t - 60°)\text{A}$。求合成电流 $i = i_1 - i_2$ 的解析式。

3. 已知，三个正弦交流电压 u_A、u_B、u_C 的有效值均为380V，角频率都是314rad/s，初相角分别是 $\varphi_{u_A} = 0°$、$\varphi_{u_B} = -120°$、$\varphi_{u_C} = 120°$，求：(1)写出它们的瞬时值解析式；(2)作出它们的矢量图并求合成交流电压 $u = u_A + u_B + u_C$ 的有效值。

4. 功率为40W的白炽灯，接在 $u = 311\sin(314t + 60°)\text{V}$ 的电源上，求：(1)电流的有效值，并写出电流瞬时值解析式；(2)若将电源频率改为500Hz，求电流的有效值。

5. 有一个额定电压为220V、额定功率为1000W的电炉接在电压 $U = 220\text{V}$、$f = 50\text{Hz}$ 的电源上。求(1)电炉的电流及功率；(2)若将电源电压降为110V，并设电炉的电阻不变，求电炉的电流和功率。

6. 如题图2-22为一个 $L = 41\text{mH}$ 的纯电感线圈，接在 $u = 28\sin\left(314t + \frac{\pi}{2}\right)\text{V}$ 的电源上。求电压表及电流表的读数，并求有功功率和无功功率。

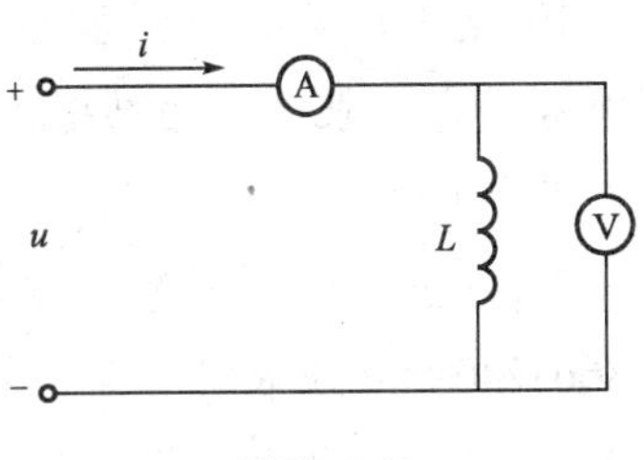

题图　2-22

7. 将 $C = 8\mu\text{F}$ 的电容器接到 $u = 400\sqrt{2}\sin(\omega t)\text{V}$ 的电源上。当 $f = 0$、$f = 50\text{Hz}$、$f = 500\text{Hz}$ 时，分别求电容器的容抗和流过电容器的电流 i。

8. 一个含有电阻的电感线圈接在15V、50Hz的交流电源上。测得通过线圈的电流为3A，线圈改接在15V直流电源上，测得通过线圈的电流为5A，求该线圈的电阻 R 和电感 L。

9. 一个线圈接到100V的直流电源上时，消耗的功率为2.5kW。当该线圈接到100V、50Hz的交流电源上时，消耗的功率为1.6kW。求线圈的电感 L 和电阻 R。

10. 将 $C = 40\mu\text{F}$、$R = 60\Omega$ 组成的串联电路，接在 $U = 240\text{V}$、$f = 50\text{Hz}$ 的电源上。求：(1)总阻抗 $|Z|$ 和电流 I；(2)电阻两端电压 U_R 和电容两端电压 U_C；(3)总电压 u 与电流 i 的相位差。

11. 已知日光灯电路的灯管电阻 $R = 300\Omega$，镇流器线圈的电感 $L = 1.66\text{H}$(电阻忽略)，电源电压 $U = 220\text{V}$，$f = 50\text{Hz}$，求流过灯管的电流 I，灯管两端电压 U_R，镇流器的电压 U_L，电路的有功功率 P。

12. 日光灯电路两端接入 $U = 220\text{V}$ 的工频交流电源。测得灯管两端电压为108V，功率40W；镇流器两端的电压为165V，功率9W；电路电流为0.41A，求电路的功率因数。

13. 已知某收音机输入回路的电感 $L = 260 \times 10^{-6}\text{H}$，当电容调至100PF时发生串联谐振。求该电路的谐振频率。如要收听频率为640kHz的电台广播，C 应调多大？(设 L 不变)

14. 已知日光灯灯管电阻 $R_1 = 300\Omega$；镇流器的内阻 $R_2 = 40$，电感 $L = 1.3\text{H}$；电源 $U = 220$、$f = 50\text{Hz}$。求电路中的电流 I、灯管两端电压 U_1、镇流器两端电压 U_2。

15. 在串联谐振电路中，信号源 $U = 1\text{V}$、$f = 1\text{MHz}$，电路的谐振电流 $I_0 = 100\text{mA}$，电容器两端的电压 $U_C = 100\text{V}$。求电路中各元件的参数R、L、C。

16. 车间里的焊接设备、电动机和加热炉(纯电阻)并联后接在 $U=220\text{V}$ 的工频电源上。焊接设备的功率 $P_1=16\text{kW}$,功率因数 $\cos\varphi_1=0.5$;电动机的功率 $P_2=12\text{kW}$,功率因数 $\cos\varphi_2=0.8$;加热炉的功率 $P_3=7\text{kW}$。求:(1)总电路的功率因数;(2)为了将总电路的功率因数提高到0.85,应并联多大的电容器?

17. 已知某发电机的额定电压为220V,视在功率为440kVA,求:(1)用该发电机向额定电压220V、有功功率为4.4kW、功率因数为0.5的用电器供电,能供多少个负载?(2)若将功率因数提高到1时,又能供多少负载?(线路损耗忽略)

18. 某办公室有一盏日光灯和一盏白炽灯并联后接在220V、50Hz的电源上。日光灯取用的功率 $P_1=40\text{W}$,$\cos\varphi_1=0.5$;白炽灯取用功率 $P_2=60\text{W}$。求:(1)白炽灯的电流;(2)日光灯的电流;(3)电路的总电流。

19. 某工厂供电变压器至发电厂间输电线的电阻为5Ω,发电厂以10kV的电压输送500kW的电。求:(1)当功率因数为0.6时,输电线上的功率损失;(2)若将功率因数提高到0.9,每年可节约多少电?(一年按360天计算)

20. 一家用电度表额定电流为10A,现有家用电器如下:120W的电冰箱一台,$\cos\varphi=0.866$;240W的洗衣机一台,$\cos\varphi=0.5$;660W的空调一台,$\cos\varphi=0.5$;60W的彩电一台,$\cos\varphi=0.866$;500W的电饭锅一只;60W的白炽灯6盏。问所有电器设备能否同时使用?(各电器电压均为220V)

项目三　安装小型配电箱

【项目描述】

配电箱是按电气接线要求将开关设备、测量仪表、保护电器和辅助设备组装在封闭或半封闭金属柜中或屏幅上，构成低压配电装置。正常运行时可借助手动或自动开关接通或分断电路。故障或不正常运行时借助保护电器切断电路或报警。借测量仪表可显示运行中的各种参数，还可对某些电气参数进行调整，对偏离正常工作状态进行提示或发出信号，常用于各发、配、变电所中。

【技能要点】

用户端供配电系统的设计，应按照负荷性质、用电容量、工程特点和地区供电条件，统筹兼顾，合理确定设计方案，供配电系统设计应根据工程特点、规模和发展规划，做到远近期结合，在满足近期使用要求的同时，兼顾未来发展的需要。供配电系统设计应采用符合国家现行有关标准的高效节能、环保、安全、性能先进的电气产品。

【知识要点】

负荷的基本概念与三相交流电的定义及其原理，配电箱安装与使用，相关工艺及标准。

一、基本概念

1. 一级负荷中特别重要的负荷

中断供电将发生中毒、爆炸和火灾等情况的负荷，以及特别重要场所的不允许中断供电的负荷。

2. 双重电源

一个负荷的电源是由两个电路提供的，这两个电路就安全供电而言被认为是互相独立的。

3. 应急供电系统(安全设施供电系统)

用来维持电气设备和电气装置运行的供电系统，主要是为了人体和家畜的健康和安全，避免对环境或其他设备造成损失以符合国家规范要求。

注：供电系统包括电源和连接到电气设备端子的电气回路。在某些场合，它也可以包括设备。

4. 应急电源(安全设施电源)

用做应急供电系统组成部分的电源。

5. 备用电源

当正常电源断电时，由于非安全原因用来维持电气装置或某些部分所需的电源。

6. 分布式电源

分布式电源主要是指布置在电力负荷附近，能源利用效率高并与环境兼容，可提供电、热(冷)的发电装置，如微型燃气轮机、太阳能光伏发电、燃料电池、风力发电和生物质能发电等。

7. TN 系统

电力系统的一点直接接地，电气装置的外露可导电部分通过保护线与该接地点相连接。根据中性导体(N)和保护导体(PE)的配制方式，TN 系统可分为如下三类：

(1) TN-C 系统，整个系统的 N、PE 线是合一的。

(2) TN-C-S 系统，系统中有一部分线路的 N、PE 线是合一的。

(3) TN-S 系统，整个系统的 N、PE 线是分开的。

8. TT 系统

电力系统有一点直接接地，电气装置的外露可导电部分通过保护线接至与电力系统接地点无关的接地极。

9. IT 系统

电力系统与大地间不直接连接，电气装置的外露可导电部分通过保护接地线与接地极连接。

二、负荷分级及供电要求

电力负荷应根据对供电可靠性的要求及中断供电在对人身安全、经济损失上所造成的影响程度进行分级，并应符合下列规定：

(1) 符合下列情况之一时，应视为一级负荷。

①中断供电将造成人身伤害时。

②中断供电将在经济上造成重大损失时。

③中断供电将影响重要用电单位的正常工作。

(2) 在一级负荷中，当中断供电将造成人员伤亡或重大设备损坏或发生中毒、爆炸和火灾等情况的负荷，以及特别重要场所的不允许中断供电的负荷，应视为一级负荷中特别重要的负荷。

(3) 符合下列情况之一时，应视为二级负荷。

①中断供电将在经济上造成较大损失时。

②中断供电将影响较重要用电单位的正常工作。

(4) 不属于一级和二级负荷者应为三级负荷。

三、电压选择和电能质量

用户的供电电压应根据用电容量、用电设备特性、供电距离、供电线路的回路数、当地公共电网现状及其发展规划等因素，经技术经济比较确定。供电电压大于等于 35kV 时，用户的一级配电电压宜采用 10kV；当 6kV 用电设备的总容量较大，选用 6kV 经济合理时，宜采用 6kV；低压配电电压宜采用 220/380V，工矿企业亦可采用 660V；当安全需要时，应采用小于 50V 电压。正常运行情况下，用电设备端子处电压偏差允许值宜符合下列要求：

(1) 电动机为 ±5% 额定电压。

(2) 照明：在一般工作场所为 ±5% 额定电压；对于远离变电所的小面积一般工作场所，难以满足上述要求时，可为 + 5%、−10% 额定电压；应急照明、道路照明和警卫照明等为 +5%、−10% 电压。

(3) 其他用电设备当无特殊规定时为 ±5% 额定电压。

四、低压配电

带电导体系统的形式，宜采用单相二线制、两相三线制、三相三线制和三相四线制。

低压配电系统接地形式，可采用 TN 系统、TT 系统和 IT 系统。在低压电网中，宜选用 D，yn11 接线组别的三相变压器作为配电变压器。在系统接地形式为 TN 及 TT 的低压电网中，当选用 Y，yn0 接线组别的三相变压器时，其由单相不平衡负荷引起的中性线电流不得超过低压绕组额定电流的 25%，且其一相的电流在满载时不得超过额定电流值。当采用 220V/380V 的 TN 及 TT 系统接地形式的低压电网时，照明和电力设备宜由同一台变压器供电，必要时亦可单独设置照明变压器供电。

五、电器选择

低压配电设计所选用的电器，应符合国家现行的有关标准，并应符合下列要求：

(1) 电器的额定电压应与所在回路标称电压相适应；

(2) 电器的额定电流不应小于所在回路的计算电流；

(3) 电器的额定频率应与所在回路的频率相适应；

(4) 电器应适应所在场所的环境条件；

(5) 电器应满足短路条件下的动稳定与热稳定的要求，用于断开短路电流的电器，应满短路条件下的通断能力。

配电箱和配电柜、配电盘、配电屏等，是集中安装开关、仪表等设备的成套装置。常用的配电箱有木制和铁板制两种，木制的配电箱使用方便，多用于施工现场的临时供电。铁制的容量较大，所以选用的比较多。

配电箱的用途：方便停、送电，起到计量和判断停、送电的作用。

六、配电箱分类

按结构特征和用途分类：

(1) 固定面板式开关柜，常称开关板或配电屏，如图 3-1 所示。它是一种有面板遮拦的开启式开关柜，正面有防护作用，背面和侧面仍能触及带电部分，防护等级低，只能用于对供电连续性和可靠性要求较低的工矿企业，作变电室集中供电用。

(2) 防护式(即封闭式)开关柜，指除安装面外，其他所有侧面都被封闭起来的一种低压开关柜，如图 3-2 所示。这种柜子的开关、保护和监测控制等电气元件，均安装在一个用钢或绝缘材料制成的封闭外壳内，可靠墙或离墙安装。柜内每条回路之间可以不加隔离措施，也可以采用接地的金属板或绝缘板进行隔离。通常门与主开关操作有机械联锁。另外还有防护式台型开关柜(即控制台)，面板上装有控制、测量、信号等电器。防护式开关柜主要用作工艺现场的配电装置。

图 3-1　固定面板式开关柜

(3)抽屉式开关柜，如图 3-3 所示。这类开关柜采用钢板制成封闭外壳，进出线回路的电器元件都安装在可抽出的抽屉中，构成能完成某一类供电任务的功能单元。功能单元与母线或电缆之间，用接地的金属板或塑料制成的功能板隔开，形成母线、功能单元和电缆三个区域。每个功能单元之间也有隔离措施。抽屉式开关柜有较高的可靠性、安全性和互换性，是比较先进的开关柜，目前生产的开关柜，多数是抽屉式开关柜。它们适用于要求供电可靠性较高的工矿企业、高层建筑，作为集中控制的配电中心。

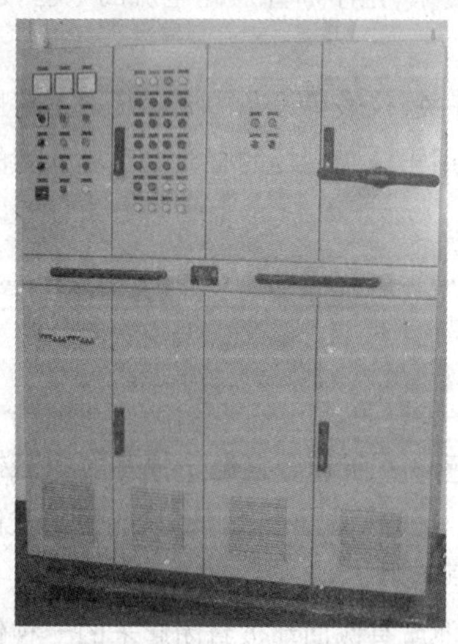

图 3-2　防护式开关柜

图 3-3　抽屉式开关柜

(4)动力、照明配电控制箱。多为封闭式垂直安装,因使用场合不同,外壳防护等级也不同,它们主要作为工矿企业生产现场的配电装置。

七、楼区和农村使用的配电箱的故障

配电箱电器故障的原因:

1. 环境温度对低压电器影响引起的故障

配电箱中的低压电器,由熔断器、交流接触器、剩余电流动作保护器、电容器及计量表等组成。这些低压电器均按相应国家标准进行设计和制造,并对它们的正常工作条件作了相应规定:周围空气温度的上限不超过40℃;周围空气温度24h的平均值不超过35℃;周围空气温度的下限不低于-5℃或-25℃。

农网改造的配电箱在室外运行,它不但受到阳光的直接照射产生高温,同时运行中自身也会产生热量,所以在盛夏高温季节,箱体内的温度将会达到60℃以上,这时的温度大大超过了这些电器规定的环境温度,因而会发生因配电箱内电器元件过热引起的故障。

2. 产品质量引起的故障

在农网改造中当时由于需求的配电箱数量大、施工期短,配电箱厂需要有关低压电器的供货时间急且数量多,因而产生了对产品质量的要求不严格的现象,造成了一些产品投入运行后不久就发生故障。如有些型号交流接触器在配电箱投运后不久,就因接触器合闸线圈烧坏,而无法运行。

3. 配电箱内电器选择不当引起的故障

由于在制造时对交流接触器容量选择不很恰当,对不同出线回路安装同容量的交流接触器,且未考虑到三相负荷的不平衡情况,而未能将部分出线接触器电流等级在正常选择型号基础上,提高一个电流等级选择,因而导致夏季高温季节运行时出现交流接触器烧坏的情况。

八、配电箱的改进方案

(1)对于配电变压器容量在100kVA及以上的配电箱体,在箱内散热窗靠侧壁处,应考虑到安装温控继电器(JU-3型或JU-4超小型温度继电器)和轴流风机,安装在控制电器板上方左侧面的箱体上,以便使箱内温度达到一定值时(如40℃)能自动启动排气扇,强行排出热量以使箱体散热。

(2)采用保护电路防止配电箱供电的外部电路故障的发生。选择体积较小的智能缺相保护器,如可选用DA88CM-Ⅱ型电机缺相保护模块(上海产品)安装于配电箱内以防止因低压缺相运行而烧坏电动机。

(3)改进原配电箱的低压电容器组的接线方式,将其安装位置由交流接触器上桩头,改成接在配电箱低压进线与计量表计之间。防止因运行中电容器电路发生缺相故障或电容器损坏时，造成计量装置计量不准确。此外，电容器选择型号应为 BSMJ 系列产品，以保证元件质量可靠、安全运行。

(4) 若新增柱上配电台架，在制作配电箱外壳时，可选 2mm 厚的不锈钢板材，并适当按比例放大配电箱尺寸（在农改工程使用的 JP4-100/3W 型基础上，在原箱体宽度方向尺寸上增大约 100mm，即由原 680mm 改为 780mm。改进后的配电箱体外形尺寸为：1300mm × 780mm × 500mm），以便增加各分路出线之间、出线与箱体外壳的电气安全距离，这样有利于农电工的操作维护和更换熔件，同时也可散热。

(5) 选用节能型交流接触器（类似 CJ20SI 型）产品，并注意交流接触器线圈电压与所选剩余电流动作保护电器的相对应接线端子相连，注意进行正确的负载匹配。选择交流接触器时，应选用其绝缘等级为 A 级及以上产品，必须保证其主回路触点的额定电流应大于或等于被控制的线路的负荷电流。接触器的电磁线圈额定电压为 380V 或 220 V，线圈允许在额定电压的 80% ~105% 范围内使用。

(6) 剩余电流动作保护器的选用。必须选用符合《剩余电流动作保护电器的一般要求》（GB 6829—2008）标准、并经中国电工产品认证委员会认证合格的产品。可选用类似 LJM(J) 系列节电型且是低灵敏度的延时型保护器。保护器装置的方式要符合国家《剩余电流动作保护装置的安装和运行》（GB 13955—2005）标准。漏电保护器的分断时间，当漏电电流为额定漏电电流时，其动作时间不应大于 0.2s。

(7) 配电箱的进出线选用低压电缆，电缆的选择应符合技术要求。例如 30kVA、50kVA 变压器的配电箱的进线使用 VV22-35 ×4 电缆，分路出线使用同规格的 VLV22-35 ×4 电缆；80kVA、100kVA 变压器的配电箱的进线分别使用 VV22-50 ×4、VV22-70 ×4 电缆，分路出线分别使用 VLV22-50 ×4、VLV22-70 ×4 电缆，其电缆与铜铝接线鼻压接后再用螺栓与配电箱内接线桩头连接。

(8) 熔断器（RT、NT 型）的选用。配电变压器的低压侧总过流保护熔断器的额定电流，应大于配电变压器的低压侧额定电流，一般取额定电流的 1.5 倍，熔体的额定电流应按变压器允许的过负荷倍数和熔断器特性确定。出线回路过流保护熔断器的熔体额定电流，不应大于总过流保护熔断器的额定电流，熔体的额定电流按回路正常最大负荷电流选择，并应躲过正常的尖峰电流。并联电容器组熔断器的额定电流一般可按电容器额定电流的 1.5 ~ 2.5 倍选取。

(9) 为了对农村低压电网无功功率进行分析，在箱内安装一只 DTS(X) 系列的有功、无功二合一多功能电能表（安装在计量表计板侧），用于更换原安装的三只单相电能表（DD862 系列表计），以便于对负荷的在线运行监测。

九、配电箱和开关箱使用注意事项

(1) 所有配电箱均应标明名称、用途，并做出分路标记。

(2) 所有配电箱应配锁，配电箱和开关箱应由专人负责。

(3)所有配电箱、开关箱应每月检查和维修一次。检查、维修人员必须是专业电工。检查、维修时必须按规定穿戴绝缘鞋、手套,必须使用电工绝缘工具。

(4)对配电箱、开关箱进行检查、维修时,必须将其前一级相应的电源开关分闸断电,并悬挂停电标志牌,严禁带电作业。

(5)所有配电箱、开关箱在使用过程中必须按照下述操作顺序:

①送电操作顺序:总配电箱→分配电箱→开关箱;

②停电操作顺序:开关箱→分配电箱→总配电箱(出现电力故障的紧急情况除外)。

(6)施工现场停止作业一小时以上时,应将动力开关箱断电上锁。

(7)配电箱、开关箱内不得放置任何杂物,并应经常保持整洁。

(8)配电箱、开关箱内不得挂接其他临时用电设备。

(9)配电箱、开关箱的进线和出线不得承受外力。严禁与金属锐断口和强腐蚀介质接触。

十、电工安全操作规程

(1)电工作业时必须穿好绝缘鞋,一般情况下严禁带电作业。

(2)登高作业必须两人以上,并戴好安全帽,对用电现场采取安全措施,对所有用电设备要有良好的接地,发现问题及时修理,不得带电维修。

(3)检查进应切断电源,挂上"不准合闸"的告示牌。

(4)检修送电必须认真检查,确定无问题,方能送电。

(5)发现异常情况,必须先查明原因,严禁在没有查明原因的情况下送电,以免造成严重后果。

(6)各种机械设备严禁超载运转,对违反安全操作规程的有权停止供电。

(7)现场用电机械必须一机、一闸、一箱、一漏,严禁一闸多用。

(8)发生人身触电事故,应立即采取有效的急救措施。

(9)必须严格遵守《施工现场临时用电安全技术规范》(JGJ 46—2005)规定进行作业。

任务一　认识三相交流电

三相交流远距离输电在1891年获得成功后,便得到迅速发展。目前,电力系统都采用三相三线制输电、三相四线制配电。三相交流与单相交流相比具有以下优点:①在输送的功率、电压相同和距离、线路损失相等的情况下,采用三相制输电可大大节省输电线的用铜(或铝)量。②工农业生产上广泛使用的三相异步电动机是以三相交流作为电源的,它与单相电动机相比,具有体积小、价格低、效率高、性能好等优点。③三相交流发电机与单相的相比,在体积相同时,三相交流发电机具有输出功率大、效率高等优点。

由于建筑施工现场既有动力负荷,又有照明负荷,因此,一般都采用三相四线制供电。所谓三相四线制就是三根相线一根零线的供电体制。三根相线与零线之间的电压是一组频率相同、幅值相等、相位互差120°的三相对称电压。单相交流电是三相交流电中的一相，三相交流电可视为三个特殊单相交流电的组合。

一、三相发电机的结构、工作原理

三相发电机主要由定子和转子两部分组成。定子是固定的，包括定子铁芯与定子绕组。定子铁芯是由硅钢片叠成的圆筒，筒的内圆周表面冲有均匀分布的槽，用来嵌放三相定子绕组。三相定子绕组的结构（包括导线材质、截面积、匝数等）完全相同，首端分别用A、B、C表示；末端分别用X、Y、Z来表示，三个首端（或末端）在空间互差120°，如图3-4所示。转子是一个绕中心轴旋转的磁极。转子铁芯一般用直流电磁铁制成。转子绕组绕在转子铁芯上，采用直流励磁。选择合适的极面形状和转子绕组的布置方式，可使转子与定子之间空气隙中的磁感应强度按正弦规律分布。

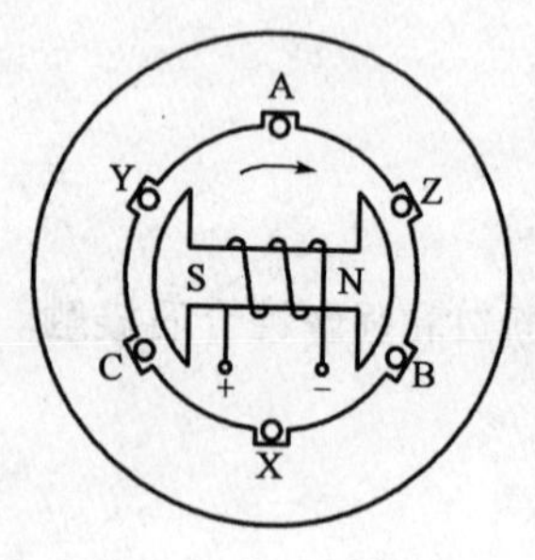

图3-4　三相发电机原理图

当转子由原动机带动按顺时针方向以ω的速度匀速转动时，三相定子绕组依次被磁力线切割而产生正弦感应电动势e_A、e_B、e_c、e_A、e_B、e_c具有以下三个特点：

（1）由于三相绕组以同一速度切割磁力线，所以，图三个电动势的频率相同。

（2）由于三相绕组的结构完全相同，因此，三个电动势的最大值相等。

（3）由于三相绕组在空间互差120°，所以，三个电动势之间相互存在着120°的相位差。由图3-5可知，当磁极S转到A处时，A相的感应电动势e_A达到正的幅值；经过120°后，S极转到B处，B相的感应电动势e_B达到正的幅值；再经过120°后，S极转到C处，C相的感应电动势120°达到正的幅值。所以，e_A在相位上超前e_B120°，e_B在相位上超前e_c120°，e_c在相位上超前e_A120°。

人们规定电动势的正方向从每相绕组的末端指向首端。若以A相电动势为参考，则三相电动势的瞬时值表达式为：

$$e_A = E_m\sin(\omega t)$$

$$e_B = E_m\sin(\omega t + 120°)$$

$$e_C = E_m\sin(\omega t - 120°)$$

式中：E——三相交流电动势的有效值，$E = \frac{E_m}{\sqrt{2}}$，其中E_m为三相电动势的最大值；

ω——三相电动势的角频率，e_A、e_B、e_C的波形图和相量图分别如图3-5、图3-6所示。

频率相同、幅值（或有效值）相等、相位互差120°的三个电动势称为对称三相电动势；能提供对称三相电动势的电源称为对称三相电源。发电厂提供的三相电源均为对称三相电源。很明显，对称三相电动势瞬时值的和及相量和均等于零，即：

$$e_A + e_B + e_C = 0$$

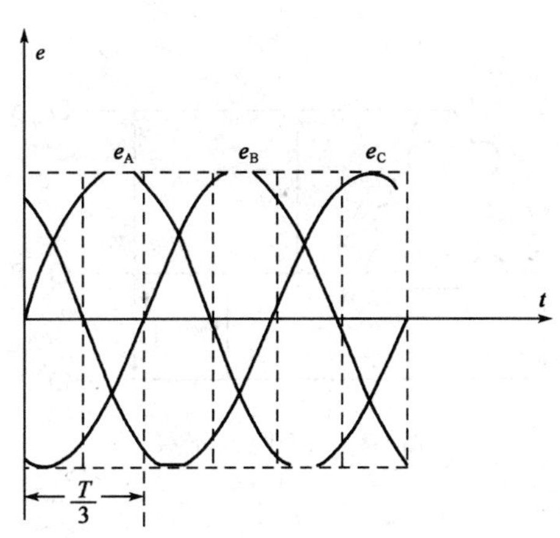

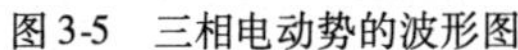

图 3-5　三相电动势的波形图

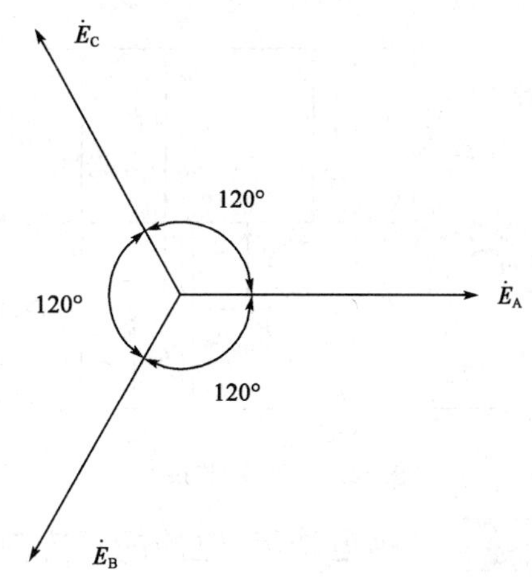

图 3-6　三相电动势向量图

二、三相电源的连接

三相交流发电机中，三个互相分开的定子绕组怎样连接组成三相电源呢？三相电源有两种连接方式，一种是星形（Y）连接，另一种是三角形（△）连接。

1. 星形（Y）连接

将三相定子绕组的三个末端 X、Y、Z 连在一起，从三个首端 A、B、C 分别引出三根导线，这种连接方式称为三相电源的星形连接。三个末端的连接点 N 称为电源中点，从中点 N 引出的导线称为中线，用黑色或白色导线来表示。通常，中点与大地连在一起，此时中点又称为零点，用 0 表示，中线又称为零线。从三个首端分别引出的三根导线统称为相线，俗称火线，分别用黄、绿、红三色表示。从发电机或变压器引出一根中线和三根相线的供电方式称为三相四线制；不引出中线只引出三根相线的供电方式称为三相三线制。三相四线制可以向负载提供两种电压：一种是相电压，即相线与中线之间的电压，分别用 u_A、u_B、u_C表示或一般用 u_p表示；另一种是线电压，即两根相线之间的电压，分别用 u_{AB}、u_{BC}、u_{CA}表示或一般用 u_L表示，如图 3-7 所示。

2. 三角形（△）连接

如图 3-8 所示，将一相绕组的末端（或首端）与它相邻的另一相绕组的首端（或末端）依次相连，即 X 与 B、Y 与 C、Z 与 A 分别相连，再从三个连接点 A、B、C 分别引出三根导线，这种连接方式称为三相电源的三角形（△）连接。作三角形连接的三相绕组在没有负载时本身就构成了一个闭合回路。若三相电动势对称，由于对称三相电动势任一时刻瞬时值的和等于零，所以回路中不会产生环流。但若三相电动势不对称，或者某相绕组首尾端接错，那么闭合回路中将会产生很大的环流，可能烧坏发电机绕组。因此，发电机通常接成星形，极少接成三角形。

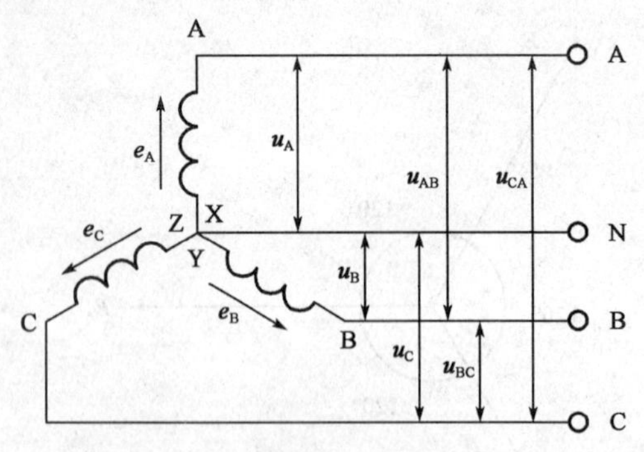

图 3-7　星形(Y)连接

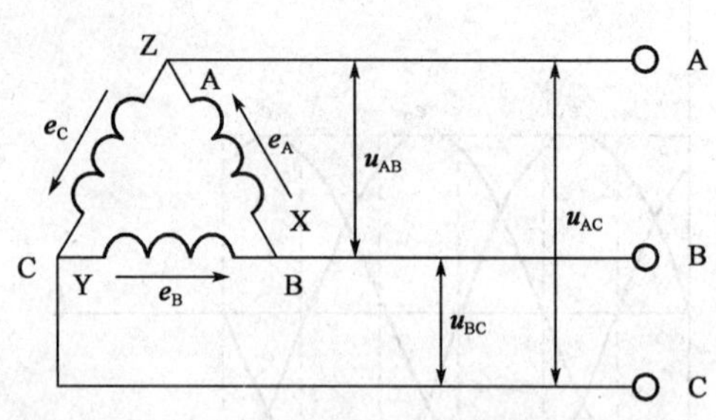

图 3-8　三角形(△)连接

三、三相电动势、电压的正方向

如前所述,各相电动势的正方向规定为由各相绕组的末端指向首端,而相电压的正方向与该相电动势的正方向恰恰相反,规定为由绕组的首端指向末端。线电压的正方向用双下标注明的顺序来表示,例如,u_{AB}表示该线电压的正方向由 A 相指向 B 相,其余以此类推。

三相交流电依次达到正幅值的先后次序叫相序。从图 3-6 可知,e_A先达到正幅值,继而为e_B,再后是e_c,周而复始,不断重复,所以,该三相电动势的相序为 A→B→C,称为顺序;若转子转向不变,对调 B、C 两相绕组,则相序变为 A→C→B,称为逆序。

四、相电压与线电压的关系

若忽略发电机每相绕组内阻抗上的电压降,则有 $u_A=e_A$、$u_B=e_B$、$u_C=e_c$。由于 e_A、e_B、e_c是对称的,所以,u_A、u_B、u_C也是对称的。其瞬时值表达式为:

$$u_A = \sqrt{2}U_P\sin\omega t$$

$$u_B = \sqrt{2}U_P\sin(\omega t - 120^\circ)$$

$$u_C = \sqrt{2}U_P\sin(\omega t + 120^\circ)$$

式中:U_P——相电压的有效值。

三相电压的有效值相量表达式为:

$$\dot{U}_A = \dot{U}_P\angle 0^\circ$$

$$\dot{U}_B = \dot{U}_P\angle -120^\circ$$

$$\dot{U}_C = \dot{U}_P\angle 120^\circ$$

三相对称电源星形连接时,根据图 3-8,运用 KVL 可得:

$$u_{AB} - u_A + u_B = 0$$

即:

$$u_{AB} = u_A - u_B$$

写成相量式为:

$$\dot{U}_{AB} = \dot{U}_A - \dot{U}_B$$

同理:

$$\dot{U}_{BC} = \dot{U}_B - \dot{U}_C$$

$$\dot{U}_{CA} = \dot{U}_C - \dot{U}_A$$

运用相量法,做出相量图,便可示出 $\dot{U}_{AB}$、$\dot{U}_{BC}$、$\dot{U}_{CA}$。如图 3-8 所示,$\dot{U}_{AB}$与 $\dot{U}_A$ 的夹角 φ 为:

$$\varphi = \frac{180° - 120°}{2} = 30°$$

所以,

$$\dot{U}_{AB} = 2U_A\cos 30° = \sqrt{3}U_A$$

$$\dot{U}_{AB} = \sqrt{3}\dot{U}_A\angle 30° = \sqrt{3}\dot{U}_P\angle 30°$$

同理:

$$\dot{U}_{AB} = \sqrt{3}\dot{U}_B\angle 30° = \sqrt{3}\dot{U}_P\angle 90°$$

$$\dot{U}_{CA} = \sqrt{3}\dot{U}_C\angle 30° = \sqrt{3}\dot{U}_P\angle 150°$$

综上所述,在星形连接的对称三相电源中,三个线电压也是一组对称电压,且线电压的有效值为相电压有效值的$\sqrt{3}$倍,线电压的相位超前相应相电压 30°。如图 3-9 所示在低压配电系统中,三相四线制的相电压为 220V,线电压为 220$\sqrt{3}$V 即 380V,习惯上写成 380/220V。

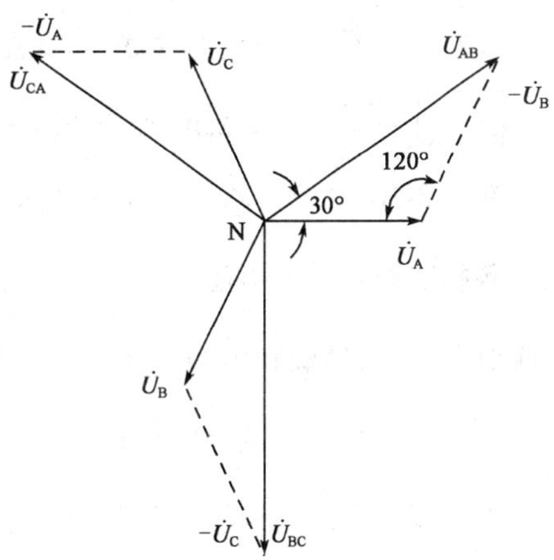

图 3-9　星形连接时线电压与相电压的相量图

如果发电机或变压器的三相绕组为三角形连接时,由于任意两根相线都是从一相绕组的首端和末端引出的,所以,线电压就是相电压。

五、结论

1. 对△接法

(1)线电压等于对应的相电压。

(2)相电流对称,则线电流也对称。

(3)线电流大小等于相电流的$\sqrt{3}$倍,即 $\sqrt{3}I_l = \sqrt{3}I_p$。

(4)线电流相位落后对应相电流 30°。

2. 对 Y 接法的对称三相电源

(1) 线电流等于对应的相电流。

(2) 相电压对称,则线电压也对称。

(3)线电压大小等于相电压的$\sqrt{3}$倍,即 $U_l = \sqrt{3}U_p$。

(4)线电压相位领先对应相电压30°。

$$\dot{U}_{AB} \rightarrow \dot{U}_{A} \quad \dot{U}_{BC} \rightarrow \dot{U}_{B} \quad \dot{U}_{CA} \rightarrow \dot{U}_{C}$$

任务二 学会三相负载的星形连接

三相负载包括两类:一类为必须接上三相电源才能正常工作的三相用电设备,例如,三相异步电动机,这类负载多为对称三相负载;另一类是分别接在各相电源中的三组单相用电设备的组合,这类负载多为不对称三相负载。若每相负载的阻抗模相同,阻抗角相等,即$|Z_A|=|Z_B|=|Z_C|$,$\varphi_A=\varphi_B=\varphi_C$,且三相负载的性质相同,则此三相负载称为对称三相负载,否则称为不对称三相负载。

三相负载有两种接法:星形连接与三角形连接。若每相负载的额定电压等于电源相电压,即等于电源线电压的$1/\sqrt{3}$时,则三相负载应采用星形连接。三相负载星形连接的接法是:将每相负载的一端连接在一起,称为负载中点;而将另一端分别接到三根相线上。负载不对称时,负载中点必须接在电源中线上,如图3-10所示。

一、不对称负载的星形连接

在图3-10中,Z_A、Z_B、Z_C为非对称三相负载,采用星形连接若忽略线路电压降不计,那么加在各相负载两端的电压分别等于电源相电压$\dot{U}_A$、$\dot{U}_B$、$\dot{U}_C$,在各相电压的作用下,便有电流分别通过各相线、负载和中线。通过各相负载的电流称为相电流,分别用$\dot{I}_a$、$\dot{I}_b$、$\dot{I}_c$表示,其正方向规定为从负载的一端流向负载中点。通过相线的电流称为线电流,分别用$\dot{I}_A$、$\dot{I}_B$、$\dot{I}_C$表示,其正方向规定为从电源流向负载。通过中线的电流称为中线电流,用$\dot{I}_N$表示,其正方向规定为从负载中点流向电源中点。很明显,三相负载星形连接时,不管负载对称与否,都有:①若忽略线路阻抗压降,则各相负载承受的电压为对称的电源相电压。②流过某一相线的线电流和流过该相负载的相电流为同一电流,即线电流等于相电流。

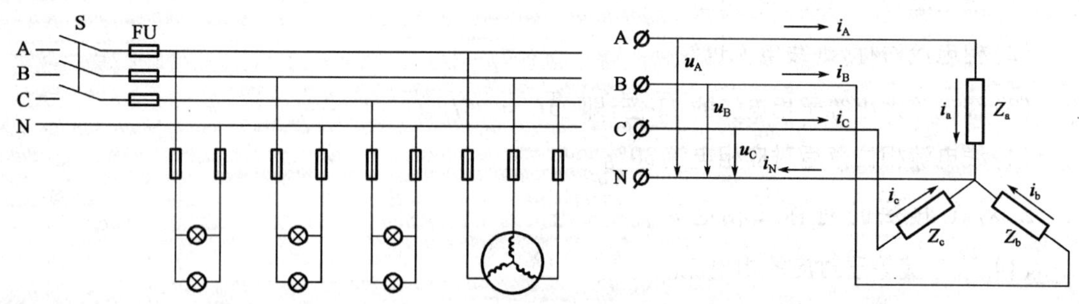

图3-10 三相负载星形连接的实际电路

由于有中线，各相负载与电源构成各自的回路。因此，三相电路中的各相阻抗、电流、功率等均可按单相电路的方法来计算。各相电流有效值为：

$$I_a = I_A = \frac{U_A}{Z_A}$$

$$I_b = I_B = \frac{U_B}{Z_B}$$

$$I_c = I_C = \frac{U_C}{Z_C}$$

由于电源相电压 $\dot{U}_A$、$\dot{U}_B$、$\dot{U}_C$为对称三相电压，而 Z_A、Z_B、Z_C为非对称三相负载，所以，线电流 $\dot{I}_A$、$\dot{I}_B$、$\dot{I}_C$为非对称三相电流。

根据 KCI，得：

$$I_N = \dot{I}_A + \dot{I}_B + \dot{I}_C$$

由于 $\dot{I}_A$、$\dot{I}_B$、$\dot{I}_C$不对称，因此，中线电流 I_N一般不等于零。中线电流的大小随负载不对称程度而异，各相负载越接近对称，中线电流就越小。一般情况下，中线电流总小于最大一相的线电流，因此，在三相四线制供配电线路中，中线截面可以比相线截面小一个等级。

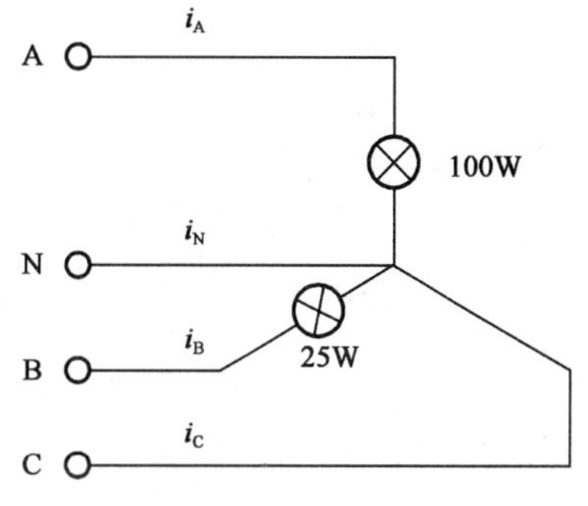

图 3-11　三相不对称负载的星形连接

［**例 3-1**］　在 380/220V 三相四线制照明线路中，A 相接一盏 220V、100W 的白炽灯，B 相接一盏 220V、25W 的白炽灯，C 相断开，如图 3-11 所示。求：(1) 有中线时的各相电流；(2) 若中线断开，会出现什么现象？

解：(1) 白炽灯属于电阻性负载，灯泡阻值分别为：

$$R_A = \frac{U_N{}^2}{P_A} = \frac{220^2}{100} = 484\Omega$$

$$R_B = \frac{U_N{}^2}{P_B} = \frac{220^2}{25} = 1936\Omega$$

$$I_A = I_a = \frac{U_A}{R_A} = \frac{220}{484} = 0.45\text{A}$$

所以，

$$I_B = I_b = \frac{U_B}{R_B} - \frac{220}{1936} = 0.11\text{A}$$

$$I_C = I_c = 0$$

(2) 中线断开时，两灯泡串联于线电压 U_{AB}之间，各灯泡上的电压分别为：

$$U_{R_A} = 380 \times \frac{484}{484 + 1936} = 76\text{V}$$

$$U_{R_B} = 380 \times \frac{1936}{484 + 1936} = 304\text{V}$$

由于 R_B上的电压为304V,大大高于白炽灯的额定电压220V,所以,合上开关后,R_B立即烧坏,电路断开,R_A也无法点燃。

上述例子清楚表明,不对称负载星形连接时,中线不可缺少,否则,负载不能正常工作,甚至造成事故。中线的作用在于:使三相负载成为三个互不影响的独立回路,每相负载均承受对称的电源相电压,从而保证负载在额定电压下正常工作。为此,供电规程中规定:在三相四线制中,中线上禁止安装开关和熔断器。

二、对称负载的星形连接

三相异步电动机是最常见的对称三相负载。对称三相负载星形连接时,由于相电压对称,各相负载相同,所以,各相电流(或线电流)也一定对称。若以 $\dot{I}_A$为参考,则对称三相电流为:

$$\dot{I}_A = \frac{\dot{U}_A}{\dot{Z}_A} = I_A \angle 0°$$

$$\dot{I}_B = \frac{\dot{U}_B}{\dot{Z}_B} = I_B \angle -120°$$

$$\dot{I}_C = \frac{\dot{U}_C}{\dot{Z}_C} = I_C \angle +120°$$

综上所述,对称三相电路的电压和电流都是对称的。因此,计算对称三相电路,只需计算其中一相即可,其余两相可按对称关系直接写出。

由于三相电流对称,故其瞬时值的和与相量和均等于零,即:

$$\dot{i}_N = \dot{i}_a + \dot{i}_b + \dot{i}_c = 0$$

$$\dot{I}_N = \dot{I}_A + \dot{I}_B + \dot{I}_C = 0$$

中线中没有电流流过,故可省去中线,成为星形连接的三相三线制,如图3-12a)所示。此时虽无中线,但各相负载承受的电压仍为对称的电源相电压。三相三线制在输电与配电线路中运用广泛,例如,三相异步电动机均只用三根相线供电,其相量图如图3-12b)所示。

中线省去后,三个相电流便借助于各相线及各相负载互成回路。任一瞬间三相电流的流通状况不外乎下列两种情形:①当三相负载均有电流通过时,则流进(或流出)两相的电流之和必等于流出(或流进)另一相的电流;②当有一相电流为零时,则流进(或流出)另一相的电流必等于流出(或流进)第三相的电流。

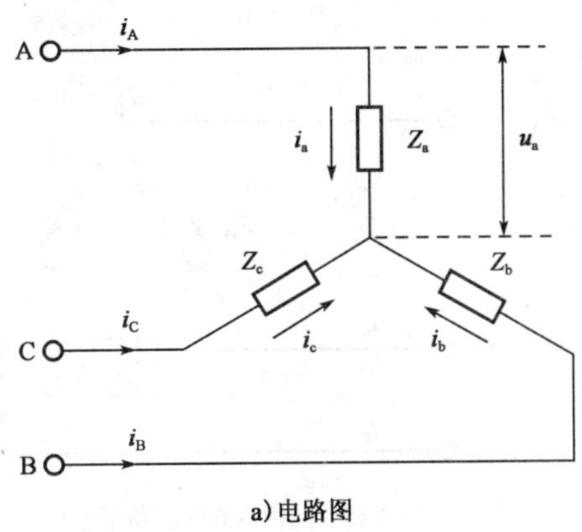

a）电路图

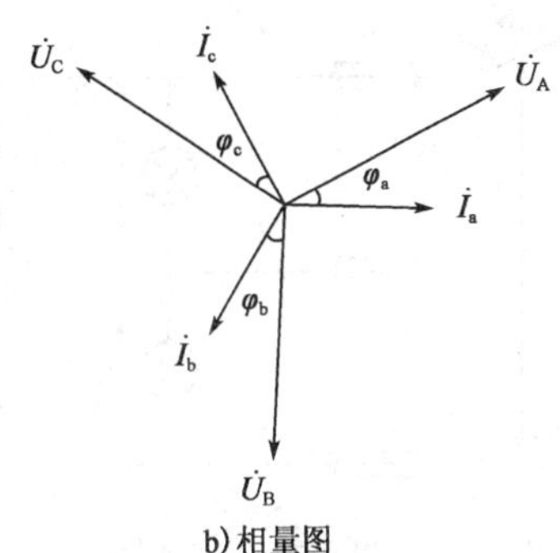

b）相量图

图 3-12　三相对称感性负载的相量图

[**例 3-2**]　有一星形连接的对称三相负载接入 380/220V 三相四线制电源中，若每相负载由 $R=6\Omega$ 和 $L=25.5\text{mH}$ 串接而成，u_A的初相位为 0°，求各相量电流并画出相量图。

解：
$$|Z| = \sqrt{R^2+(\omega L)^2} + \sqrt{6^2+(314\times 25.5\times 10^{-3})^2} = 10\Omega$$

$$I_a = I_A = \frac{U_A}{|Z|} = \frac{220}{10} = 22\text{A}$$

$$\varphi_A = \arctan\frac{\omega L}{R} = \arctan\frac{8}{6} = 53°$$

感性负载的电流总是滞后电压，所以：

$$\dot{I}_a = \dot{I}_A = 22\angle -53°\text{A}$$

根据对称原理得：

$$\dot{I}_b - \dot{I}_B = 22\angle -173°\text{A}$$

$$\dot{I}_c = \dot{I}_C = 22\angle 67°\text{A}$$

相量图见图 3-13。

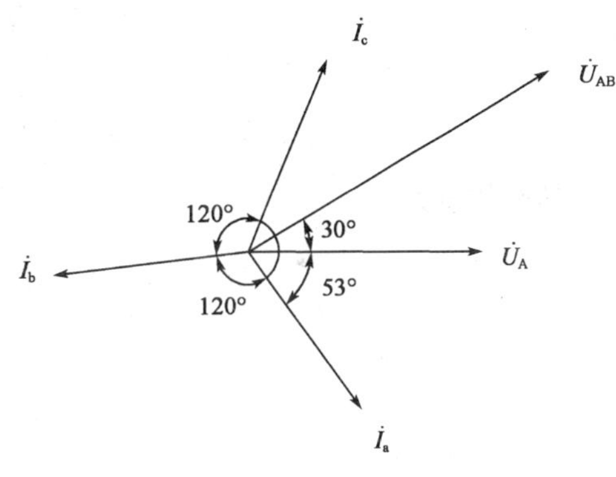

图 3-13　向量图

任务三　学会三相负载的三角形连接

当每相负载的额定电压等于电源线电压时，三相负载应采用三角形连接。例如，定子绕组的额定电压为 380V 的三相异步电动机，接入三相电源时，必须采用三角形连接。此外，额定电压为 380V 的单相负载如电焊机、电钻等接入 380/220V 电源中，也应采用三角形连接，负载三角形连接的接法是把各相负载依次接在两根相线之间，如图 3-14 所示。此时不论负载对称与否，若忽略相线阻抗，则各相负载所承受的电压均为对称的电源线电压。

一、不对称负载的三角形连接

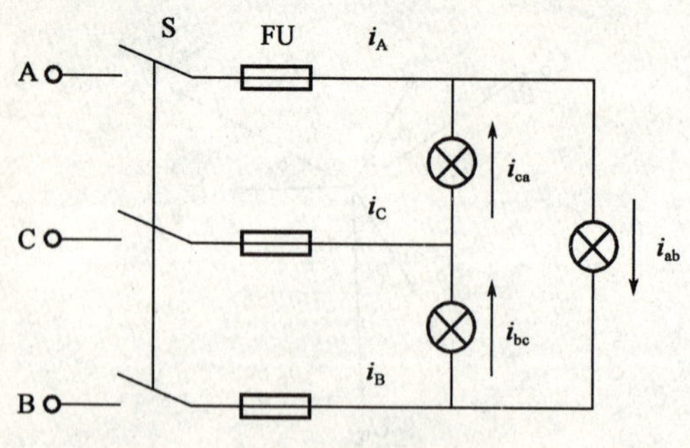

图 3-14　三相负载三角形连接的实例

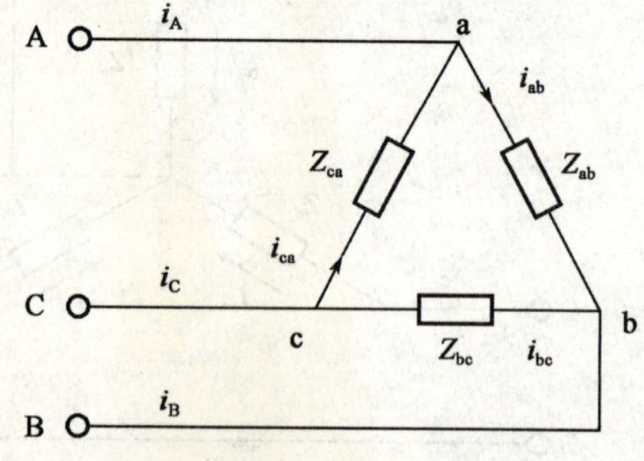

图 3-15　三相负载的三角形连接

在图 3-14 中，流过每相负载的电流即相电流，用相量 $\dot{I}_{ab}$、$\dot{I}_{bc}$、$\dot{I}_{ca}$ 表示；流过相线的电流即线电流，用相量 $\dot{I}_A$、$\dot{I}_B$、$\dot{I}_C$ 表示。电压与电流的正方向都已在图 3-15 中标出。流过各相负载的电流可按单相电路分别计算，即：

$$\bar{I}_{AB}=\frac{\bar{U}_{AB}}{Z_{AB}}$$

$$\bar{I}_{BC}=\frac{\bar{U}_{BC}}{Z_{BC}}$$

$$\bar{I}_{CA}=\frac{\bar{U}_{CA}}{Z_{CA}}$$

其有效值为：

$$I_{ab}=\frac{U_{ab}}{|Z_{ab}|}$$

$$I_{bc}=\frac{U_{bc}}{|Z_{bc}|}$$

$$I_{ca}=\frac{U_{ca}}{|Z_{ca}|}$$

负载三角形连接时，线电流与相电流不一样，两者的关系可通过节点电流方程来确定，即：

$$\bar{I}_A=\bar{I}_{ab}-\bar{I}_{ca}$$

$$\bar{I}_B=\bar{I}_{bc}-\bar{I}_{ab}$$

$$\bar{I}_C=\bar{I}_{ca}-\bar{I}_{bc}$$

由于电源线电压对称，而 Z_{ab}、Z_{bc}、Z_{ca} 不完全相同，所以，相电流 $\dot{I}_{ab}$、$\dot{I}_{bc}$、$\dot{I}_{ca}$ 是一组非对称电流，线电流 $\dot{I}_A$、$\dot{I}_B$、$\dot{I}_C$ 一般也不对称。

二、对称负载的三角形连接

若负载对称，即 $Z_{ab}=Z_{bc}=Z_{ca}=Z$，由于电源线电压对称，所以，相电流 $\dot{I}_{ab}$、$\dot{I}_{bc}$、$\dot{I}_{ca}$是一组对称电流，若以 $\dot{I}_{ab}$为参考相量，则它们的有效值相量表达式为：

$$\bar{I}_{ab}=\frac{\bar{U}_{ab}}{Z}$$

$$\bar{I}_{bc}=\bar{I}_{ab}\angle-120^\circ$$

$$\bar{I}_{ca}=\bar{I}_{ab}\angle 120^\circ$$

式中相电流有效值 $I_P=\dfrac{U_{ab}}{|Z_{ab}|}$。

运用相量法，做出对称三相负载（例如三相异步电动机）相电流与线电流的相量图如图 3-16 所示。图中 φ 为复阻抗 Z 的阻抗角。$\varphi>0$ 表示 Z 为感性负载。利用相量图，解三角形得：

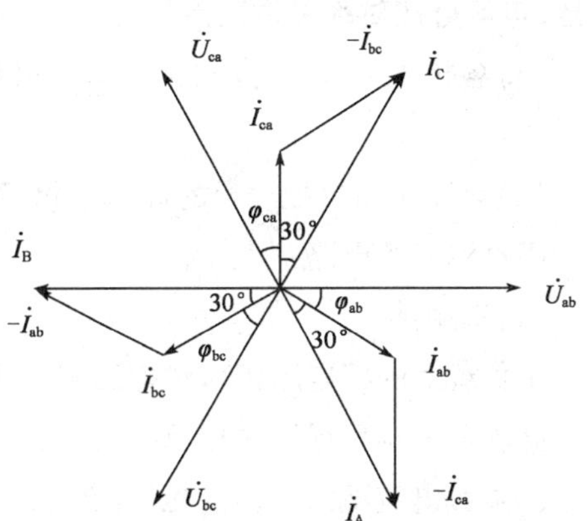

图 3-16　三相对称负载三角形连接线电流与相电流的向量图

$\bar{I}_{ab}$与$\bar{I}_A$ 的夹角 $\theta=\dfrac{180^\circ-120^\circ}{2}=30^\circ$

$$I_A=2I_{ab}\cos 30^\circ=\sqrt{3}I_{ab}$$

所以，　$\bar{I}_A=\sqrt{3}\bar{I}_{ab}\angle-30^\circ$

同理：　$\bar{I}_B=\sqrt{3}\bar{I}_{bc}\angle-30^\circ$

$\bar{I}_C=\sqrt{3}\bar{I}_{ca}\angle-30^\circ$

综上所述，对称三相负载三角形连接时，相电流对称，线电流也对称。线电流的有效值是相电流有效值的$\sqrt{3}$倍，相位滞后相应的相电流 30°。

［例 3-3］　一台异步电动机的三相定子绕组接成△，接入 $\dot{U}_{AB}=380\sqrt{2}\angle 0^\circ$的对称三相电源中，如图 3-17 所示。若每相定子绕组 $R=6\Omega$，$X_L=8\Omega$，求：(1) 定子绕组△连接的相电流 I_p 与线电流 I_L；(2) 定子绕组采用两种不同连接方式时，求$\dfrac{I_{P\Delta}}{I_{PY}}$，$\dfrac{I_{L\Delta}}{I_{LY}}$。

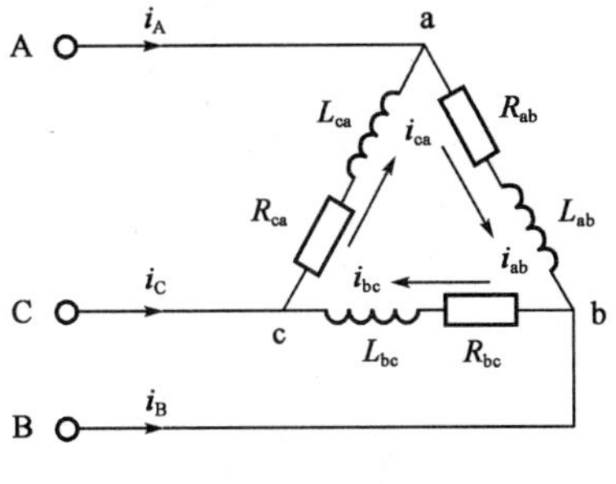

图 3-17　负载的三角形连接

解：$|Z|=\sqrt{R^2+X^2}=\sqrt{6^2+8^2}=10\Omega$

$$I_{P\Delta}=\frac{U_{ab}}{|Z|}=\frac{380}{10}=38\text{A}$$

$$I_{L\Delta}=\sqrt{3}I_{P\Delta}=\sqrt{3}\times 38=66\text{A}$$

因为： $$I_{PY}=I_{LY}=\frac{U_{ab}\sqrt{3}}{|Z|}=\frac{380/\sqrt{3}}{10}=22\text{A}$$

所以： $$\frac{I_{P\Delta}}{I_{PY}}=\frac{38}{22}=\sqrt{3},\frac{I_{L\Delta}}{I_{LY}}=\frac{66}{22}=3$$

三、结论

对称三相电路：

(1) $U_N=0$，电源中点与负载中点等电位。

(2) 中线电流为零。

(3) 有无中线对电路没有影响。没有中线(三相三线制)，可加中线有阻抗时可短路掉。

(4) 对称情况下，各相电压、电流都是对称的。只要算出一相的电压、电流，则其他两相的电压、电流可按对称关系直接写出。

(5) 各相的计算具有独立性，该相电流只决定于这一相的电压与阻抗，与其他两相无关。

(6) 可以画出单独一相的计算电路，对称三相电路的计算可以归结为单独一相的计算。

不对称三相电路：

(1) 有中线

①负载上的相电压仍为对称三相电压；

②由于三相负载不对称，则三相电流不对称；

③中线电流不为零，线(相)电流也不对称。

$$\dot{I}_A=\frac{\dot{U}_A}{Z_A}\qquad \dot{I}_B=\frac{\dot{U}_B}{Z_B}\qquad \dot{I}_C=\frac{\dot{U}_C}{Z_C}$$

$$\dot{I}_N=\dot{I}_A+\dot{I}_B+\dot{I}_C=\frac{\dot{U}_A}{Z_A}+\frac{\dot{U}_B}{Z_B}+\frac{\dot{U}_C}{Z_C}\neq 0$$

(2) 无中线

①三相负载 Z_a、Z_b、Z_c 不相同，相电压不对称。

$$\dot{U}_{N'N}=\frac{\dot{U}_{AN}/Z_a+\dot{U}_{BN}/Z_b+\dot{U}_{CN}/Z_c}{1/Z_a+1/Z_b+1/Z_c}\neq 0$$

②负载各相电压。

$$\dot{U}_{AN'}=\dot{U}_{AN}-\dot{U}_{N'N}$$

$$\dot{U}_{BN'}=\dot{U}_{BN}-\dot{U}_{N'N}$$

$$\dot{U}_{CN'}=\dot{U}_{CN}-\dot{U}_{N'N}$$

任务四 学会使用单相电度表

一、不对称电路中 *P*、*Q*、*S* 的计算

不论负载是星形还是三角形连接，三相负载消耗的总有功功率必定等于各相有功功率之和，总无功功率必定等于各相无功功率之和。若负载不对称，则必须先分别求出各相有功功率、无功功率，然后分别相加，其计算公式如下：

Y 形连接时：

$$P = P_A + P_B + P_c = U_A I_a \cos\varphi_a + U_B I_b \cos\varphi_b + U_C I_c \cos\varphi_c \tag{3-1}$$

$$Q = Q_A + Q_B + Q_c = U_A I_a \sin\varphi_a + U_B I_b \sin\varphi_b + U_C I_c \sin\varphi_c \tag{3-2}$$

$$S = \sqrt{P^2 + Q^2} \tag{3-3}$$

△形连接时：

$$P = P_A + P_B + P_c = U_{AB} I_{ab} \cos\varphi_{ab} + U_{BC} I_{bc} \cos\varphi_{bc} + U_{CA} I_{ca} \cos\varphi_{ca} \tag{3-4}$$

$$Q = Q_A + Q_B + Q_c = U_{AB} I_{ab} \sin\varphi_{ab} + U_{BC} I_{bc} \sin\varphi_{bc} + U_{CA} I_{ca} \sin\varphi_{ca} \tag{3-5}$$

$$S = \sqrt{P^2 + Q^2} \tag{3-6}$$

上述公式中，功率因数角 φ 均为负载相电压与相电流之间的相位差。必须注意，由于：

$$S_A + S_B + S_C = \sqrt{P_A{}^2 + Q_A{}^2} + \sqrt{P_B{}^2 + Q_B{}^2} + \sqrt{P_C{}^2 + Q_C{}^2} \neq \sqrt{P^2 + Q^2}$$

所以：

$$S \neq S_A + S_B + S_C$$

二、对称电路中 *P*、*Q*、*S* 的计算

负载对称时，由于每相负载的相电压、相电流和功率因数角大小相等，式(3-1)、式(3-2)、式(3-3)可简写为：

$$P = P_A + P_B + P_c = 3U_P I_p \cos\varphi \tag{3-7}$$

$$Q = Q_A + Q_B + Q_c = 3U_P I_p \sin\varphi \tag{3-8}$$

$$S = \sqrt{P^2 + Q^2} = 3U_P I_P \tag{3-9}$$

由于对称负载 Y 连接时，$U_L = \sqrt{3}U_P$，$I_L = I_P$；对称负载△连接时，$U_L = U_P$，$I_L = \sqrt{3}I_P$。因此，不论对称负载是 Y 形还是△形连接，将上述关系代入式(3-7)、式(3-8)和式(3-9)均可得：

$$P = 3U_P I_P \cos\varphi = \sqrt{3}U_L I_L \cos\varphi$$

$$Q = 3U_P I_P \sin\varphi = \sqrt{3}U_L I_L \sin\varphi$$

$$S = 3U_P I_P = \sqrt{3}U_L I_L$$

[例 3-4] 三相异步电动机每相定子绕组的 $R = 6\Omega$，$X_L = 8\Omega$，接入 380/220V 电源中，求

定子绕组分别采用 Y 连接和△连接时的 P、Q、S。

解:

$$|Z| = \sqrt{R^2 + X_L{}^2} = \sqrt{6^2 + 8^2} = 10\Omega$$

$$\cos\varphi = \frac{R}{|Z|} = 0.6$$

$$\sin\varphi = 0.8$$

Y 形连接时:

$$U_P = 220V, I_P = \frac{U_P}{|Z|} = \frac{220}{10} = 22A$$

$$P_Y = 3U_PI_P\cos\varphi = 3 \times 220 \times 22 \times 0.6 = 8712W$$

$$Q_Y = 3U_PI_P\sin\varphi = 3 \times 220 \times 22 \times 0.8 = 11616V_{ar}$$

$$S_Y = 3U_PI_P = 3 \times 220 \times 22 = 14520V \cdot A$$

△形连接时:

$$U_P = 380V, I_P = \frac{U_P}{|Z|} = \frac{380}{10} = 38A$$

$$P_\Delta = 3U_PI_P\cos\varphi = 3 \times 380 \times 38 \times 0.6 = 25992W$$

$$Q_\Delta = 3U_PI_P\sin\varphi = 3 \times 380 \times 38 \times 0.8 = 34656V_{ar}$$

$$S_\Delta = 3U_PI_P = 3 \times 380 \times 38 = 43320V \cdot A$$

实际上,$\frac{P_Y}{P_\Delta} = \frac{3U_{P\Delta}I_{P\Delta}\cos\varphi}{3U_{PY}I_{PY}\cos\varphi} = \frac{U_{P\Delta}I_{P\Delta}}{U_{PY}I_{PY}} = \frac{\sqrt{3}U_{PY}}{U_{PY}} \cdot \frac{\sqrt{3}I_{PY}}{I_{PY}} = 3$。

由例可知,若把应该做星形连接的负载错接成三角形时,则每相负载所承受的电压为额定电压的$\sqrt{3}$倍,相电流、线电流和负载功率均随之显著增大,容易导致导线与负载烧毁。反之,若把应作三角形连接的负载错接成星形,则每相负载承受的电压仅为额定电压的 $1/\sqrt{3}$,相电流、线电流和负载功率均随之显著减少,势必使负载不能发挥其应有的作用,有时还可能出现事故。因此,三相负载应按铭牌或说明书的要求进行连接,不能接错。

注意:

(1)φ 为相电压与相电流的相位差角(阻抗角),不要误以为是线电压与线电流的相位差。

(2) $\cos\varphi$ 为每相的功率因数,在对称三相制中即三相功率因数:

$$\cos\varphi_A = \cos\varphi_B = \cos\varphi_C = \cos\varphi$$

$$\cos\varphi = \frac{P}{\sqrt{3}U_lI_l} = \frac{P}{3U_pI_p}$$

三、电度表的工作原理

电功通常用电能表,是用来测量电能的仪表,俗称电度表、火表。

能表分为感应式和电子式两大类(见图 3-18)

能表采用电磁感应的原理把电压、电流、相位转变为磁力矩,推动铝制圆盘转动，圆盘的轴（蜗杆）带动齿轮驱动计度器的鼓轮转动，转动的过程即是时间量累积的过程。因此感应式电能表的好处就是直观、动态连续、停电不丢数据。

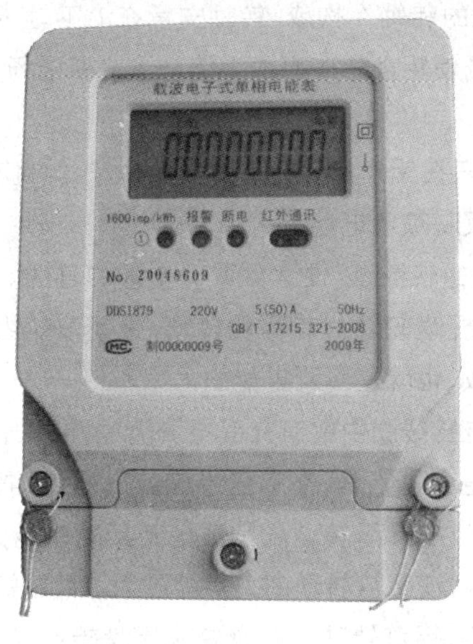

a)

b)

图 3-18　单相电度表

②电子式电能表运用模拟或数字电路得到电压和电流向量的乘积，然后通过模拟或数字电路实现电能计量功能。由于应用了数字技术，分时计费电能表、预付费电能表、多用户电能表、多功能电能表纷纷登场，进一步满足了科学用电、合理用电的需求。

（2）按用途：工业与民用表、电子标准表、最大需量表、复费率表。

（3）按结构和工作原理：感应式（机械式）、静止式（电子式）、机电一体式（混合式）。

（4）按接入电源性质：交流表、直流表 。

（5）按准确级：常用普通表有 0.2S、0.5S、0.2、0.5、1.0、2.0 等。

（6）标准表：0.01、0.05、0.2、0.5 等。

（7）按安装接线方式：直接接入式、间接接入式。

（8）按用电设备：单相、三相三线、三相四线电能表。

1. 单相电度表的结构

我们知道，电度表是利用电压和电流线圈在铝盘上产生的涡流与交变磁通相互作用产生电磁力，使铝盘转动，同时引入制动力矩，使铝盘转速与负载功率成正比，通过轴向齿轮传动，由计度器积算出转盘转数而测定出电能。故电度表主要结构是由电压线圈、电流线圈、转盘、转轴、制动磁铁、齿轮、计度器等组成。

单相电表，一般是民用，接 220V 的设备。

（1）驱动部件：由电流元件 1 和电压元件 2 组成。电流元件由铁芯和绕在铁芯上的电流线圈组成。电流线圈的导线较粗，匝数较少，与负载串联，故又称串联电磁铁。电压元件也由铁芯和电压线圈组成。电压线圈的导线较细而匝数较多，与负载并联，故又称并联电磁铁。

(2) 转动部分：由铝制圆盘3固定转动圆盘的转轴4构成，转轴支承在上下轴承中。电度表工作时，电流元件和电压元件产生的交变磁场使铝盘感应出的涡流与该交变磁场相互作用，驱使圆盘产生转动。

(3) 制动部分：由永久磁铁5构成，它是用来在铝盘转动时产生制动力矩的，使铝盘的转速能和被测功率成正比，以便用铝盘的转数来反映被测电能的大小。

(4) 积算机构：用来计算铝盘在一定时间内的转数，以便达到累计电能的目的。积算机构的结构如图3-19所示。当铝盘转动时，通过蜗杆蜗轮及齿轮级的传动，带动滚轮组转动。这样，就可以通过滚轮上的数字来反映铝盘的转数，也就是所测电能的大小。

当把电能表接入被测电路时，电流线圈和电压线圈中就有交变电流流过，这两个交变电流分别在它们的铁芯中产生交变的磁通；交变磁通穿过铝盘，在铝盘中感应出涡流；涡流又在磁场中受到力的作用，从而使铝盘得到转矩(主动力矩)而转动。负载消耗的功率越大，通过电流线圈的电流越大，铝盘中感应出的涡流也越大，使铝盘转动的力矩就越大。即转矩的大小跟负载消耗的功率成正比。功率越大，转矩也越大，铝盘转动也就越快。铝盘转动时，又受到永久磁铁产生的制动力矩的作用，制动力矩与主动力矩方向相反；制动力矩的大小与铝盘的转速成正比，铝盘转动得越快，制动力矩也越大。当主动力矩与制动力矩达到暂时平衡时，铝盘将匀速转动。负载所消耗的电能与铝盘的转数成正比。铝盘转动时，带动计数器，把所消耗的电能指示出来。这就是电能表工作的简单过程，如图3-20所示。

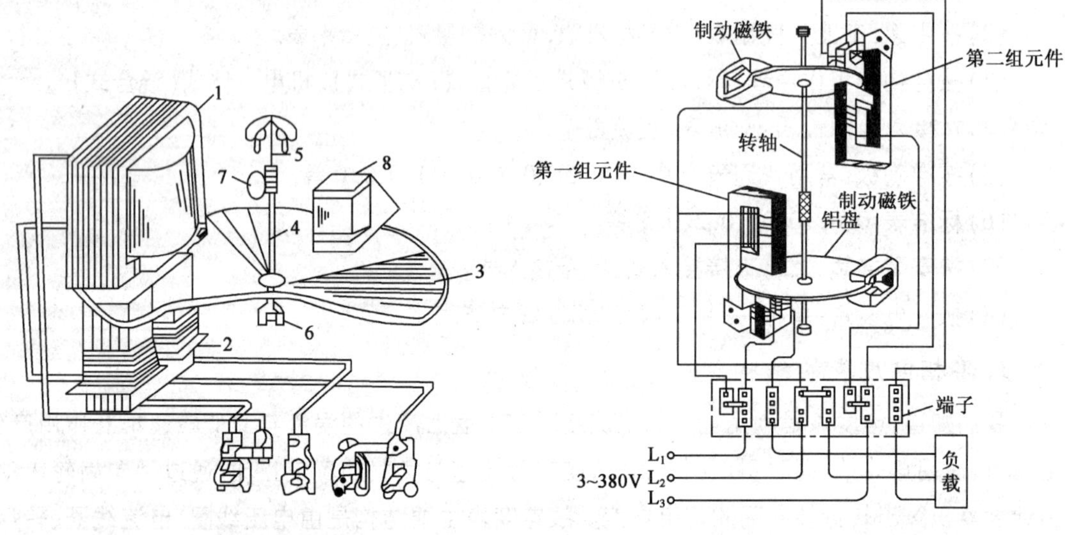

图3-19　电能表单相感应式结构

1-电压组件；2-电流组件；3-铝制圆盘；4-转轴；5-上轴承；6-下轴承；7-计度器；8-制动磁钢

图3-20　三相有功感应式

感应式电能表对工艺要求高，材料涉及广泛，有金属、塑料、宝石、玻璃、稀土等等，对此，产品的相关材料标准都有明确的规定和要求，用低价的劣质材料代替标准规格的材料是影响电能表产品质量的主要问题之一，因此像大多数商品一样，价格过低的商品不会有好的质量保证。

感应式电能表的生产工艺复杂，但早已成熟和稳定，工装器具也全面配套。生产环境对温度、湿度和空气净化度的要求较高。近十余年来在杭州、宁波、温州等地发展形成的电能表的材料和零部件市场具有相当的规模，形成鲜明的中国集约化大生产的特色，这也是以上地区生产的电能表在市场上具有价格优势的主要因素之一。

电子式电能表在江苏、浙江、深圳一带的产量较高，这与电子产品集中在这一地区是一致的，也正是由于材料和零部件市场条件优越的原因，形成价格的竞争力。

(1)目前从总体来看，感应式电能表与电子式电能表相比，感应式电能表生产的数量为多。但电子式电能表的产量有明显上升的趋势。

(2)按测量电能的准确度等级划分，一般有1级和2级表：1级表示电能表的误差不超过±1%；2级表示电能表的误差不超过±2%。

(3)按附加功能划分，有多费率电能表、预付费电能表、多用户电能表、多功能电能表、载波电能表等：

①多费率电能表或称分时电能表、复费率表，俗称峰谷表，是近年来为适应峰谷分时电价的需要而提供的一种计量手段。它可按预定的峰、谷、平时段的划分，分别计量高峰、低谷、平段的用电量，从而对不同时段的用电量采用不同的电价，发挥电价的调节作用，鼓励用电客户调整用电负荷，移峰填谷，合理使用电力资源，充分挖掘发、供、用电设备的潜力。属电子式或机电式电能表。

②预付费电能表俗称卡表。用IC卡预购电，将IC卡插入表中可控制按费用电，防止拖欠电费。属电子式或机电式电能表。

③多用户电能表一只表可供多个用户使用，对每个用户独立计费，因此可达到节省资源，并便于管理的目的，还利于远程自动集中抄表。属电子式电能表。

④多功能电能表集多项功能于一身。属电子式电能表。

⑤载波电能表利用电力载波技术，用于远程自动集中抄表。属电子式电能表。

2. 电能表使用

使用电能表时要注意，在低电压(不超过500V)和小电流(几十安)的情况下，电能表可直接接入电路进行测量。在高电压或大电流的情况下，电能表不能直接接入线路，需配合电压互感器或电流互感器使用。对于直接接入线路的电能表，要根据负载电压和电流选择合适规格的，使电能表的额定电压和额定电流，等于或稍大于负载的电压或电流。另外，负载的用电量要在电能表额定值的10%以上，否则计量不准。甚至有时根本带不动铝盘转动。所以电能表不能选得太大。若选得太小也容易烧坏电能表。

(1)有功电能表

电能可以转换成各种能量。如:通过电炉转换成热能,通过电机转换成机械能,通过电灯转换成光能等。在这些转换中所消耗的电能为有功电能。而记录这种电能的电表为有功电能表。

(2)无功电能表

电工原理告诉我们,有些电器装置在作能量转换时先得建立一种转换的环境,如:电动机,变压器等要先建立一个磁场才能作能量转换,还有些电器装置是要先建立一个电场才能作能量转换。而建立磁场和电场所需的电能都是无功电能。而记录这种电能的电表为无功电能表。无功电能在电器装置本身中是不消耗能量的,但会在电器线路中产生无功电流,该电流在线路中将产生一定的损耗。无功电能表是专门记录这一损耗的,一般只有较大的用电单位才安装这种电表。

(3)电能表型号

第一部分:类别代号。D:电能表 。

第二部分:组别代号。

第一个字母,S:三相三线,T:三相四线,X:无功,B:标准,Z:最高需量,D:单相。

第二个字母,F:复费率表,S:全电子式,D:多功能,Y:预付费。

第三部分:设计序号。阿拉伯数字。

第四部分:改进序号。用小写的汉语拼音字母表示。

第五部分:派生号。

T:湿热和干热两用,TH:湿热带用,G:高原用,H:一般用,F:化工防腐用,K:开关板式,J:带接收器的脉冲电能表。

其他部分:标有①或②的标志,①代表电能表的准确度为1%,或称1级表;②代表电能表的准确度为2%,或称2级表。另还标有产品采用的标准代号、制造厂、商标和出厂编号等。

(4)电能计量单位

有功电能表kW·h,无功电能表kVarh。

整数位和小数位不同颜色,中间小数点;各字轮有倍乘系数(无小数点时)多功能表液晶显示有整数位和小数位两位。

(5)准确度等级

相对误差,用置于圆圈内的数字表示。

(6)标定电流和额定最大电流

定电流(额定电流):标明于表上作为计算负载的基数电流值I_b。

额定最大电流:电能表能长期正常工作。

(7)额定电压

单相电能表标注:220V。

三相表有两种标注法:

①直接接入式三相三线:3×380V。

②直接接入式三相四线:3×380/220V。

(8)电能表常数

电能表记录的电能与转盘转数或脉冲数之间关系的比例数: r(kW·h);imp/kWh。

(9)额定频率:50Hz。

3. 主要技术指标

①稳定准确,性能可靠。

②准确度等级:1.0 级,符合 GB/T 17215—1998、IEC 1036—1996。

③电流规格:2.5(10)A,5(20)A,5(30)A,10(40)A,20(80)A。

④电表常数:6400imp/(kW·h),3200imp/(kW·h),1600imp/(kW·h)。

⑤额定电压:AC220V。

⑥额定频率:50Hz。

⑦起动电流:0.4% I_b。

⑧字轮位数:6 位(含 1 位小数)。

⑨功耗≤0.6W。

⑩环境工作条件: -20 ~ +55℃,相对湿度不超过 85%(温度 +25℃)。

⑪抗电磁干扰能力强,可在恶劣电力环境下运行。

⑫强化工艺控制,独特工艺保证,高可靠性设计。

4. 电能表发展

随着我国经济的飞速发展,各行各业对电的需求越来越大,不同时间用电量不均衡的现象也日益严重。为缓解我国日趋尖锐的电力供需矛盾,调节负荷曲线,改善用电量不均衡的现象,全面实行峰、平、谷分时电价制度,“削峰填谷”,提高全国的用电效率,合理利用电力资源,国内部分省市的电力部门已开始逐步推出多费率电能表,对用户的用电量分时计费。

1995 年 4 月,由国家发展和改革委员会、国家经贸委和电力工业部联合在上海召开的全国计划用电工作会议上决定,用 3 ~4 年时间,在全国各大电网内,有计划、分步骤全面推行峰谷分时电价制度。总目标是各网转移高峰电力 10% ~15%,全国实现转移高峰电力 1000 万 ~2000 万千瓦,推行的范围不仅是工业、商业用户,而且对非工业、农业用电也要逐步实行。在有条件的地区,即已经实行一户一表的居民用电区,也将有计划的开发低谷用电,实行峰谷电价,以提高电能利用率,提高居民的用电质量。对电力用户采用不同时段和不同计费标准。鼓励低谷时段的电力消费。

1980 年,河南地区首先提出了按峰、谷时间分段计量电能,以经济手段促进合理、均衡、科学用电的建议,继而开始进行了试点,通过几年实践,初步摸索了一些有参考价值的经验。随后,山西省利用简易设备先后在一部分用电单位进行了联合试点。1982 ~1985 年,全国许多省市和地区也相继实行了电能分时计量及与此相适应的新的收费制度,并取得了非常大的成效。一些大的电网局也把它作为技术改进的重要内容和开展科学用电的重要措施之一。至此，我国已跨进了用多种电价作为辅助管理手段和控制用电负荷的国家行列。

早期主产的第一代石英钟控分时电能表。这种电能表通过导线连接石英钟各种不同时段来分别驱动峰、谷电磁计数器，分别显示出峰、谷电量及总电量，按总电量扣除峰、谷电量即为平常时段电量。由于这种分时计费电能表的可靠性较差，计时分段精度太低（最小分割为5min），易受干扰，时段调整也比较麻烦，使用功能单一，不能适应分时计费中的一些特殊要求，目前已基本淘汰停用。

第二代机电一体化结构的分时电能表。这种电能表采用1.0级感应系电能表机芯为基础，采用红外光电变换器，脉冲输出和中央处理器（CPU），单片机电路，使用附带的键盘编程或者红外无线键盘来进行各种需求量、时钟、时段、双休日的设定，可保护本月最大需求量、上月最大需求量和本月峰、平、谷最大需求量显示及存储。带有脉冲输出及RS-232串行通信口，便于数据远程传送与监控。仪表性能比较精密可靠，功能可满足我国现阶段分时计费需求，生产工艺比较成熟，价格具有竞争力，是目前国内应用最为广泛的一代产品。但是美中不足的是各生产厂家均为自行开发专用单片机，存在产品兼容性差，维修困难的缺点。

5. 单相电度表的接线

电度表的接线方法有两种：跳入式接法和顺入式接法，如图3-21所示。

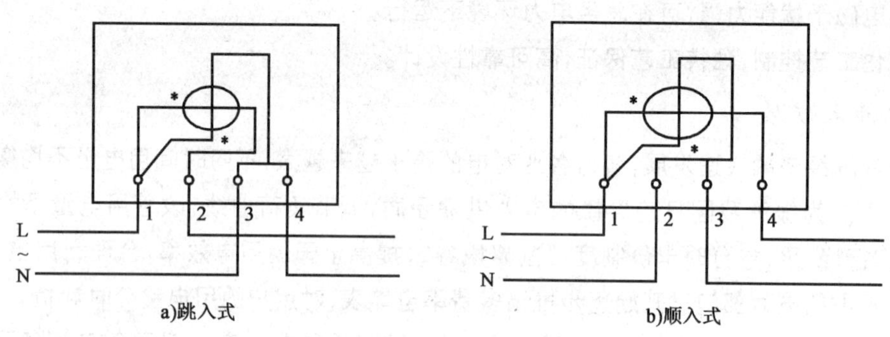

图3-21　电度表的两种接线方式

这两种接线方法从表面上看不大一样，其内部原理是相同的，即电流表的电流线圈串入负载回路中，而电压线圈与负载并联，两个线圈的“＊”端应接电源的同一极性端。一般单相电度表有专门的接线盒，打开盒盖看到有四个接线端钮，实际接线采用哪种方法，要根据电度表说明书中的规定进行。

在低压小电流的单相电路中，电度表可以直接接在线路上。若负载电流很大或电压很高，则应通过互感器才能接入电路。此时电流互感器的一次侧与负载串联，次级与电度表的电流线圈串联，电压互感器的初级与负载并联，次级与电度表的电压线圈并联。

6. 单相电度表的安装与使用

（1）合理选择电度表：一是根据任务选择单相或三相电度表。对于三相电度表，应根据被测线路是三相三线制还是三相四线制来选择。二是额定电压、电流的选择，必须使负载电压、电流等于或小于其额定值。

(2) 安装电度表：电度表通常与配电装置安装在一起，而电度表应该安装在配电装置的下方，其中心距地面 1.5～1.8m 处；并列安装多只电度表时，两表间距不得小于 200mm；不同电价的用电线路应该分别装表；同一电价的用电线路应该合并装表；安装电度表时，必须使表身与地面垂直，否则会影响其准确度。

(3) 正确接线：要根据说明书的要求和接线图把进线和出线依次对号接在电度表的出线头上；接线时注意电源的相序关系，特别是无功电度表更要注意相序；接线完毕后，要反复查对无误后才能合闸使用。当负载在额定电压下是空载时，电度表铝盘应该静止不动。当发现有功电度表反转时，可能是接线错误造成的，但不能认为凡是反转都是接线错误。下列情况下反转属正常现象：①装在联络盘上的电度表，当由一段母线向另一段母线输出电能时，电度表盘会反转。②当用两只电度表测定三相三线制负载的有功电能时，在电流与电压的相位差角大于 60°，即 $\cos\Phi<0.5$ 时，其中一个电度表会反转。

(4) 正确的读数：当电度表不经互感器而直接接入电路时，可以从电度表上直接读出实际电度数；如果电度表利用电流互感器或电压互感器扩大量程时，实际消耗电能应为电度表的读数乘以电流变比或电压变比。

7. 配电箱(盘)安装

(1) 范围

本工艺标准适用于建筑电气配电箱(盘)安装工程。

(2) 施工准备

①材料要求：

a. 铁制配电箱(盘)：箱体应有一定的机械强度，周边平整无损伤，油漆无脱落，二层底板厚度不小于 1.5mm，但不得采用阻燃型塑料板做二层底板，箱内各种器具应安装牢固，导线排列整齐，压接牢固、应为两部定点厂产品，并有产品合格证。

b. 塑料配电箱(盘)：箱体应有一定的机械强度。周边平整无损伤，塑料二层底板厚度不应小于 5mm，并有产品合格证。

c. 木制配电箱(盘)：应刷防腐、防火涂料，木制板盘面厚度不应小于 20mm。

d. 镀锌材料有角钢、扁铁、铁皮、机螺丝、木螺丝、螺栓、垫圈、圆钉等。

e. 绝缘导线：导线的型号规格必须符合设计要求，并有产品合格证。

f. 其他材料：电器仪表，熔丝(或熔片)、端子板、绝缘嘴、铝套管、卡片框、软塑料管、木砖射钉、塑料带、黑胶布、防锈漆、灰油漆、焊锡、焊剂、电焊条(或电石、氧气)、水泥、砂子。

②主要机具：

a. 铅笔、卷尺、方尺、水平尺、钢板尺、线坠、桶、刷子、灰铲等。

b. 手锤、錾子、钢锯、锯条、木锉、扁锉、圆锉、剥线钳、尖嘴钳、压接钳，活扳子、套筒扳子，锡锅、锡勺等。

c. 台钻、手电钻、钻头、木钻、台钳、案子、射钉枪、电炉、电、气焊工具、绝缘手套、铁剪子、点冲子、兆欧表、工具袋、工具箱、高凳等。

③作业条件:

a. 随土建结构预留好暗装配电箱的安装位置。

b. 预埋铁架或螺栓时,墙体结构应弹出施工水平线。

c. 安装配电箱盘面时,抹灰、喷浆及油漆应全部完成。

(3)操作工艺

①配电箱(盘)安装要求:

a. 配电箱(盘)应安装在安全、干燥、易操作的场所。配电箱(盘)安装时,其底口距地一般为1.5m;明装时底口距地1.2m;明装电度表板底口距地不得小于1.8m。在同一建筑物内,同类盘的高度应一致,允许偏差为10mm。

b. 安装配电箱(盘)所需的木砖及铁件等均应预埋。挂式配电箱(盘)应采用金属膨胀螺栓固定。

c. 铁制配电箱(盘)均需先刷一遍防锈漆,再刷灰油漆二道。预埋的各种铁件均应刷防锈漆,并做好明显可靠的接地。导线引出面板时,面板线孔应光滑无毛刺,金属面板应装设绝缘保护套。

d. 配电箱(盘)带有器具的铁制盘面和装有器具的门及电器的金属外壳均应有明显可靠的PE保护地线(PE线为黄绿相间的双色线也可采用编织软探铜线),但PE保护地线不允许利用箱体或盒体串接。

e. 配电箱(盘)配线排列整齐,并绑扎成束,在活动部位应固定。盘面引出及引进的导线应留有适当余度,以便于检修。

f. 导线剥削处不应伤线芯或线芯过长,导线压头应牢固可靠,多股导线不应盘圈压接,应加装压线端子(有压线孔者除外)。如必须穿孔用顶丝压接时,多股线应涮锡后再压接,不得减少导线股数。

g. 配电箱(盘)的盘面上安装的各种刀闸及自动开关等,当处于断路状态时,刀片可动部分均不应带电(特殊情况除外)。

h. 垂直装设的刀闸及熔断器等电器上端接电源,下端接负荷。横装者左侧(面对盘面)接电源,右侧接负荷。

i. 配电箱(盘)上的电源指示灯,其电源应接至总开关的外侧,并应装单独熔断器(电源侧)。盘面闸具位置应与支路相对应,其下面应装设卡片框,标明路别及容量。

j. TN-C低压配电系统中的中性线N应在箱体或盘面上,引入接地干线处做好重复接地。

k. 照明配电箱(板)内的交流,直流或不同电压等级的电源,并具有明显标志。

l. 照明配电箱(板)不应采用可燃材料制作,在干燥无尘场所采用的木制配电箱(板)应阻燃处理。

m. 照明配电箱(板)内,应分别设置中性线 N 和保护地线(PE 线)汇流排,中性线 N 和保护地线应在汇流排上连接,不得铰接,并应有编号。

n. 磁插式熔断器底座中心明露螺丝孔应填充绝缘物,以防止对地放电。磁插保险不得裸露金属螺丝,应填满火漆。

o. 照明配电箱(板)内装设的螺旋熔断器其电源线应接在中间触点的端子,负荷线应接在螺纹的端子上。

p. 当 PE 线所用材质与相线相同时应按热稳定要求选择截面不应小于表 3-1 所示。

PE 线 最 小 截 面　　表 3-1

相线线芯截面 S(mm²)	PE 线最小截面(mm²)	相线线芯截面 S(mm²)	PE 线最小截面(mm²)
$S \leqslant 16$	S	$S > 35$	$S/2$
$16 \leqslant S \leqslant 35$	16		

注:用此表若得出非标准截面时,应选用与之最接近的标准截面导体。但不得小于:裸铜线 4mm²,裸铝线 6mm²,绝缘铜线 1.5mm²,绝缘铝线 2.5mm²。

q. PE 保护地线若不是供电电缆或电缆外护层的组成部分时,按机械强度要求,截面不应小于下列数值:

有机械性保护时为 2.5mm²;无机械性保护时为 4mm²。

r. 配电箱(盘)上的母线其相线应涂颜色标出,A 相(L_1)应涂黄色;B 相(L_2)应涂绿色;C 相(L_3)应涂红色;中性线 N 相应涂淡蓝色;保护地线(PE 线)应涂黄绿相间双色。

s. 配电箱(盘)上电具,仪表应牢固、平正、整洁、间距均匀、铜端子无松动、启闭灵活,零部件齐全。其排列间距应符合表 2-39。

t. 照明配电箱(板)应安装牢固,平正,其垂直偏差不应大于 3mm;安装时,照明配电箱(板)四周应无空隙,其面板四周边缘应紧贴墙面,箱体与建筑物,构筑物接触部分应涂防腐漆。

u. 木制盘面板应做防腐防火处理,并应包好铁皮,做好明显可靠的接地。

v. 固定面板的机螺丝,应采用镀锌圆帽机螺丝,其间距不得大于 250mm,并应均匀地对称于四角。

w. 配电箱(盘)面板较大时,应有加强衬铁,当宽度超过 500mm 时,箱门应做双开门。

x. 立式盘背面距建筑物应不小于 800mm;基础型钢安装前应调直后埋设固定,其水平误差每米应不大于 1mm,全长总误差不大于 5mm。盘面底口距地面不应小于 500mm。铁架明装配电盘距离建筑物应做到便于维修。

y. 立式盘应设在专用房间内或加装栅栏,铁栅栏应做接地。

②弹线定位:

根据设计要求找出配电精(盘)位置,并按照箱(盘)的外形尺寸进行弹线定位;弹线定位的目的是对有预埋木砖或铁件的情况,可以更准确的找出预埋件,或者可以找出金属胀管螺栓的位置。

③明装配电箱(盘):

铁架固定配电箱(盘):将角钢调直,量好尺寸,画好锯口线,锯断煨弯,钻孔位,焊接。煨弯时用方尺找正,再用电(气)焊,将对口缝焊牢,并将埋注端做成燕尾,然后除锈,刷防锈漆。再按照标高用水泥砂浆将铁架燕尾端埋注牢固,埋入时要注意铁架的平直程度和孔间距离,应用线坠和水平尺测量准确后再稳住铁架。待水泥砂浆凝固后方可进行配电箱(盘)的安装。

金属膨胀螺栓固定配电箱(盘):采用金属膨胀螺栓可在混凝土墙或砖墙上固定配电箱(盘)。其方法是根据第15.4.2条弹线定位的要求找出准确的固定点位置,用电钻或冲击钻在固定点位置钻孔,其孔径应刚好将金属膨胀螺栓的胀管部分埋入墙内,且孔洞应平直不得歪斜。

④配电箱(盘)的加工:

盘面可采用厚塑料板、包铁皮的木板或钢板。以采用钢板做盘面为例,将钢板按尺寸用方尺量好,画好切割线后进行切割。切割后用扁锉将棱角锉平。

盘面的组装配线如下:

a. 实物排列:将盘面板放平,再将全部电具、仪表置于其上,进行实物排列。对照设计图及电具、仪表的规格和数量,选择最佳位置使之符合间距要求,并保证操作维修方便及外形美观。

b. 加工:位置确定后,用方尺找正,画出水平线,分均孔距。然后撤去电具、仪表,进行钻孔(孔径应与绝缘嘴吻合)。钻孔后除锈,刷防锈漆及灰油漆。

c. 固定电具:油漆干后装上绝缘嘴,并将全部电具、仪表摆平、找正,用螺丝固定牢固。

d. 电盘配线:根据电具、仪表的规格、容量和位置,选好导线的截面和长度,加以剪断进行组配。盘后导线应排列整齐,绑扎成束。压头时,将导线留出适当余量,削出线芯,逐个压牢。但是多股线需用压线端子。如立式盘,开孔后应首先固定盘面板,然后再进行配线。

⑤配电箱(盘)的固定:

a. 在混凝土墙或砖墙上固定明装配电箱(盘)时,采用暗配管及暗分线盒和明配管两种方式。如有分线盒,先将盒内杂物清理干净,然后将导线理顺,分清支路和相序,按支路绑扎成束。待箱(盘)找准位置后,将导线端头引至箱内或盘上,逐个剥削导线端头,再逐个压接在器具上,同时将PE保护地线压在明显的地方,并将箱(盘)调整平直后进行固定。在电具、仪表较多的盘面板安装完毕后,应先用仪表校对有无差错,调整无误后试送电,并将卡片框内的卡片填写好部位、编上号。

b. 在木结构或轻钢龙骨护板墙上进行固定配电箱(盘)时,应采用加固措施。如配管在护板墙内暗敷设,并有暗接线盒时,要求盒口应与墙面平齐,在木制护板墙处应做防火处理,可涂防火漆或加防火材料衬里进行防护。除以上要求外,有关固定方法同上所述。

暗装配电箱的固定:根据预留孔洞尺寸先将箱体找好标高及水平尺寸,并将箱体固定好,然后用水泥砂浆填实周边并抹平齐,待水泥砂浆凝固后再安装盘面和贴脸。如箱底与外墙平齐时,应在外墙固定金属网后再做墙面抹灰。不得在箱底板上抹灰。安装盘面要求平整,周边间隙均匀对称,贴脸(门)平正,不歪斜,螺丝垂直受力均匀。

绝缘摇测：配电箱（盘）全部电器安装完毕后，用500V兆欧表对线路进行绝缘摇测。摇测项目包括相线与相线之间，根线与中性线之间，根线与保护地线之间，中性线与保护地线之间。两人进行摇测，同时做好记录，作为技术资料存档。

（4）质量标准

①保证项目：

低压配电器具的接地保护措施和其他安全要求必须符合施工验收规范规定。

检验方法：观察检查和检查安装记录。

②基本项目：

a. 配电箱安装应符合以下规定：

位置正确，部件齐全，箱体开孔合适，切口整齐。暗式配电箱箱盖紧贴墙面；中性线经汇流排（N线端子）连接，无铰接现象；油漆完整，盘内外清洁，箱盖、开关、灵活，回路编号齐全，结线整齐，PE保护地线不串接安装明显牢固，导线截面、线色符合规范规定。

检验方法：观察检查。

b. 导线与器具连接应符合以下规定：

连接牢固紧密，不伤线芯。压板连接时压紧无松动；螺栓连接时，在同一端子上导线不超过两根，防松垫圈等配件齐全。

电气设备、器具和非带电金属部件的保护接地支线敷设应符合以下规定：连接紧密、牢固，保护接地线截面选用正确，需防腐的部分涂漆均匀无遗漏。线路走向合理，色标准确，涂刷后不污染设备和建筑物。

检验方法：观察检查。

③允许偏差：

配电箱（盘）体高50mm以下，允许偏差1.5mm。

配电箱（盘）休高50mm以上，允许偏差3mm。

检验方法：吊线、尺量检查。

（5）成品保护

①配电箱（盘）安装后，应采取成品保护措施，避免碰坏、弄脏电具、仪表。

②安装箱（盘）面板时（或贴脸），应注意保持墙面整洁。

③土建二次喷浆时，注意不要污染配电箱（盘）。

（6）应注意的质量问题

①配电箱（盘）的标高或垂直度超出允许偏差，是由于测量定位不准确或者是地面高低不平造成的，应及时进行修正。

②铁架不方正。在安装铁架之前未进行调直找正，或安装时固定点位置偏移造成的，应用吊线重新找正后再进行固定。

③盘面电具、仪表不牢固、平正或间距不均，压头不牢、压头伤线芯，多股导线压头未装压

线端子。闸具下方未装卡片框。螺丝不紧的应拧紧，间距应按要求调整均匀，找平整。伤线芯的部分应剪掉重接，多股线应装上压线端子，卡片框应补装。

④接地导线截面不够或保护地线截面不够，保护地线串接。对这些不符合要求的应按有关规定进行纠正。

⑤盘后配线排列不整齐。应按支路绑扎成束，并固定在盘内。

⑥配电箱(盘)缺零部件，如合页、锁、螺丝等，应配齐各种安装所需零部件。

⑦配电箱体周边、箱底、管进箱处、缝隙过大、空鼓严重、应用水泥砂浆将空鼓处填实抹平。

⑧木箱外侧无防腐，内壁粗糙木箱内部应修理平整，内外做防腐处理，并应考虑防火措施。

⑨铁箱内壁焊点锈蚀，应补刷防锈漆。铁箱不得用电(汽)焊进行开孔，应采用开孔器进行开孔。

⑩配电箱内二层板与进、出线配管位置处理不当，造成配线排列不整齐，在安装配电箱时应考虑进出线配管管口位置应设置在二层板后面。

(7)质量记录

①配电箱(盘)，绝缘导线产品出厂合格证。

②配电箱(盘)安装工程预检、自检、互检记录。

③设计变更洽商记录，竣工图。

④电气绝缘电阻测试记录。

⑤电气照明器具及其配电箱(盘)安装分项工程质量检验评定记录。

任务五　配电线路的保护

配电线路应装设短路保护、过负载保护和接地故障保护，作用于切断供电电源或发出报警信号。配电线路采用的上下级保护电器，其动作应具有选择性，各级之间应能协调配合。但对于非重要负荷的保护电器，可采用无选择性切断。

一、短路保护

配电线路的短路保护，应在短路电流对导体和连接件产生的热作用和机械作用造成危害之前切断短路电流。绝缘导体的热稳定校验应符合下列规定：

(1)当短路持续时间不大于5s时，绝缘导体的热稳定应按下式进行校验：

$$S \geqslant \frac{I}{K}\sqrt{t}$$

式中：S——绝缘导体的线芯截面(mm^2)；

I——短路电流有效值(均方根值A)；

t——在已达到允许最高持续工作温度的导体内短路电流持续作用的时间(s)；

K——不同绝缘的计算系数。

(2)当保护电器短路电流不应小于低压断路器瞬时或短延时过电流脱扣器整定电流的1.3倍。在线芯截面减小处、分支处或导体类型、敷设方式或环境条件改变后载流量减小处的线路，当越级切断电路不引起故障线路以外的一、二级负荷的供电中断，且符合下列情况之一时，可不装设短路保护：

①配电线路被前段线路短路保护电器有效的保护，且此线路和其过负载保护电器能承受通过的短路能量；

②配电线路电源侧装有额定电流为20A及以下的保护电器；

③架空配电线路的电源侧装有短路保护电器。

二、负载保护

配电线路的过负载保护，应在过负载电流引起的导体温升对导体的绝缘、接头、端子或导体周围的物质造成损害前切断负载电流。

过负载保护电器宜采用反时限特性的保护电器，其分断能力可低于电器安装处的短路电流值，但应能承受通过的短路能量。

过负载保护电器的动作特性应同时满足下列条件：

$$I_B \leqslant I_n \leqslant I_Z$$

$$I_2 \leqslant 1.45 I_Z$$

式中：I_B——线路计算负载电流(A)；

I_n——熔断器熔体额定电流或断路器额定电流或整定电流(A)；

I_Z——导体允许持续载流量(A)；

I_2——保证保护电器可靠动作的电流(A)，当保护电器为低压断路器时，I_Z为约定时间内的约定动作电流；当为熔断器时，I_Z为约定时间内的约定熔断电流。

三、接地故障保护

接地故障保护的设置应能防止人身间接电击以及电气火灾、线路损坏等事故。接地故障保护电器的选择应根据配电系统的接地形式，移动式、手握式或固定式电气设备的区别，以及导体截面等因素经技术经济比较确定。

(1)TN系统的接地故障保护

TN系统配电线路接地故障保护的动作特性应符合下式要求：

$$Z_s \cdot I_a \leqslant U_0$$

式中：Z_s——接地故障回路的阻抗(Ω)；

I_a——保证保护电器在规定的时间内自动切断故障回路的电流(A)；

U_0——相线对地标称电压(V)。

TN系统配电线路应采用下列的接地故障保护：

①当过电流保护能满足要求时，宜采用过电流保护兼作接地故障保护；

②在三相四线制配电线路中，当过电流保护不能满足要求且零序电流保护能满足时，宜采用零序电流保护，此时保护整定值应大于配电线路最大不平衡电流；

③当上述保护不能满足要求时，应采用漏电电流动作保护。

(2) TT 系统的接地故障保护

TT 系统配电线路接地故障保护的动作特性应符合下式要求：

$$R_A \cdot I_a \leqslant 50V$$

式中：R_A——外露可导电部分的接地电阻和 PE 线电阻(Ω)；

I_a——保证保护电器切断故障回路的动作电流(A)。当采用过电流保护电器时，反时限特性过电流保护电器的 I_a 为保证在 5s 内切断的电流；采用瞬时动作特性过电流保护电器的 I_a 为保证瞬时动作最小电流，当采用漏电电流动作保护器时，I_a 为其额定动作电流 $I_{\Delta n}$。

TT 系统配电线路内由同一接地故障保护电器保护的外露可导电部分，应用 PE 线连接至共用的接地极上。当有多级保护时，各级宜有各自的接地极。

(3) IT 系统的接地故障保护

在 IT 系统的配电线路中，当发生第一次接地故障时，应由绝缘监视电器发出音响或灯光信号，其动作电流应符合下式要求：

$$R_A \cdot I_d \leqslant 50V$$

式中：R_A——外露可导电部分的接地极电阻(Ω)；

I_d——相线和外露可导电部分间第一次短路故障的故障电流(A)，计及装置的泄漏电流和电气装置全部接地阻抗值的影响。

IT 系统的外露可导电部分可用共同的接地极接地，亦可个别地或成组地用单独的接地极接地。当外露可导电部分为单独接地，发生第二次异相接地故障时，故障回路的切断应符合 TT 系统接地故障保护的要求；当外露可导电部分为共同接地，则发生第二次异相接地故障时，故障回路的切断应符合 TN 系统接地故障保护的要求。

(4) 接地故障采用漏电电流动作保护

①PE 或 PEN 线严禁穿过漏电电流动作保护器中电流互感器的磁回路。

②漏电电流动作保护器所保护的线路及设备外露可导电部分应接地。

任务六　电缆在室内敷设

无铠装的电缆在屋内明敷，当水平敷设时，其至地面的距离不应小于 2.5m；当垂直敷设时，其至地面的距离不应小于 1.8m。当不能满足上述要求时应有防止电缆机械损伤的措施；当明敷在配电室、电机室、设备层等专用房间内时，不受此限制。

相同电压的电缆并列明敷时，电缆的净距不应小于 35mm，且不应小于电缆外径；当在桥架、托盘和线槽内敷设时，不受此限制。1kV 及以下电力电缆及控制电缆与 1kV 以上电力电缆宜分开敷设。当并列明敷时，其净距不应小于 150mm。

架空明敷的电缆与热力管道的净距不应小于 1m；当其净距小于或等于 1m 时应采取隔热措施。电缆与非热力管道的净距不应小于 0.5m，当其净距小于或等于 0.5m 时应在与管道接近的电缆段上，以及由该段两端向外延伸不小于 0.5m 以内的电缆段上，采取防止电缆受机械损伤的措施。

一、钢索上电缆布线吊装

钢索上电缆布线吊装，电力电缆固定点间的间距不应大于 0.75m；控制电缆固定点间的间距不应大于 0.6m。电缆在屋内埋地穿管敷设时，或电缆通过墙、楼板穿管时，穿管的内径不应小于电缆外径的 1.5 倍。桥架距离地面的高度，不宜低于 2.5m。电缆在桥架内敷设时，电缆总截面面积与桥架横断面面积之比，电力电缆不应大于 40%，控制电缆不应大于 50%。电缆明敷时，其电缆固定部位应符合表 3-2 的规定。

电缆的固定部位　　表 3-2

敷设方式	构架形式	
	电缆支架	电缆桥架
垂直敷设	电缆的首端和尾端	电缆的上端
	电缆与每个支架的接触处	每隔 1.5 ~ 2m 处
水平敷设	电缆的首端和尾端	电缆的首端和尾端
	电缆与每个支架的接触处	电缆转弯处
		电缆其他部位每隔 5 ~ 10m 处

电缆桥架内每根电缆每隔 50m 处，电缆的首端、尾端及主要转弯处应设标记，注明电缆编号、型号规格、起点和终点。

二、电缆在电缆沟或隧道内敷设

电缆在电缆沟和隧道内敷设时，其支架层间垂直距离和通道宽度的最小净距应符合表3-3 的规定。

电缆支架层间垂直距离和通道宽度的最小净距（单位：m）　　表 3-3

名称		电缆隧道	电缆沟	
			沟深 0.6m 及以下	沟深 0.6m 以上
通道宽度	两侧设支架	1.0	0.3	0.5
	一侧设支架	0.9	0.3	0.45
支架层间垂直距离	电力线路	0.2	0.15	0.15
	控制线路	0.12	0.1	0.1

电缆沟和电缆隧道应采取防水措施；其底部排水沟的坡度不应小于 0.5%，并应设集水坑；积水可经集水坑用泵排出，当有条件时，积水可直接排入下水道。

在多层支架上敷设电缆时,电力电缆应放在控制电缆的上层;在同一支架上的电缆可并列敷设。当两侧均有支架时,1kV 及以下的电力电缆和控制电缆宜与 1kV 以上的电力电缆分别敷设于不同侧支架上。

电缆支架的长度,在电缆沟内不宜大于 350mm;在隧道内不宜大于 500mm。

电缆在电缆沟或隧道内敷设时,支架间或固定点间的最大间距应符合表 3-4 的规定。

电缆沟在进入建筑物处应设防火墙。电缆隧道进入建筑物处,以及在进入变电所处,应设带门的防火墙。防火门应装锁。电缆的穿墙处保护管两端应采用难燃材料封堵。

电缆支架间或固定点间的最大间距(单位:m) 表 3-4

敷设方式	塑料护套、铝包、铅包、钢带铠装		钢丝铠装
	电力电缆	控制电缆	
水平敷设	1.0	0.8	3.0
垂直敷设	1.5	1.0	6.0

电缆沟或电缆隧道,不应设在可能流入熔化金属液体或损害电缆外护层和护套的地段。

电缆沟一般采用钢筋混凝土盖板,盖板的重量不宜超过 50kg。

电缆隧道内的净高不应低于 1.9m。局部或与管道交叉处净高不宜小于 1.4m。隧道内应采取通风措施,有条件时宜采用自然通风。

当电缆隧道长度大于 7m 时,电缆隧道两端应设出口,两个出口间的距离超过 75m 时,尚应增加出口。人孔井可作为出口,人孔井直径不应小于 0.7m。

电缆隧道内应设照明,其电压不应超过 36V;当照明电压超过 36V 时,应采取安全措施。

与隧道无关的管线不得穿过电缆隧道。电缆隧道和其他地下管线交叉时,应避免隧道局部下降。

三、竖井布线

竖井内布线适用于多层和高层建筑物内垂直配电干线的敷设。竖井垂直布线时应考虑下列因素:

(1)顶部最大垂直变位和层间垂直变位对干线的影响;

(2)导线及金属保护管自重所带来的载重及其固定方式;

(3)垂直干线与分支干线的连接方法。

竖井内垂直布线采用大容量单芯电缆,大容量母线作干线时,应满足下列条件:载流量要留有一定的裕度;分支容易、安全可靠、安装及维修方便和造价经济。

竖井的位置和数量应根据用电负荷性质、供电半径、建筑物的沉降缝设置和防火分区等因素确定。选择竖井位置时尚应符合下列要求,靠近用电负荷中心,应尽可能减少干线电缆的长度;不应和电梯、管道间共用同一竖井;避免邻近烟囱、热力管道及其他散热量大或潮湿的设施。

竖井的井壁应是耐火极限不低于1h的非燃烧体。竖井在每层楼应设维护检修门并应开向公共走廊，其耐火等级不应低于三级。同时楼层间应采用防火密封隔离；电缆和绝缘线在楼层间穿钢管时，两端管口空隙应作密封隔离。

竖井内的同一配电干线，宜采用等截面导体，当需变截面时不宜超过二级，并应符合保护规定。竖井内的高压、低压和应急电源的电气线路，相互之间的距离应等于或大于300mm，或采取隔离措施，并且高压线路应设有明显标志。当强电和弱电线路在同一竖井内敷设时，应分别在竖井的两侧敷设或采取隔离措施以防止强电对弱电的干扰，对于回路线数及种类较多的强电和弱电的电气线路，应分别设置在不同竖井内。

管路垂直敷设时，为保证管内导线不因自重而折断，应按下列规定装设导线固定盒，在盒内用线夹将导线固定。导线截面在$50mm^2$及以下，长度大于30m时；导线截面在$50mm^2$以上，长度大于20m时。

思　考　题

1. 三相交流电及其相应的特点。
2. 三相负载三角形与星形连接及其特点。
3. 单相电度表的分类及其使用方法。
4. 单相电度表的主要参数。
5. 配电箱(盘)的施工工艺。

项目四　制作小型电源变压器

【项目描述】

小型电源变压器(用于0.5kVA～25VA小功率设备)是变压器主要种类之一,其功能是功率传送、电压变换和绝缘隔离,广泛应用于各种类型的电源适配器、汽车氙汽灯、充电器、小型开关电源等,以及各种小型电子设备仪器中。因此,我们应从认识磁场及物理量、了解电磁感应及互感现象入手,熟悉和熟练掌握小型电源变压器的构造、同名端的判断与测量、绝缘电阻的测量以及变比的测量方法,根据不同的使用需要,设计和制作小型电源变压器。

【技能要点】

1.通过实验及实训,培养和锻炼学生观察及动手能力。

2.结合变压器的相关理论知识,培养和锻炼学生理论联系实际,掌握小型电源变压器设计、制作及检测等基本技能。

【知识要点】

1.了解磁场相关基本知识及主要物理量,理解电磁感应现象,并掌握基本判断方法。

2.理解自感及互感现象,掌握线圈同名端的含义及判断方法。

3.了解和掌握变压器的基本构造和工作原理,以及同名端、绝缘电阻和变比等的含义。

4.了解和掌握小型电源变压器的基本构造和特点,以及设计、制作的基本内容。

任务一　认识磁场和基本物理量

一、磁体及其性质

(1)磁:磁是物质运动的一种基本形式,由电荷运动所产生。

(2)磁性:物体能吸引铁、镍、钴等金属和它们的合金的性质。

(3)磁体:具有磁性的物体。

磁体
- 天然磁体，天然存在的磁体叫天然磁体，如Fe_3O_4
- 人造磁体，人工制造的磁体叫人造磁体
  - 永久磁体，如计算机中的磁盘
  - 暂时磁体，如起重电磁铁

永久磁体的磁性可长期保存,暂时磁体的磁性是暂时的,它随外部磁化条件的消失而消失。

(4)磁极:磁体外表磁性最强的部位。任何磁体都有两个极,一个叫北极(指向地理北极的那个极)，用 N 表示，一个叫南极(指向地理南极的那个极)，用 S 表示。

二、磁场与磁感线

(1)磁场：磁体周围存在的一种特殊的物质叫磁场。磁体间的相互作用力是通过磁场传送的。磁体间的相互作用力称为磁场力，同名磁极相互排斥，异名磁极相互吸引。

(2)磁场的性质：磁场具有力的性质和能量性质。

(3)磁场的方向：在磁场中某点放一个可自由转动的小磁针，它 N 极所指的方向即为该点的磁场方向。

(4)磁力线：人为假设的表示磁场强弱和方向的闭合曲线。

磁力线的特点是：

①磁力线越密，磁场越强，磁力线越疏，磁场越弱；

②磁力线上任一点的切线方向(也即该点上小磁针 N 极的指向)为磁场的方向；

③磁力线没有起点，没有终点，不能中断，不能相交，在磁体的外部，磁力线由 N 极指向 S 极，在磁体的内部，磁力线由 S 极指向 N 极。

(5)磁感线：在磁场中画一系列曲线，使曲线上每一点的切线方向都与该点的磁场方向相同，这些曲线称为磁感线，如图 4-1，图 4-2 所示。

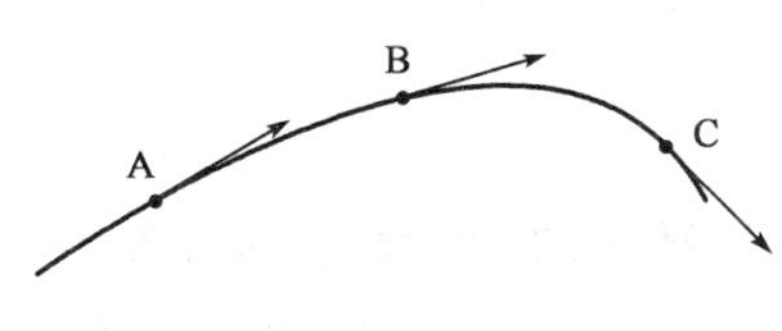

图 4-1　磁感线

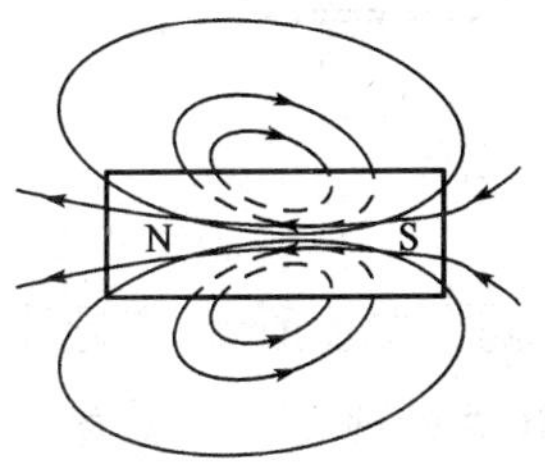

图 4-2　条形磁铁的磁感线

(6)匀强磁场：在磁场中某一区域，若磁场的大小方向都相同，这部分磁场称为匀强磁场。匀强磁场的磁感线是一系列疏密均匀、相互平行的直线。

三、电流的磁场

电荷的运动是磁场产生的根本原因，磁场不可能由电荷的运动以外的原因产生，这就是“动电生磁”。电荷的运动形成电流，电流周围必然有磁场存在。

1. 通电直导体的磁场(直线电流产生的磁场)

实验证明：通电直导体周围各点磁场的强弱和导体中的电流成正比，和各点与导体的距离成反比，即

$$B = \frac{\mu_0 I}{2\pi r} \quad 或 \quad H = \frac{I}{2\pi r}$$

式中：I——导体通过的电流(A)；

μ_0——磁介质的绝对磁导率，$\mu_0 = 4\pi\times10^{-7}$H/m；

r——导体周围某点与导体的距离(m)；

B——磁感应强度(T)，$1\text{T} = \frac{1\text{V}}{\text{m}^2/\text{s}}$，其物理意义是：若垂直磁场方向的线圈的面积若每秒减少(或增大)1m^2，线圈中的感应电动势为1V，则该磁场的磁感应强度为1T。

(1)直线电流产生的磁场的特点：

①磁力线是以导体为中心且与导体垂直的一个个的同心圆。

②距导体越近，磁场超强，磁力线越密；反之，距导体越远，磁场超弱，磁力线越疏。

(2)直线电流产生的磁场的方向：

可用安培定则(右手拇指定则)判定：右手握住导体，大拇指指向电流方向，则四指弯曲的方向为磁场的方向。

[例4-1] 判断如图所示通电导体左、右、上、下方四点的磁场方向。

解：根据右手拇指定则判定可知导体左、右、上、下方四点的磁场方向如图4-3所示。

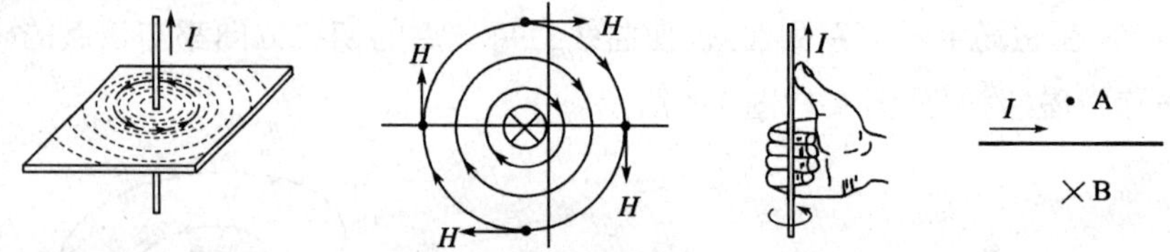

图4-3 磁场方向

[练一练] 如图所示，直导体中的电流自左向右，求导体的正上方和正下方A、B两点的磁场方向(B点的磁场方向垂直进入纸面，用符号“×”表示；A点的磁场方向垂直穿出纸面，用符号“·”表示)。

2. 通电线圈的磁场(环形电流产生的磁场)

实验证明：通电线圈两端磁场的强弱，与线圈中的电流大小成正比，也与线圈单位长度的匝数成正比。长直密线圈两端的磁密为：

$$B = \frac{\mu_0 IN}{l} \quad 或 \quad H = \frac{IN}{l}$$

式中：μ_0——磁介质的绝对磁导率，$\mu_0 = 4\pi\times10^{-7}$H/m；

I——通过导体的电流(A)；

N——线圈的匝数；

l——线圈的长度(m)；

B——线圈端部的磁感应强度(T)。

通电线圈的磁场方向，可用右螺旋定则判定：右手握住线圈，用弯曲的四指表示电流方向，则拇指所指的方向就是磁场的方向，如图4-4所示。

［例4-2］　判断图4-5中通电线圈周围的磁场。

解:磁场极性如图所示(用自制线圈引导学生用右螺旋定则判定后才标示磁场极性)。

螺线管通电后,磁场方向仍可用安培定则来判定:用右手握住螺线管,四指指向电流的方向,拇指所指的就是螺线管内部的磁感线方向。

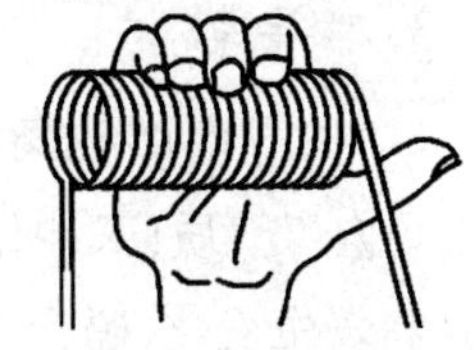

图4-4　右手螺旋定则判定

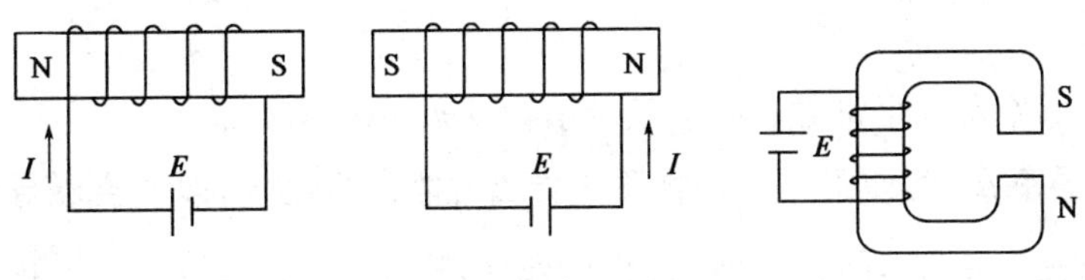

图4-5　判断磁场

四、磁场的主要物理量

1. 磁感应强度

磁场中垂直于磁场方向的通电直导线,所受的磁场力 F 与电流 I 和导线长度 l 的乘积 Il 的比值叫做通电直导线所在处的磁感应强度 B。即:

$$B = \frac{F}{Il}$$

磁感应强度是描述磁场强弱和方向的物理量。

磁感应强度是一个矢量,它的方向即为该点的磁场方向。在国际单位制中,磁感应强度的单位是:特斯拉(T)。

用磁感线可形象的描述磁感应强度 B 的大小,B 较大的地方,磁场较强,磁感线较密;B 较小的地方,磁场较弱,磁感线较稀;磁感线的切线方向即为该点磁感应强度 B 的方向。

匀强磁场中各点的磁感应强度大小和方向均相同。

2. 磁通

在磁感应强度为 B 的匀强磁场中取一个与磁场方向垂直,面积为 S 的平面,则 B 与 S 的乘积,叫做穿过这个平面的磁通量 Φ,简称磁通。即:

$$\Phi = BS$$

磁通的国际单位是韦伯(Wb)。

由磁通的定义式,可得:

$$B = \frac{\Phi}{S}$$

即磁感应强度 B 可看作是通过单位面积的磁通,因此磁感应强度 B 也常叫做磁通密度,并用 Wb/m^2 作单位。

3. 磁导率

(1)磁导率μ:磁场中各点的磁感应强度B的大小不仅与产生磁场的电流和导体有关,还与磁场内媒介质(又叫做磁介质)的导磁性质有关。在磁场中放入磁介质时,介质的磁感应强度B将发生变化,磁介质对磁场的影响程度取决于它本身的导磁性能。

物质导磁性能的强弱用磁导率μ来表示。μ的单位是:亨利/米(H/m)。不同的物质磁导率不同。在相同的条件下,μ值越大,磁感应强度B越大,磁场越强;μ值越小,磁感应强度B越小,磁场越弱。

真空中的磁导率是一个常数,用μ_0表示:$\mu_0 = 4\pi \times 10^{-7}$H/m。

(2)相对磁导率μ_r:为便于对各种物质的导磁性能进行比较,以真空磁导率μ_0为基准,将其他物质的磁导率μ与μ_0比较,其比值叫相对磁导率,用μ_r表示,即$\mu_r = \dfrac{\mu}{\mu_0}$。

根据相对磁导率μ_r的大小,可将物质分为三类:

①顺磁性物质:μ_r略大于1,如空气、氧、锡、铝、铅等物质都是顺磁性物质。在磁场中放置顺磁性物质,磁感应强度B略有增加。

②反磁性物质:μ_r略小于1,如氢、铜、石墨、银、锌等物质都是反磁性物质,又叫做抗磁性物质。在磁场中放置反磁性物质,磁感应强度B略有减小。

③铁磁性物质:$\mu_r \gg 1$,且不是常数,如铁、钢、铸铁、镍、钴等物质都是铁磁性物质。在磁场中放入铁磁性物质,可使磁感应强度B增加几千甚至几万倍。

几种常用的铁磁性物质的相对磁导率,如表4-1所示。

常用铁磁物质的相对磁导率 表4-1

材　　料	相对磁导率	材　　料	相对磁导率
钴	174	已经退火的铁	7000
未经退火的铸铁	240	变压器钢片	7500
已经退火的铸铁	620	在真空中熔化的电解铁	12950
镍	1120	镍铁合金	60000
软钢	2180	“C”型玻莫合金	115000

4. 磁场强度

在各向同性的媒介质中,某点的磁感应强度B与磁导率μ之比称为该点的磁场强度,记做H。即:

$$H = \frac{B}{\mu}$$

$$B = \mu H = \mu_0 \mu_r H$$

磁场强度H也是矢量,其方向与磁感应强度B同向,国际单位是:安培/米(A/m)。

注意:磁场中各点的磁场强度H的大小只与产生磁场的电流I的大小和导体的形状有关,

与磁介质的性质无关。

任务二　了解电磁感应现象

一、电磁感应现象

在发现了电流的磁效应后,人们自然想到:既然电能够产生磁,磁能否产生电呢?

由实验可知,当闭合回路中一部分导体在磁场中做切割磁感线运动,且穿过回路的磁通发生变化时,回路中就有电流产生;而当穿过闭合线圈的磁通发生变化时,线圈中有电流产生。

因此,电磁感应现象是指在一定条件下,由磁产生电的现象,所产生的电流称为感应电流。

1. 闭合回路中感应电流的方向判断(右手定则)

如图 4-6 所示,伸开右手,使拇指与四指垂直,并都跟手掌在一个平面内,让磁感线穿入手心,拇指指向导体运动方向,四指所指的即为感应电流的方向。

2. 线圈中感应电流的方向判断(楞次定律)

磁铁的磁力线是从 N 极出来回到 S 极(磁铁外部),而且是由密到疏。当磁铁由上往下落(在进入线圈前),线圈内的磁通是向下且不断增大。由楞次定律的定义,必然产生电流产生一个反磁通来阻碍它的增大,那么产生的磁通方向和原磁通方向相反(应该向上),由右手定则可判定电流的方向,如图 4-7 所示。

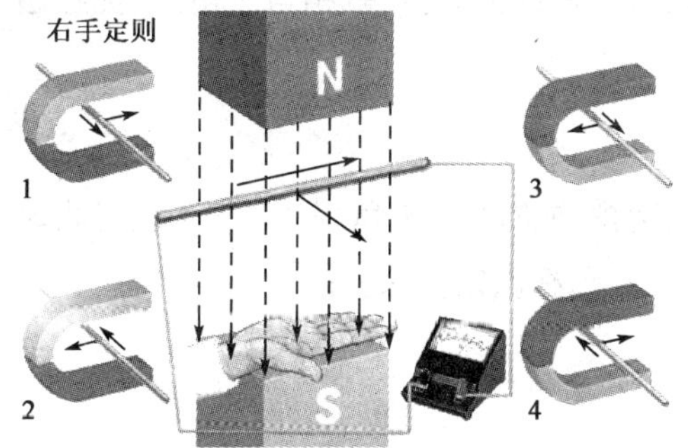

图 4-6　右手定则判定

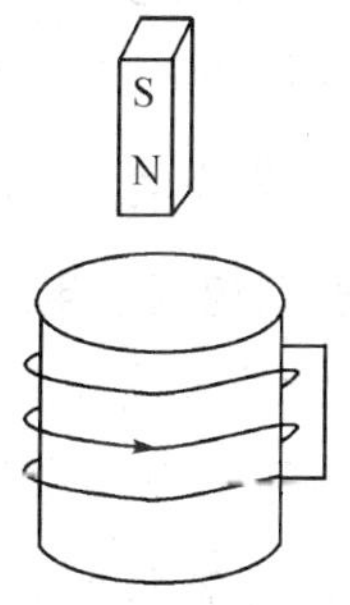

图 4-7　线圈中感应电流的方向判断

通过实验发现:

(1)当磁铁插入线圈时,原磁通在增加,线圈所产生的感应电流的磁场方向总是与原磁场方向相反,即感应电流的磁场总是阻碍原磁通的增加;

(2)当磁铁拔出线圈时,原磁通在减少,线圈所产生的感应电流的磁场方向总是与原磁场方向相同,即感应电流的磁场总是阻碍原磁通的减少。

因此,得出结论:当将磁铁插入或拔出线圈时,线圈中感应电流所产生的磁场方向,总是阻碍原磁通的变化。这就是楞次定律的内容。

根据楞次定律判断出感应电流磁场方向,然后根据安培定则,即可判断出线圈中的感应电流方向。

(1)判断步骤

原磁场 B_1 方向 ⎫ 楞次定律 → 感应电流磁场 B_2 方向 安培定则 → 感应电流方向
原磁通变化(增加或减少)⎭ （与 B_1 相同或相反）

(2)楞次定律符合能量守恒定律

由于线圈中所产生的感应电流磁场总是阻碍原磁通的变化,即阻碍磁铁与线圈的相对运动,因此要想保持它们的相对运动,必须有外力来克服阻力做功,并通过做功将其他形式的能转化为电能,即线圈中的电流不是凭空产生的。

3. 右手定则与楞次定律的一致性

右手定则和楞次定律都可用来判断感应电流的方向,两种方法本质是相同的,所得的结果也是一致的。

右手定则适用于判断导体切割磁感线的情况,而楞次定律是判断感应电流方向的普遍规律。

二、电磁感应定律

1. 感应电动势

电磁感应现象中,闭合回路中产生了感应电流,说明回路中有电动势存在。在电磁感应现象中产生的电动势叫感应电动势。产生感应电动势的那部分导体,就相当于电源,如在磁场中切割磁感线的导体和磁通发生变化的线圈等。

2. 感应电动势的方向

在电源内部,电流从电源负极流向正极,电动势的方向也是由负极指向正极,因此感应电动势的方向与感应电流的方向一致,仍可用右手定则和楞次定律来判断。

注意:对电源来说,电流流出的一端为电源的正极。

3. 感应电动势与电路是否闭合无关

感应电动势是电源本身的特性,即只要穿过电路的磁通发生变化,电路中就有感应电动势产生,与电路是否闭合无关。

若电路是闭合的,则电路中有感应电流,若外电路是断开的,则电路中就没有感应电流,只有感应电动势。

4. 电磁感应定律的数学表达式

单匝线圈中产生的感应电动势的大小,与穿过线圈的磁通变化率 $\Delta\Phi/\Delta t$ 成正比,即:

$$E = \frac{\Delta\Phi}{\Delta t}$$

对于 N 匝线圈,有:

$$E = N\frac{\Delta\Phi}{\Delta t} = \frac{N\Phi_2 - N\Phi_1}{\Delta t}$$

式中:$N\Phi$——磁通与线圈匝数的乘积,称为磁链,用 Ψ 表示。即:

$$\Psi = N\Phi$$

于是对于 N 匝线圈,感应电动势为:

$$E = \frac{\Delta\Psi}{\Delta t}$$

如图 4-8 所示,abcd 是一个矩形线圈,它处于磁感应强度为 B 的匀强磁场中,线圈平面和磁场垂直,ab 边可以在线圈平面上自由滑动。设 ab 长为 l,匀速滑动的速度为 v,在 Δt 时间内,由位置 ab 滑动到 a′b′,利用电磁感应定律,ab 中产生的感应电动势:

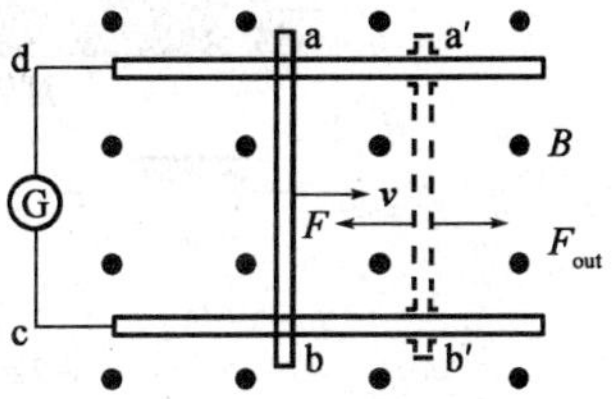

$$E = \frac{\Delta\Phi}{\Delta t} = \frac{B\Delta S}{\Delta t} = \frac{Blv\Delta t}{\Delta t} = Blv$$

图 4-8　导体切割磁感线产生的感应电动

即:

$$E = Blv$$

三、自感现象

自感现象是一种特殊的电磁感应现象,它是由于线圈本身电流变化而引起的。

当线圈中的电流变化时,线圈本身就产生了感应电动势,这个电动势总是阻碍线圈中电流的变化。这种由于线圈本身电流发生变化而产生电磁感应的现象叫自感现象,简称自感。

流过线圈的电流发生变化,导致穿过线圈的磁通量发生变化而产生的自感电动势,总是阻碍线圈中原来电流的变化,当原来电流在增大时,自感电动势与原来电流方向相反;当原来电流减小时,自感电动势与原来电流方向相同。因此,“自感”简单地说,由于导体本身的电流发生变化而产生的电磁感应现象,叫做自感现象。

自感现象中产生的感应电动势叫自感电动势。自感电动势的大小跟穿过导线线圈的磁通量变化的快慢有关系。线圈的磁场是由电流产生的,所以穿过线圈的磁通量变化的快慢跟电流变化的快慢有关系。对同一线圈来说,电流变化得快,线圈产生的自感电动势就大,反之就小。对于不同的线圈,在电流变化快慢相同的情况下,产生的自感电动势是不同的,电学中用自感系数来表示线圈的这种特征。自感系数简称自感或电感。

此现象常表现为阻碍电流的变化。

四、自感现象的应用

自感现象在各种电器设备和无线电技术中有着广泛的应用。日光灯的镇流器就是利用线圈自感的一个例子。

1. 结构

日光灯主要由灯管、镇流器和起动器组成，如图 4-9 所示。镇流器是一个带铁芯的线圈，起动器的结构如图 4-10 所示。

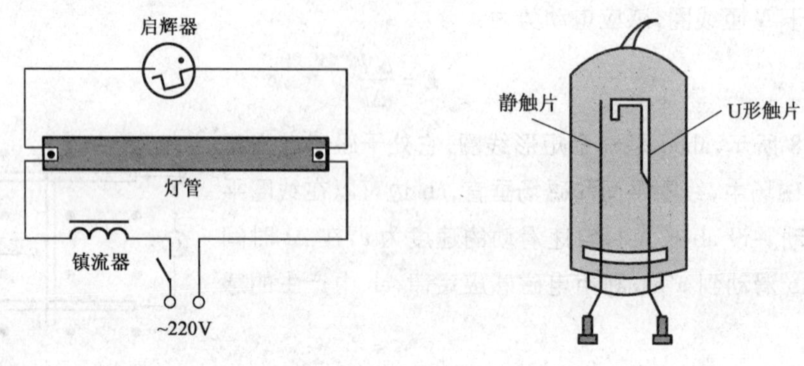

图 4-9 日光灯电路图　　图 4-10 起动器结构图

起动器是一个充有氖气的小玻璃泡，里面装有两个电极，一个固定不动的静触片和一个用双金属片制成的 U 形触片。

灯管内充有稀薄的水银蒸汽，当水银蒸汽导电时，就发出紫外线，使涂在管壁上的荧光粉发出柔和的光。由于激发水银蒸汽导电所需的电压比 220V 的电源电压高得多，因此日光灯在开始点亮之前需要一个高出电源电压很多的瞬时电压。在日光灯正常发光时，灯管的电阻很小，只允许通过不大的电流，这时又要使加在灯管上的电压大大低于电源电压。这两方面的要求都是利用跟灯管串联的镇流器来达到的。

2. 工作原理

当开关闭合后，电源把电压加在起动器的两极之间，使氖气放电而发出辉光，辉光产生的热量使 U 形片膨胀伸长，跟静触片接触而使电路接通，于是镇流器的线圈和灯管的灯丝中就有电流通过。电流接通后，启动器中的氖气停止放电，U 形触片冷却收缩，两个触片分离，电路自动断开。在电路突然断开的瞬间，镇流器的两端产生一个瞬时高压，这个电压和电源电压都加在灯管两端，使灯管中的水银蒸汽开始导电，日光灯管成为电流的通路开始发光。在日光灯正常发光时，与灯管串联的镇流器就起着降压限流的作用，保证日光灯正常工作。

五、自感的危害

自感现象也有不利的一面。在自感系数很大而电流又很强的电路中，在切断电源瞬间，由于电流在很短的时间内发生了很大变化，会产生很高的自感电动势，在断开处形成电弧，这不仅会烧坏开关，甚至会危及工作人员的安全。因此，切断这类电源必须采用特制的安全开关。

任务三　了解互感现象

一、互感现象

如果有两只线圈互相靠近，由于一个线圈的电流变化，且电流所产生的磁通有一部分与另一个线圈相环链，则使与其环链的磁通也相应地发生变化，导致另一个线圈产生感应电动势，这种现象就是互感现象。

在互感现象中产生的感应电动势，叫互感电动势。

如图4-11所示，N_1、N_2 分别为两个线圈的匝数。当线圈Ⅰ中有电流通过时，产生的自感磁通为 Φ_{11}，自感磁链为 $\Psi_{11}=N_1\Phi_{11}$。Φ_{11} 的一部分穿过了线圈Ⅱ，这一部分磁通称为互感磁通 Φ_{21}。同样，当线圈Ⅱ通有电流时，它产生的自感磁通 Φ_{22} 有一部分穿过了线圈Ⅰ，为互感磁通 Φ_{12}。

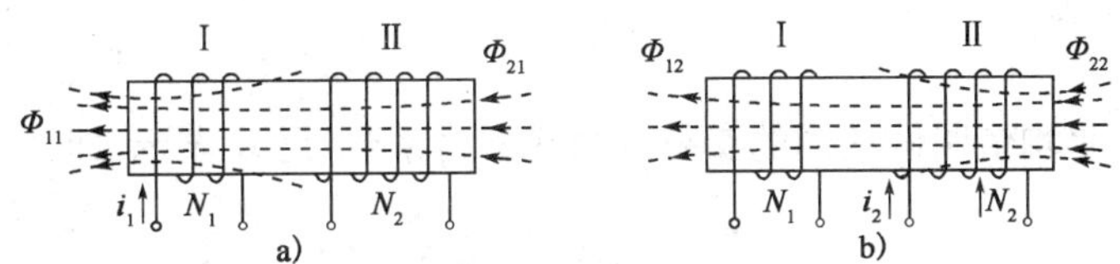

图4-11　互感现象的产生

二、互感系数

设磁通 Φ_{21} 穿过线圈Ⅱ的所有各匝，则线圈Ⅱ的互感磁链为：

$$\Psi_{21}=N_2\Phi_{21}$$

由于 Ψ_{21} 是线圈Ⅰ中电流 i_1 产生的，因此 Ψ_{21} 是 i_1 的函数，即：

$$\Psi_{21}=M_{21}i_1$$

M_{21} 称为线圈Ⅰ对线圈Ⅱ的互感系数，简称互感。

同理，互感磁链 $\Psi_{12}=N_1\Phi_{12}$ 是由线圈Ⅱ中的电流 i_2 产生，因此它是 i_2 的函数，即：

$$\Psi_{12}=M_{12}i_2$$

可以证明，当只有两个线圈时，有：

$$M=M_{21}=\frac{\Psi_{21}}{i_1}=\frac{\Psi_{12}}{i_2}=M_{12}$$

在国际单位制中，互感 M 的单位为亨利(H)。

互感 M 取决于两个耦合线圈的几何尺寸、匝数、相对位置和媒介质。当媒介质是非铁磁性物质时，M 为常数。

三、耦合系数

研究两个线圈的互感系数和自感系数之间的关系。

设 K_1、K_2 为各线圈产生的互感磁通与自感磁通的比值，即 K_1、K_2 表示每一个线圈所产生的磁通有多少与相邻线圈相交链。

$$K_1 = \frac{\Phi_{21}}{\Phi_{11}} = \frac{\dfrac{\Psi_{21}}{N_2}}{\dfrac{\Psi_{11}}{N_1}} = \frac{\Psi_{21}N_1}{\Psi_{11}N_2}$$

由于 $\Psi_{21}=Mi_1\,\Psi_{11}=Li_1$，所以：

$$K_1 = \frac{\Psi_{21}N_1}{\Psi_{11}N_2} = \frac{Mi_1N_1}{L_1i_1N_2} = \frac{MN_1}{L_1N_2}$$

同理得：

$$K_2 = \frac{\Phi_{12}}{\Phi_{22}} = \frac{MN_2}{L_2N_1}$$

K_1 与 K_2 的几何平均值叫做线圈的交链系数或耦合系数，用 K 表示，即：

$$K = \sqrt{K_1K_2} = \sqrt{\frac{MN_1}{L_1N_2} \times \frac{MN_2}{L_2N_1}} = \frac{M}{\sqrt{L_1L_2}}$$

耦合系数用来说明两线圈间的耦合程度，因为 $K_1 = \dfrac{\Phi_{21}}{\Phi_{11}} \leqslant 1$，$K_2 = \dfrac{\Phi_{12}}{\Phi_{22}} \leqslant 1$，所以 K 的值在 0 与 1 之间。

当 $K=0$ 时，说明线圈产生的磁通互不交链，因此不存在互感；

当 $K=1$ 时，说明两个线圈耦合得最紧，一个线圈产生的磁通全部与另一个线圈相交链，其中没有漏磁通，因此产生的互感最大，这种情况又称为全耦合。

互感系数决定于两线圈的自感系数和耦合系数 $M = K\sqrt{L_1L_2}$。

四、互感电动势

设两个靠得很近的线圈，当第一个线圈的电流 i_1 发生变化时，将在第二个线圈中产生互感电动势 E_{M2}，根据电磁感应定律，可得 $E_{M2} = \dfrac{\Delta\Psi_{21}}{\Delta t}$。

设两线圈的互感系数 M 为常数，将 $\Psi_{21} = Mi_1$ 代入上式，得 $E_{M2} = \dfrac{\Delta(Mi_1)}{\Delta t} = M\dfrac{\Delta i_1}{\Delta t}$。

同理，当第二个线圈中电流 i_2 发生变化时，在第一个线圈中产生互感电动势 E_{M1} 为 $E_{M1} = M\dfrac{\Delta i_2}{\Delta t}$。

上式说明，线圈中的互感电动势，与互感系数和另一线圈中电流的变化率的乘积成正比。

互感电动势的方向，可用楞次定律来判断。

互感现象在电工和电子技术中应用非常广泛，如电源变压器，电流互感器、电压互感器和中周变压器等都是根据互感原理工作的。

五、互感线圈的同名端

1. 同名端

在电子电路中，对两个或两个以上的有电磁耦合的线圈，常常需要知道互感电动势的极性。如图 4-12 所示，图中两个线圈 L_1、L_2绕在同一个圆柱形铁棒上，L_1中通有电流 i。

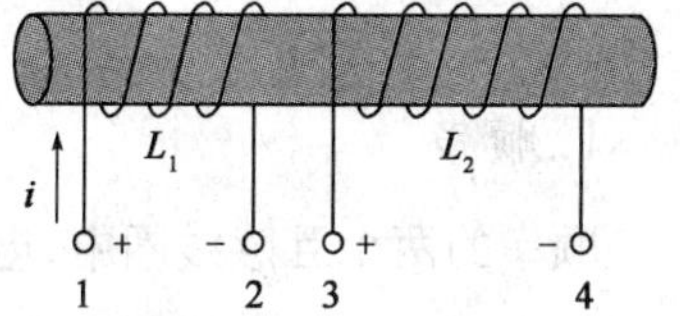

图 4-12　互感线圈的极性

（1）当 i 增大时，它所产生的磁通 Φ_1 增加，L_1 中产生自感电动势，L_2 中产生互感电动势，这两个电动势都是由于磁通 Φ_1 的变化引起的。根据楞次定律可知，它们的感应电流都要产生与磁通 Φ_1 相反的磁通，以阻碍原磁通 Φ_1 的增加，由安培定则可确定 L_1、L_2 中感应电动势的方向，即电源的正、负极，标注在图上，可知端点 1 与 3、2 与 4 极性相同。

（2）当 i 减小时，L_1、L_2 中的感应电动势方向都反了过来，但端点 1 与 3、2 与 4 极性仍然相同。

（3）无论电流从哪端流入线圈，1 与 3、2 与 4 的极性都保持相同。

这种在同一变化磁通的作用下，感应电动势极性相同的端点叫同名端，感应电动势极性相反的端点叫异名端。

2. 同名端的表示法

在电路中，一般用"·"表示同名端，如图 4-13 所示。在标出同名端后，每个线圈的具体绕法和它们之间的相对位置就不需要在图上表示出来了。

3. 同名端的判定

（1）若已知线圈的绕法，可用楞次定律直接判定。

（2）若不知道线圈的具体绕法，可用实验法来判定。

如图 4-14 所示，当开关 S 闭合时，电流从线圈的端点 1 流入，且电流随时间在增大。若此时电流表的指针向正刻度方向偏转，则说明 1 与 3 是同名端，否则 1 与 3 是异名端。

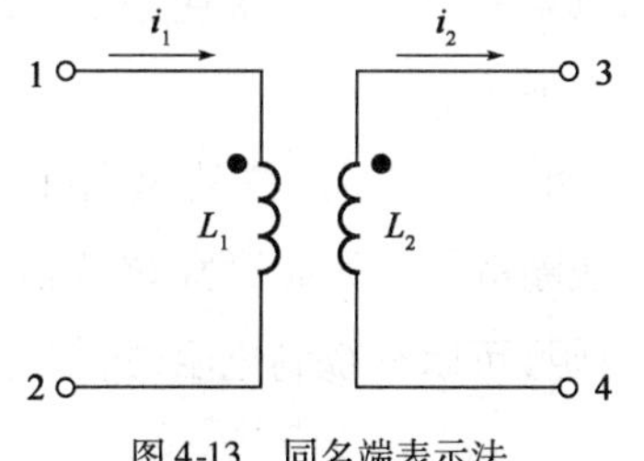

图 4-13　同名端表示法

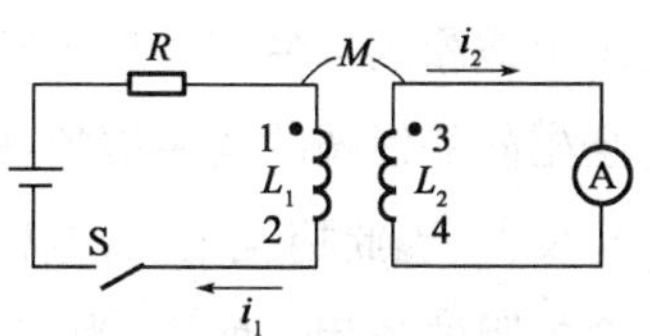

图 4-14　判定同名端实验电路

六、互感线圈的串联

把两个互感线圈串联起来有两种不同的接法。异名端相接称为顺串，同名端相接称为反串，如图 4-15 所示。

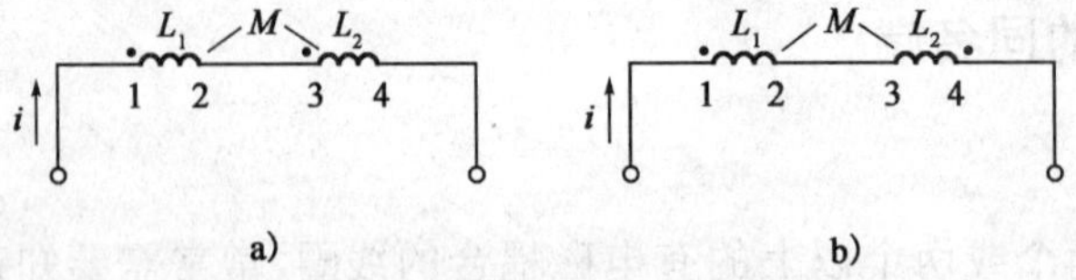

图 4-15 互感线圈的顺、反串

1. 顺串

顺串的两个互感线圈中，电流由端点 1 经端点 2、3 流向端点 4。

顺串时两个互感线圈上将产生四个感应电动势，两个自感电动势和两个互感电动势。由于两个电感线圈顺串，这四个感应电动势的正方向相同，因而总的感应电动势为：

$$E = E_{L1} + E_{M1} + E_{L2} + E_{M2} = L_1 \frac{\Delta i}{\Delta t} + L_2 \frac{\Delta i}{\Delta t} + 2M \frac{\Delta i}{\Delta t}$$

$$= (L_1 + L_2 + 2M) \frac{\Delta i}{\Delta t} = L_{顺} \frac{\Delta i}{\Delta t}$$

式中：$L_{顺} = L_1 + L_2 + 2M$——两个互感线圈的总电感。

因此，顺串时两个互感线圈相当于一个具有等效电感为 $L_{顺} = L_1 + L_2 + 2M$ 的电感线圈。

2. 反串

与顺串的情形类似，两个互感线圈反串时，相当于一个具有等效电感为 $L_{反} = L_1 + L_2 - 2M$ 的电感线圈。

通过实验分别测得 $L_{顺}$ 和 $L_{反}$，就可计算出互感系数 M，即：

$$M = \frac{L_{顺} - L_{反}}{4}$$

在电子电路中，常常需要使用具有中心抽头的线圈，并且要求从中点分成两部分的线圈完全相同。为了满足这个要求，在实际绕制线圈时，可以用两根相同的漆包线平行地绕在同一个心子上，然后，把两个线圈的异名端接在一起作为中心抽头。

如果两个完全相同的线圈的同名端接在一起，则两个线圈所产生的磁通在任何时候都是大小相等而方向相反的，因此相互抵消，这样接成的线圈就不会有磁通穿过，因而没有电感，它在电路中只起一个电阻的作用。所以，为获得无感电阻，可以在绕制电阻时，将电阻线对折，双线并绕。

任务四　认识变压器

一、变压器的用途和种类

1. 变压器的用途

现代化的工业企业广泛的采用电力作为能源，而发电厂发出的电力往往需经远距离传输才能到达用电地区。在传输的功率恒定时，传输电压越高，则所需的电流越小。因为电压降正比于电流。线损正比于电流的平方，所以用较高的输电电压可以获得较低的线路压降和线路损耗，要制造电压很高的发电机，目前技术很困难，所以要用专门的设备将发电机端的电压升高以后再输送出去，这种专门的设备就是变压器。另一方面，在受电端又必须用降压变压器将高压降低到配电系统的电压，故要经过一系列配电变压器将高压降低到合适的值以供给动力设备及日常用电设备使用。

由以上可知，在交流电路中，将电压升高或降低的设备叫变压器，是一种通过改变电压而传输交流电能的静止感应电器。

在电力系统中，变压器的地位十分重要，不仅所需数量多，而且性能好，运行安全靠。

变压器除了应用在电力系统中，还应用在需要特种电源的工矿企业中。

例如：冶炼用的电炉变压器，电解或化工用的整流变压器，焊接用的电焊变压器，试验用的试验变压器，交通用的牵引变压器，以及补偿用的电抗器，保护用的消弧线圈，测量用的互感器等。

2. 变压器的分类

(1)按用途分类：电力变压器、特种变压器(电炉变压器、整流变压器、工频试验变压器、调压器、矿用变压器、电抗器、互感器等)。

(2)按结构分类：单项变压器、三相变压器及多相变压器。

(3)按冷却介质分类：干式变压器、液(油)浸变压器及充气变压器等。

(4)按冷却方式分类：自然冷式、风冷式、水冷式、强迫油循环风(水)冷方式及水内冷式等。

(5)按线圈数量分类：自耦变压器、双绕组及三绕组变压器等。

(6)按导电材质分类：铜线变压器、铝线变压器及半铜半铝、超导等变压器。

(7)按调压方式分类：无励磁调压变压器、有载调压变压器。

(8)按中性点绝缘水平分类：全绝缘变压器、半绝缘(分级绝缘)变压器。

(9)按铁芯形式分类：心式变压器、壳式变压器及辐射式变压器等。

在电力网中，把水力、火力及其他形式电厂中发电机组能产生的交流电压升高后向电力网输出电能的变压器称为升压变压器，火力发电厂还要安装厂用电变压器，供起动机组之用，用于降低电压的变压器称为降压变压器，用于联络两种不同电压网络的变压器称为联络变压器。

将电压降低到电气设备工作电压的变压器称为配电变压器。配电前用的各级变压器称为输电变压器。

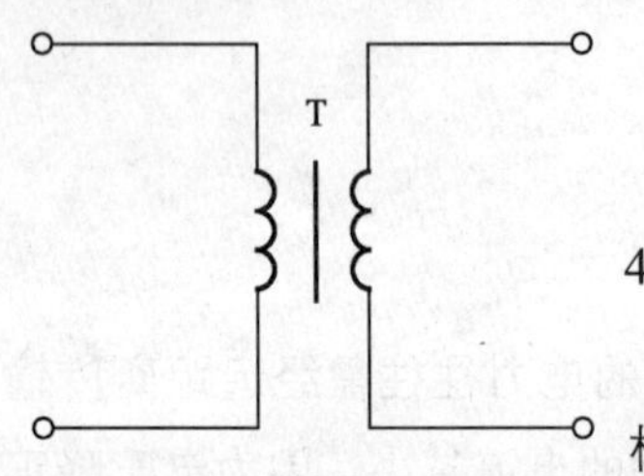

图 4-16　变压器的符号

二、变压器的工作原理

变压器是利用互感原理工作的电磁装置,它的图形符号如图 4-16 所示,T 是它的文字符号。

变压器原理就是电磁感应原理,也是最基本的原理。在发电机中,不管是线圈运动通过磁场或磁场运动通过固定线圈,均能在线圈中感应电势,此两种情况,磁通的值均不变,但与线圈相交链的磁通数量却有变动,这是互感应的原理。变压器就是一种利用电磁互感应,变换电压,电流和阻抗的器件。

变压器是由一个用硅钢片(或矽钢片)叠成的铁芯和绕在铁芯上的两组线圈构成,铁芯与线圈间彼此绝缘,没有电的联系。变压器和电源一侧连接的线圈叫初级线圈(或叫原边),和用电设备连接的线圈叫作次级线圈(或副边)。当将变压器的初级线圈接到交流电源上时,铁芯中就会产生变化的磁力线。次级线圈绕在同一铁芯上,磁力线切割次级线圈,次级线圈上必然产生感应电动势,使线圈两端产生电压。因磁力线是交变的,次级线圈的电压也是交变的。而且频率与电源频率相同。经理论证实,变压器初级线圈与次级线圈电压比和初级线圈与次级线圈的匝数比值有关,即:初级线圈电压/次级线圈电压 = 初级线圈匝数/次级线圈匝数,说明匝数越多,电压就越高。

(1)变压器正常工作时,一次绕组吸收电能,二次绕组释放电能;

(2)变压器正常工作时,两侧绕组电压之比近似等于它们的匝数之比;

(3)变压器带较大的负载运行时,两侧绕组的电流之比近似等于它们匝数的反比;

(4)变压器带较大的负载运行时,两侧绕组所产生的磁通,在铁芯中的方向相反。

按照图 4-17 中规定变压器各物理量的参考方向,有:

$$e_1 = -N_1\frac{\mathrm{d}\phi}{\mathrm{d}t} \cdot e_2 = -N_2\frac{\mathrm{d}\phi}{\mathrm{d}t}$$

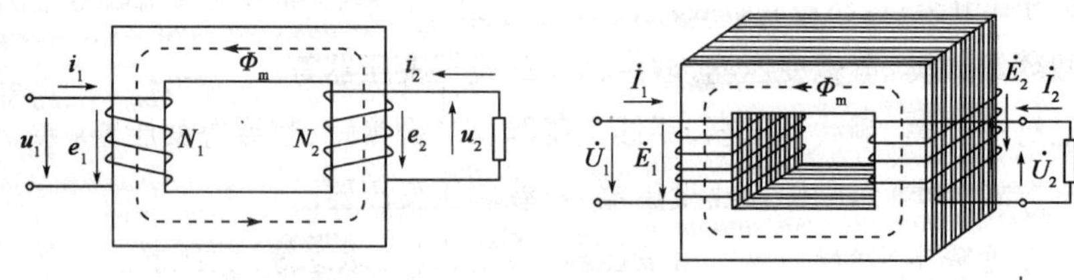

图 4-17　变压器原理图

三、变压器的基本构造

变压器主要由铁芯和线圈(也叫绕组)两部分构成。

1. 铁芯

铁芯是变压器的磁路通道，是用磁导率较高且相互绝缘的硅钢片制成，以便减少涡流和磁滞损耗。按其构造形式可分为心式和壳式两种，如图 4-18 所示。

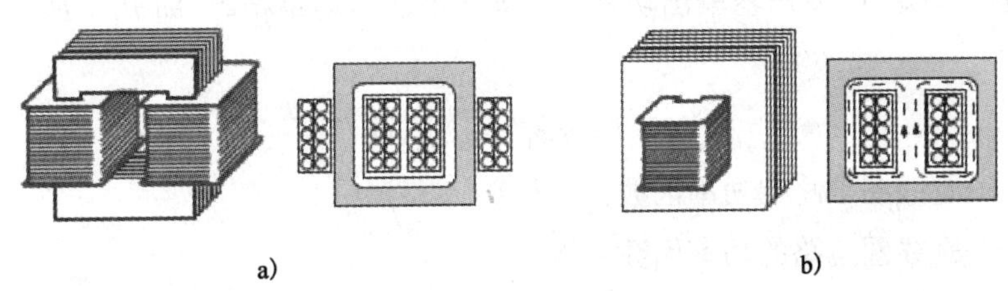

图 4-18　心式和壳式变压器

2. 线圈

线圈是变压器的电路部分，是用漆色线、沙包线或丝包线绕成。

3. 其他结构

为了起到电龙头屏蔽作用，变压器往往要用铁壳或铝壳罩起来，副线圈往往加一层金属静电屏蔽层，大功率的变压器中还专门设置有冷却设备。

四、变压器的运行原理

变压器的原线圈接在交流电源上，在铁芯中产生交变磁通，从而在原、副线圈产生感应电动势，如图 4-19 所示。

1. 变换交流电压

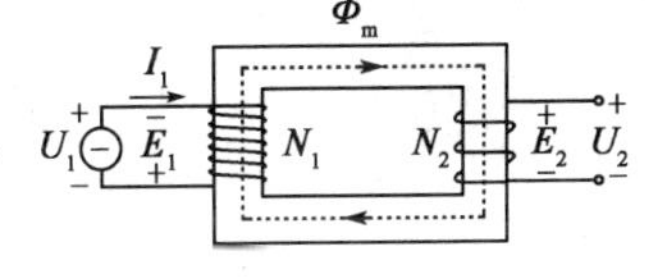

图 4-19　变压器空载运行原理图

原线圈接上交流电压，铁芯中产生的交变磁通同时通过原、副线圈，原、副线圈中交变的磁通可视为相同。

设原线圈匝数为 N_1，副线圈匝数为 N_2，磁通为 Φ，感应电动势为：

$$E_1 = \frac{N_1 \Delta \Phi}{\Delta t},\ E_2 = \frac{N_2 \Delta \Phi}{\Delta t}$$

由此得：

$$\frac{E_1}{E_2} = \frac{N_1}{N_2}$$

忽略线圈内阻得：

$$\frac{U_1}{U_2} = \frac{N_1}{N_2} = K$$

式中：K——变压比。

由此可见:变压器原副线圈的端电压之比等于匝数比。

如果 $N_1 < N_2$,$K<1$,电压上升,称为升压变压器。

如果 $N_1 > N_2$,$K>1$,电压下降,称为降压变压器。

2. 变换交流电流

根据能量守恒定律,变压器输出功率与从电网中获得功率相等,即 $P_1 = P_2$,由交流电功率的公式可得:

$$U_1 I_1 \cos\varphi_1 = U_2 I_2 \cos\varphi_2$$

式中:$\cos\varphi_1$——原线圈电路的功率因数;

$\cos\varphi_2$——副线圈电路的功率因数。

φ_1,φ_2相差很小,可认为相等,因此得到:

$$U_1 I_1 = U_2 I_2$$

$$\frac{I_1}{I_2} = \frac{N_2}{N_1} = \frac{1}{K}$$

可见,变压器工作时原、副线圈的电流跟线圈的匝数成反比。高压线圈通过的电流小,用较细的导线绕制;低压线圈通过的电流大,用较粗的导线绕制。这是在外观上区别变压器高、低压绕组的方法。

3. 变换交流阻抗

设变压器初级输入阻抗为$|Z_1|$,次级负载阻抗为$|Z_2|$,则:

$$|Z_1| = \frac{U_1}{I_1}$$

将 $U_1 = \frac{N_1}{N_2}U_2$, $I_1 = \frac{N_2}{N_1}I_2$ 代入,得:

$$|Z_1| = \left(\frac{N_1}{N_2}\right)^2 \frac{U_2}{I_2}$$

因为:

$$\frac{U_2}{I_2} = |Z_2|$$

所以:

$$|Z_1| = \left(\frac{N_1}{N_2}\right)^2 |Z_2| = K^2 |Z_2|$$

可见,次级接上负载$|Z_2|$时,相当于电源接上阻抗为 $K^2|Z_2|$ 的负载。变压器的这种阻抗变换特性,在电子线路中常用来实现阻抗匹配和信号源内阻相等,使负载上获得最大功率。

[例 4-3] 有一电压比为 220/110V 的降压变压器,如果次级接上 55Ω 的电阻,求变压器

初级的输入阻抗。

解 1:次级电流:

$$I_2 = \frac{U_2}{|Z_2|} = \frac{110}{55} = 2\text{A}$$

初级电流:

$$K = \frac{N_1}{N_2} \approx \frac{U_1}{U_2} = \frac{220}{110} = 2\text{A}$$

$$I_1 = \frac{I_2}{K} = \frac{2}{2} = 1\text{A}$$

输入阻抗:

$$|Z_1| = \frac{U_1}{I_1} = \frac{220}{1} = 220\Omega$$

解 2:变压比:

$$K = \frac{N_1}{N_2} \approx \frac{U_1}{U_2} = \frac{220}{110} = 2$$

输入阻抗:

$$|Z_1| \approx \left(\frac{N_1}{N_2}\right)^2 |Z_2| = K^2 |Z_2| = 4 \times 55 = 220\Omega$$

[**例 4-4**]　如图 4-20 所示,有一信号源的电动势为 1V,内阻为 600Ω,负载电阻为 150Ω。欲使负载获得最大功率,必须在信号源和负载之间接一匹配变压器,使变压器的输入电阻等于信号源的内阻。问:变压器变压比,初、次级电流各为多少?

解:负载电阻:

$$R_2 = 150\Omega$$

变压器的输入电阻:

$$R_1 = R_0 = 600\Omega$$

则变比应为:

$$K = \frac{N_1}{N_2} \approx \sqrt{\frac{R_1}{R_2}} = \sqrt{\frac{600}{150}} = 2$$

初、次级电流分别为:

$$I_1 = \frac{E}{R_0 + R_1} = \frac{1}{600 + 600} \approx 0.83 \times 10^{-3}\text{A} = 0.83\text{mA}$$

$$I_2 \approx \frac{N_1}{N_2} I_1 = 2 \times 0.83 = 1.66\text{mA}$$

五、变压器的外特性和电压变化率

1. 变压器的外特性

变压器外特性就是当变压器的初级电压 U_1 和负载的功率因数都一定时,次级电压 U_2 随次

级电流 I_2 变化的关系,如图 4-21 所示。

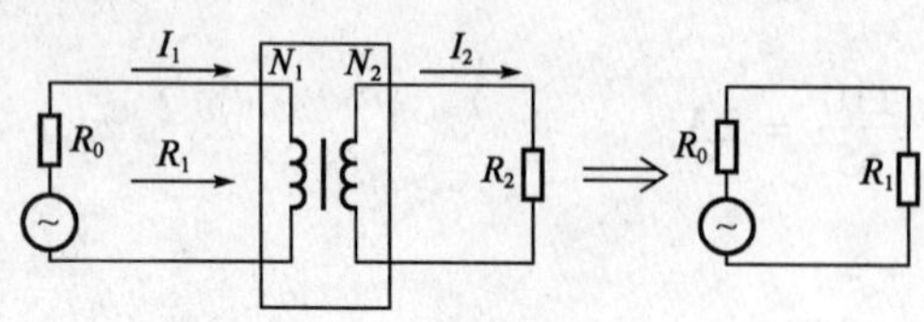

图 4-20　例 4-4 附图

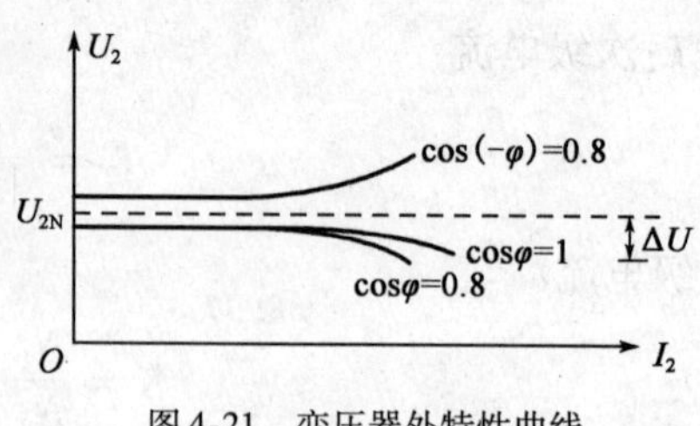

图 4-21　变压器外特性曲线

由变压器外特性曲线图可见:

(1) $I_2=0$ 时, $U_2=U_{2N}$。

(2)当负载为电阻性和电感性时,随着 I_2 的增大, U_2 逐渐下降。在相同的负载电流情况下, U_2 的下降程度与功率因数 $\cos\varphi$ 有关。

(3)当负载为电容性负载时,随着功率因数 $\cos\varphi$ 的降低,曲线上升。所以,在供电系统中,常常在电感性负载两端并联一定容量的电容器,以提高负载的功率因数 $\cos\varphi$。

2. 电压的变化率

电压变化率是指变压器空载时次级端电压 U_{2N} 和有载时次级端电压 U_2 之差与 U_{2N} 的百分比。即:

$$\Delta U=\frac{U_{2N}-U_2}{U_{2N}}\times 100\%$$

电压变化率越小,为负载供电的电压越稳定。

六、变压器的功率和效率

1. 变压器的功率

变压器的功率消耗等于输入功率 $P_1=U_1I_1\cos\varphi_1$ 和 $P_2=U_2I_2\cos\varphi_2$ 输出功率之差,即 $P_L=P_1-P_2$ 变压器功率损耗包括铁损和铜损。

2. 变压器的效率

变压器的效率为变压器输出功率与输入功率的百分比,即 $\eta=\frac{P_2}{P_1}\times 100\%$。

大容量变压的效率可达 98% ~99%,小型电源变压器效率约为 70% ~80%。

[例 4-5]　有一变压器初级电压为 2200V,次级电压为 220V,在接纯电阻性负载时,测得次级电流为 10A,变压器的效率为 95%。试求它的损耗功率,初级功率和初级电流。

解:次级负载功率:

$$P_2=U_2I_2\cos\varphi_2=220\times 10=2200\text{W}$$

初级功率:

$$P_1=\frac{P_2}{\eta}=\frac{2200}{0.95}\approx 2316\text{W}$$

损耗功率:

$$P_L = P_1 - P_2 = 2316 - 2200 = 116\text{W}$$

初级电流:

$$I_1 = \frac{P_1}{U_1} = \frac{2316}{2200} \approx 1.05\text{A}$$

七、常用变压器

1. 自耦变压器

(1)自耦变压器的构造和工作原理

自耦变压器原、副线圈共用一部分绕组,它们之间不仅有磁耦合,还有电的关系,如图4-22所示。原、副线圈电压之比和电流之比的关系为:

$$\frac{U_1}{U_2} = \frac{I_2}{I_1} \approx \frac{N_1}{N_2} = K$$

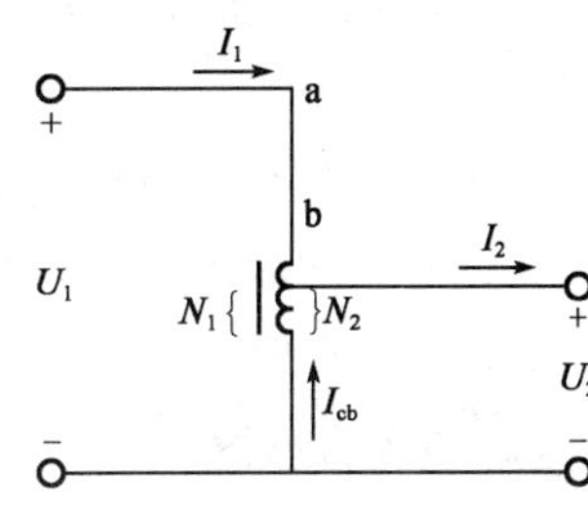

图4-22　自耦变压器符号及原理图

(2)自耦变压器的使用

自耦变压器在使用时,一定要注意正确接线,否则易于发生触电事故。

实验室中用来连续改变电源电压的调压变压器,就是一种自耦变压器,如图4-23所示。

2. 多绕组变压器

(1)多绕组变压器

变压器的次级有两个以上的绕组或初、次级都有两个以上绕组的变压器叫多绕组变压器,如图4-24所示。多绕组变压器原、副线圈的电压关系仍符合变压比的关系,即:

$$\frac{U_1}{U_2} \approx \frac{N_1}{N_2}$$

$$\frac{U_1}{U_3} \approx \frac{N_1}{N_3}$$

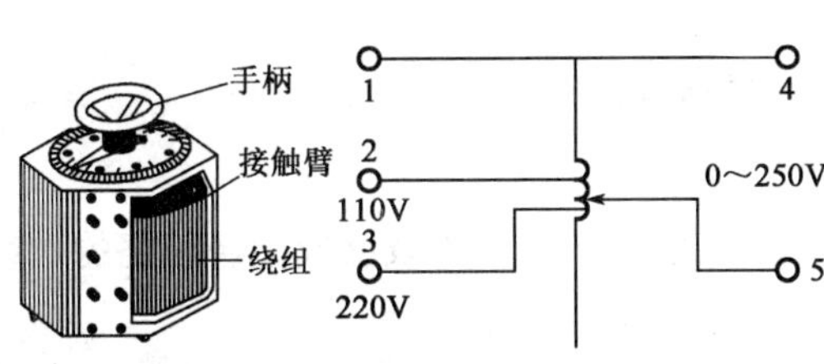

图4-23　实验用调压变压器

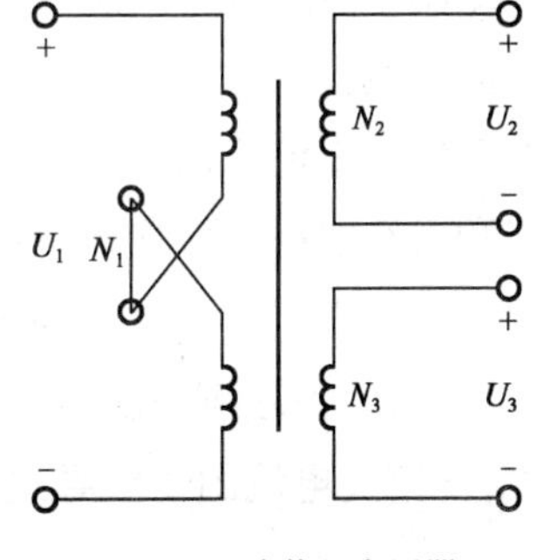

图4-24　多绕组变压器

(2)多绕组变压器的使用

多绕组变压器多使用于电子设备中,输出多种电压。多绕组可串联或并联使用,串联时应将线圈的异名端相接,并联时应将线圈的同名端相接。只有匝数相同的线圈才能并联。

3. 互感器

互感器是一种专供测量仪表,控制设备和保护设备中使用的变压器。可分为电压互感器和电流互感器两种。

(1)电压互感器

使用时,电压互感器的高压绕组跨接在需要测量的供电线路上,低压绕组则与电压表相连,如图4-25所示。

可见,高压线路的电压 U_1 等于所测量电压 U_2 和变压比 K 的乘积,即 $U_1=KU_2$ 使用时应注意:

①次级绕组不能短路,防止烧坏次级绕组。

②铁芯和次级绕组一端必须可靠的接地,防止高压绕组绝缘被破坏时而造成设备的破坏和人身伤亡。

(2)电流互感器

使用时,电流互感器的初级绕组与待测电流的负载相串联,次级绕组则与电流表串联成闭合回路,如图4-26所示。

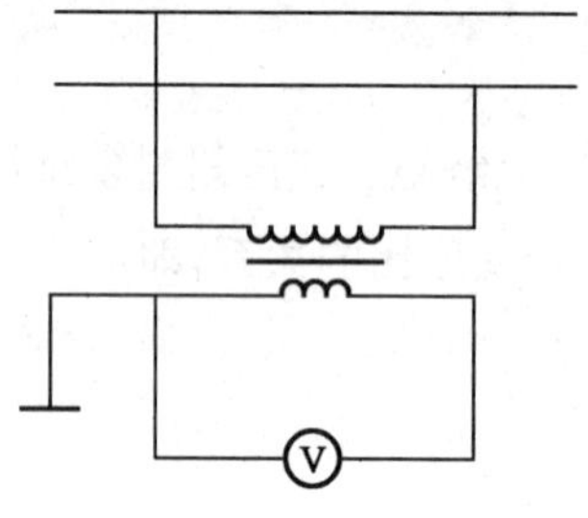

图4-25　电压互感器

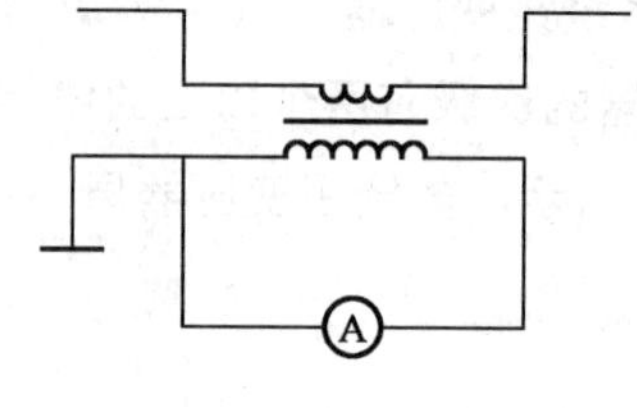

图4-26　电流互感器

通过负载的电流就等于所测电流和变压比倒数的乘积。

使用时应注意:

①绝对不能让电流互感器的次级开路,否则易造成危险;

②铁芯和次级绕组一端均应可靠接地。

③常用的钳形电流表也是一种电流互感器。它是由一个电流表接成闭合回路的次级绕组和一个铁芯构成,其铁芯可开、可合。

测量时,把待测电流的一根导线放入钳口中,电流表上可直接读出被测电流的大小,如图4-27所示。

4. 三相变压器

三相变压器就是三个相同的单相变压器的组合，如图4-28所示。

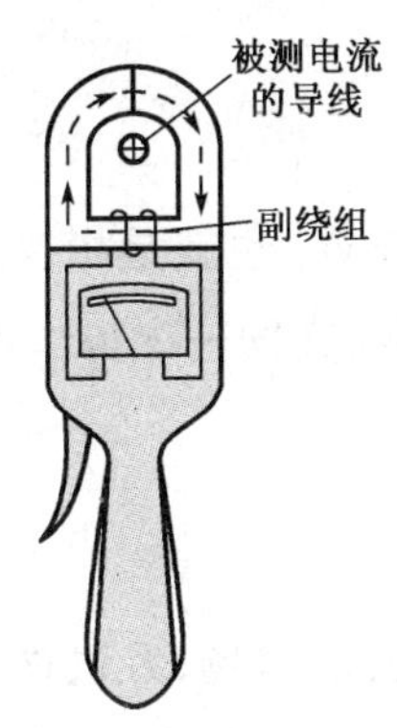

图4-27　钳形电流表

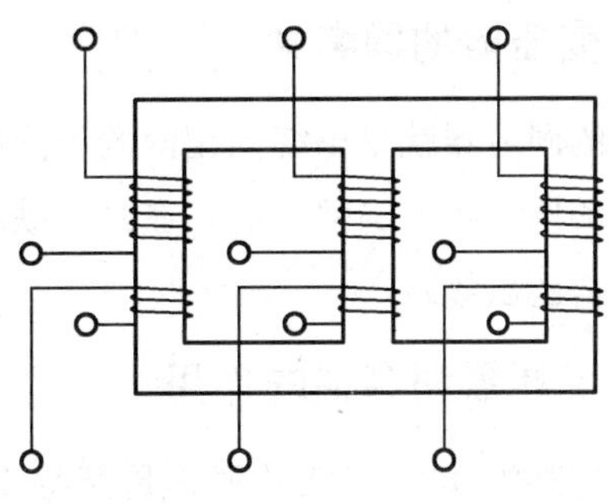

图4-28　三相变压器

三相变压器用于供电系统中。根据三相电源和负载的不同，三相变压器初级和次级线圈可接成星形或三角形。

八、变压器的额定值和检验

1. 变压器的额定值

变压器的满负荷运行情况叫额定运行，额定运行条件叫变压器的额定值。

额定容量——指次级最大视在功率，单位是伏安（VA）或千伏安（kVA）。

额定初级电压——指接到初级线圈电压的规定值。

额定次级电压——指变压器空载时，初级加上额定电压后，次级两端的电压。

额定电流——指规定的满载电流值。

变压器的额定值取决于变压器的构造及使用的材料。使用时，变压器应在额定条件下运行，不能超过其额定值。

除此外还应注意：

（1）工作温度不能过高；

（2）初、次级绕组必须分清；

（3）防止变压器绕组短路，以免烧毁变压器。

2. 变压器的检验

变压器在使用前应进行检验，通常其检验内容有：

（1）区分绕组、测量各绕组的直流电阻；

（2）绝缘检查；

（3）各绕组的电压和变压比；

（4）磁化电流 I_{μ}，变压器次级开路时的初级电流叫磁化电流，I_{μ} 一般为初级额定电流的3% ~8%。各项检验都应符合设计标准，否则不宜使用。

任务五　测量变压器的同名端

一、变压器的同名端

变压器的同名端就是指绕向相同的不同绕组的始端或末端，也就是指变压器的副边感应电动势相位和原边相同的那一端。在同一铁芯上的不同绕组，在同一磁势作用下，产生同样极性感应电动势的出线端。

二、变压器同名端的作用

变压器是感性器件，其工作原理是互感原理，原边产生交变磁场，经过铁芯使交变磁场通过变压器副边，在副边产生感应电动势。若需要提高输出电压，可将异名端相串，使绕组串联，这样，在另外两个异名端就可以得到一个新的高电压输出；如果需要加大电流时，可将绕组同名端并联，就会得到一个电流比较大的输出电流。

须注意的是改变输入/输出电压应满足二个条件：

(1)必须是同一铁芯上同时缠绕二组原边(初级)和二组副边(次级)。

(2)必须是一次侧的二组线圈串/并联，或二次侧二组线圈串/并联，否则不仅不能达到预期目的，还会有危险及隐患出现。

例如若将变压器(220/110)的一次侧和二次侧的两个同名端连接起来，在变压器的另两个同名端会输出相减的电压，即110V；若将异名端连接起来，另两个异名端将输出相加的电压，约等于330V。

可见，利用变压器绕组的同名端和异名端，不仅能帮助识别和掌握变压器输入和输出的相位变化，还能使我们根据使用需要改变输入/输出电压及电流。

三、变压器同名端的判断

可以通过变压器绕组一端绕上的方向判断，如果绕组开始均顺时针旋转绕上，那么顺时针出来的两个头就是同名端。但是，由于我们所使用的变压器都是封闭的，所以无法看到绕组的绕向。因此，可采用以下方法进行判断：

1. 直流判断法

接好被测变压器，使用指针万用表(或指针式直流电压表)和干电池(或直流电源)测量，在变压器原边(初级)接上测量仪表，并置于低挡位，在变压器副边(次级)接上干电池(或直流电源)和按钮，快速将按钮接通和断开，如果测量仪表的指针在接通的瞬间正偏，那么电池正极与测量仪表红表笔所接的是同名端；如果反偏，则是异名端，将电池或表笔反过来接可以了将开关接通后立即断开(时间不要超过一秒)。若测量仪表的指针正向偏转，端子a为同名端。若测量仪表的指针反向偏转，端子b为同名端。

2. 交流判断法

接好被测变压器，在线圈Ⅰ送入50Hz1V交流电压，这里，把1V交流电记为y。测量线圈Ⅱa、b点的电压记为x。若电压表指示值小于v+x，则a为同名端。若电压表指示值等于y+x，b为同名端。

变压器其他绕组用同法判断。高频变压器可用800Hz以上的电源，测试时要注意电表的量程。

由同一电流感应的电动势，极性始终保持一致的端子为同名端。

结论：电流从一个同名端流入，必定从另一个同名端流出。

任务六 学会使用兆欧表测量变压器的绝缘电阻

一、变压器的绝缘电阻

对任何绝缘材料而言，将足够的电压施加在绝缘材料上，在绝缘材料内或沿绝缘材料表面就会有泄漏电流产生，施加的电压越高，泄漏电流就越大。对正常绝缘材料而言，施加的电压一定时，泄漏电流大小基本保持不变。

绝缘材料的绝缘电阻并不是一个恒定的值，当绝缘材料吸收水分或表面有灰尘或瓷件表面有污垢时，绝缘材料的绝缘电阻就会大大地降低。绝缘电阻之所以会降低是由于吸收水分受脏后相当于并联了一个相当数值的电阻，使绝缘材料的总电阻下降。绝缘电阻降低后泄漏电流就增大。所以绝缘电阻可以判断内部绝缘材料是否受潮，或外绝缘表面是否有缺陷。对外绝缘而言，如果擦干净后，即可恢复其绝缘性能，说明不了外绝缘的绝缘性能本质。对内绝缘而言，也不能表示其老化程度与损伤情况（这些绝缘性能要由介质损失角及局部放电试验来测定）。所以绝缘电阻，吸收比试验，极化指数是一项在低电压下测定的绝缘性能。它们能反映一部分影响绝缘性能的原因，但它代替不了高电压下的绝缘性能试验。

绝缘电阻与温度的关系很大，温度上升后绝缘电阻就下降，因此在测定绝缘电阻时必须记录被测绝缘电阻时的温度，必须换算到同一温度后才能对比绝缘电阻值。一般而言，每增加10℃，绝缘电阻下降一半。详细换算公式可参见变压器的性能参数标准。绝缘电阻与温度的关系是基于下列原因：绝缘材料内部含有的一些水分是形成极细的纤维状线条，温度上升后，水分受热膨胀时，纤维条就伸长，它们会互相交联在一起，使泄漏电流容易通过，绝缘电阻就下降。如在水中还溶有盐类时，温度越高，溶解度也越大，也使绝缘电阻下降。

当绝缘材料在直流电压作用下，吸收特性还与时间有关，包括充电电流在内的吸收电流是随时间而衰减的，有一衰减的时间常数，到一定时间后吸收电流就降为很低的值。这就提出可用60s时绝缘电阻绝对值与15s时绝缘电阻的比值来表示低直流电压下的绝缘性能。但是，大容量变压器的吸收电流衰减慢，即充电时间长，又提出用极化指数来表示绝缘性能。极化指数是 10min 时绝缘电阻与 1min 绝缘电阻的比值。

变压器的绝缘系统相当于一个电容器，有充放电作用，刚加电压时，就有泄漏电流和充电电流及吸收电流，总电流大，即绝缘电阻低，但随着充电的充够，过一定时间后，总电流中只有泄漏电流，因充电电流与吸收电流已下降到接近零。

二、认识兆欧表

兆欧表也叫摇表，如图 4-29 所示，一般是用来测量电气设备（如电动机、变压器及电气线路的导线等）的绝缘电阻。

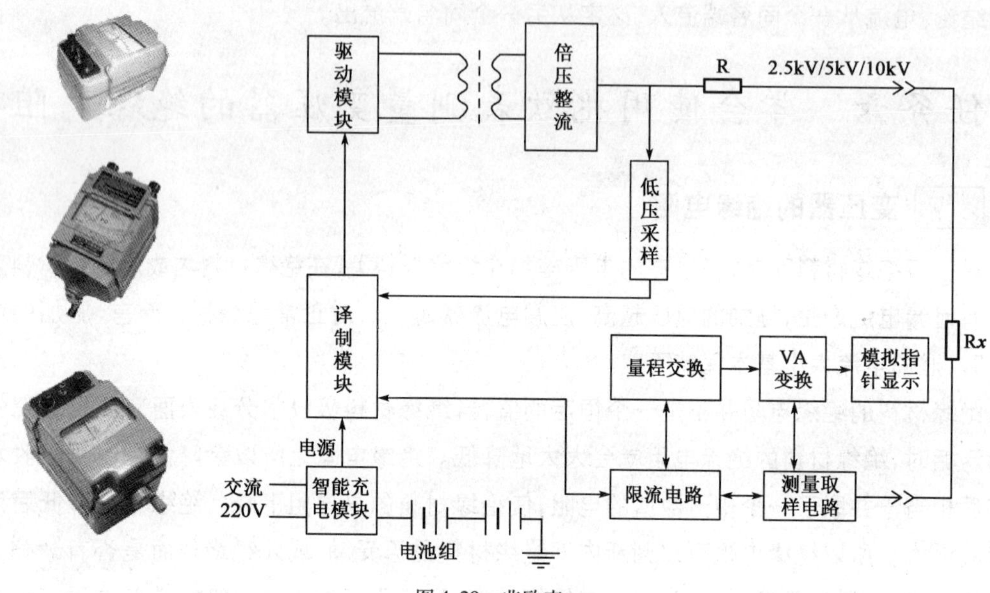

图 4-29　兆欧表

所谓绝缘电阻是指电气设备自身的导电体之间及对地的电阻，也是电气线路中相对相（UVW 三相之间任意两相）及相对地（UVW 三相中任意一相与地线 P 或零线 N 之间）的电阻。若电气设备的绝缘电阻小，则会容易击穿形成短路烧损线路。因此，在工作中必须学会正确使用兆欧表测量绝缘电阻，以保证电气设备安全、可靠的运行和使用。

三、兆欧表的基本结构及原理

兆欧表是由高压手摇发电机及磁电式双动圈流比计组成，能产生出 500V 或 1000V（类型不同电压也不同，一般常见的是 500V），具有输出电压稳定，读数正确，噪音小，摇动轻，且装有防止测量电路泄漏电流的屏蔽装置和独立的接线柱。

测量的前应先将仪表的指针调零，即把两个接线直接连接，摇动摇柄看指针是否指在零刻度（如不指针不归零，则需要手动调到零刻度；若实在调整不了，就应修理或者更换表）。

使用兆欧表测量绝缘电阻时，需将表的两根线分别夹在被测器件两端（有时要分极性，一红一黑），然后按 120/S 均匀摇动摇表，待表针基本稳定后，在刻度盘上读出的数值为被测物体的绝缘电阻值。就可以注意：摇柄摇动时电压很高，所以不要接触两个接线以防止触电。

四、测量绝缘电阻的方法及步骤

新安装或检修后和长期停用(三周)的变压器投入运行前应测绝缘。

电压等级为1000V以上的高压绕组使用2500V摇表,1000V以下的低压绕组用1000V摇表。

电阻值规定(20℃):3~10KV为300MΩ、20~35KV为400MΩ、63~220KV为800MΩ、500KV为3000MΩ。

变压器的绝缘电阻,一般都要参照原来的记录判断,原来的记录偏低的,这次虽然不合格,和原来的记录接近也可以投入运行,运行初期注意观察。当电阻值略低于标准又低压原来值的30%以上时要测量变压器的介质损耗和吸收比,必要时作预防性试验进一步判断。

大型变压器因为对地电容较大,对其摇测绝缘电阻或吸收比时要遵守操作规程,否则容易损坏测试设备或使人受到电击。

测试的方法及步骤:(设备先停电,再检查无接地装置,然后测量)

(1)必须2人操作,测试线必须用绝缘屏蔽线,其中屏蔽线的芯线接兆欧表的L端,屏蔽层接E端,G端接地。

(2)如遇潮湿天气进行绝缘试验应在变压器套管外做屏蔽环,并使屏蔽环接屏蔽端,以排除外绝缘泄漏对测量值的影响。

(3)测试是一人均匀摇动兆欧摇表,当指针指向无穷大时,另一人将测试线的芯线搭通被试变压器的套管,等到表计读数稳定,读取绝缘电阻值。

(4)断开被测变压器的测试线,兆欧表缓慢停止摇动。

(5)用接地线将被试变压器的套管短路放电。

(6)使用电子兆欧表的操作方式类似,只是用按钮代替手摇。整个过程中兆欧表的转速必须保持稳定。

五、测量绝缘电阻的注意事项

(1)测量前应正确选用表计的规范,使表计的额定电压与被测电气设备的额定电压相适应,额定电压500V及以下的电气设备一般选用500~1000V的兆欧表,500V以上的电气设备选用2500V兆欧表,高压设备选用2500~5000V兆欧表。

(2)使用兆欧表时,首先鉴别兆欧表的好坏,在未接被试品时,先驱动净欧表,其指针可以上升到“∞”处,然后再将两个接线端钮短路,慢慢摇动兆欧表,指针应指到"0"处,符合上述情况说是兆欧表是好的,否则不能使用。

(3)使用时必须水平放置,且远离外磁场。

(4)接线柱与被试品之间的两根导线不能绞线,应分开单独连接,以防止绞线绝缘不良而影响读数。

(5)测量时转动手柄应由慢渐快并保持150r/min转速,待调速器发生滑动后,即为稳定的读数，一般应取1min后的稳定值，如发现指针指零时不允许连续摇动，以防线圈损坏。

(6)在雷电和邻近有带高压导体的设备时，禁止使用仪表进行测量，只有在设备不带电，而又不可能受到其他感应电而带电时，才能进行。

(7)在进行测量前后对被试品一定要进行充分放电，以保障设备及人身安全。

(8)测量电容性电气设备的绝缘电阻时，应在取得稳定值读数后，先取下测量线，再停止转动手柄。测完后立即对被测设备接地放电。

(9)避免剧烈长期震动，使表头轴尖、宝石受损而影响刻度指示。

(10)仪表在不使用时应放在固定的地方，环境温度不宜太热和太冷，切勿放在潮湿、污秽的地面上。并避免置于含腐蚀作用的空气附近。

任务七　制作小型电源变压器

一、小型电源变压器的结构

1. 外形(见图4-30)

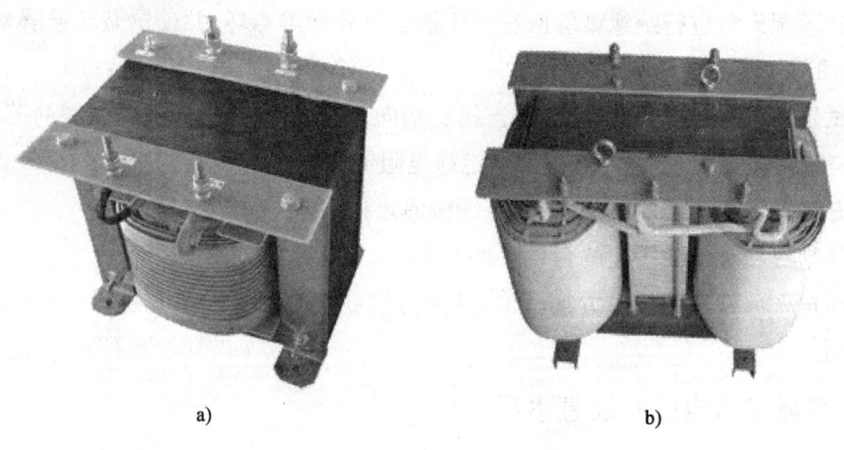

a)　　b)

图4-30　小型电源变压器外形图

2. 结构

它主要由铁芯、骨架、绕组、绝缘物及紧固件等组成。

(1)铁芯

小型电源变压器铁芯常见的有E型、EI型、C型等，如图4-31所示。E型和EI型铁芯是以硅钢片冲制而成的而C型铁芯则是用冷轧硅钢带卷制而成的。

E型和E1型铁芯是目前使用得最多的铁芯，它的主要优点是绕组的初、次级可共用一个骨架，有较高的窗口占空系数，铁芯可对绕组形成保护外壳，使绕组不易受机械创伤。另外铁芯的散热面积也较大，本身磁场发散也较少，但它也有缺点，如磁路中气隙较大，增加磁阻，使磁路性能降低。除此之外，它还存在着铜线多、漏感大和外来磁场干扰大的缺点。

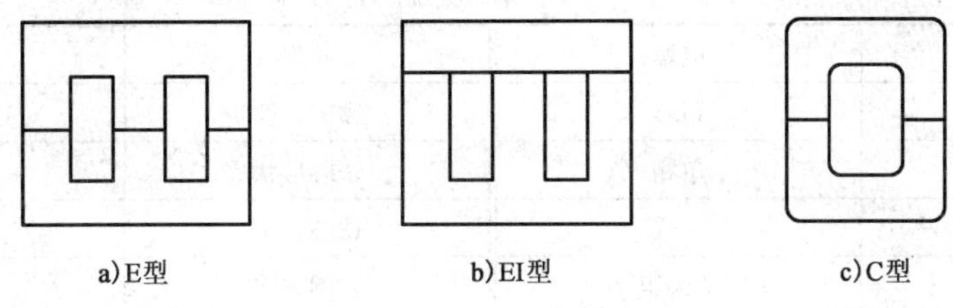

图4-31　小型电源变压器铁芯

C型铁芯的制造过程是:冷轧硅钢带卷绕成形后,经热处理、漫渍等工艺制成封闭铁芯,然后把封闭铁芯切开,形成两个C型铁芯,将线包套入后,再把一对C型铁芯拼在起,并紧固捆扎在一起而构成变压器。C型铁芯的气隙可以做得很小,还具有体积小、重量轻、材料利用率高等优点。

(2)骨架

骨架一般都由塑料压制而成,也可以用胶合板及胶木化纤维板制作。

(3)绕组

小功率电游、变压器的绕组一般都采用漆包线绕制,因为它有良好的绝缘,占用体积较小,价格也便宜,对于低压大电流的线圈,有时也采用纱包粗铜线绕制。

为了使变压器有足够的绝缘强度,绕组各层间均垫有薄的绝缘材料,如电容器纸、黄蜡绸等。在某些需要高绝缘的场合还可使用聚酯薄膜和聚四氟乙烯薄膜等。

线圈绕制的顺序通常是初级线圈绕在线包的里面,然后再绕制次级线圈。为了避免干扰电压经变压器窜入无线电设备,在变压器的初、次级间还加有静电屏蔽层,以消除初、次级绕组间的分布电容引人的干扰电压。

为了便于散热,绕组和窗口之间应留有一定空隙,一般为1~3mm,但也不能过大,以免使变压器的损耗增大。绕组的引出线,一般采用多股绝缘软线。对于粗导线绕制的绕组,可使用线圈本身的导线作为引出线,外面再加绝缘套管。

(4)铁芯的固定方式

铁芯装入绕组后,必须将铁芯夹紧井予以固定,常用的方法有夹板条夹紧螺钉固定。对丁数瓦的小功率变压器,则可使用夹子固定。

3.小型电源变压器的基本数据(见表4-2)

变化电压的作用是指在电压不稳定时,将电压转换成保证电器能正常使用的安全电压。

绝缘隔离可以起到保护的作用如下:

(1)选择变压器时,要考虑它的功率、输出电压是否符合要求。

(2)安装之前要了解变压器的绕组情况,引出端的接法,用万用表R×1档检查各绕组是否断线,各独立绕组之间、绕组与铁芯之间是否有短路。决不可不经检查就盲目接线通电。

(3)电源变压器必须固定牢固,不得用变压器本身的绕组引线来固定。

基本数据 表4-2

应用范围	电源	品牌	国产
型号	EI35	频率特性	工频
电源相数	单相	铁芯形状	EI型
冷却形式	干式	铁芯结构	壳式
绕组数目	双绕组	防潮方式	开放式
冷却方式	自然冷式	外形结构	卧式
电压比	1~400(V)	效率(η)	98~75
额定功率	0.001~0.003(KVA)		

(4)有屏蔽层的电源,其屏蔽层的引线要接到公共地线上,否则起不到屏蔽作用。

4. 变压器的组成

主要是由铁芯、红圈组成,此外还有油箱、油枕绝缘套管及分接开关等。

5. 变压器油的作用

(1)绝缘作用。

(2)散热作用。

(3)消灭电弧作用。

二、小型变压器的设计

设计一台小型变压器,其输出容量 $P_2=237\text{W}$,输入电压 $U_1=220\text{V}$,输出电压 $U_2=13\text{V}$。

(1)额定容量 P:

由于变压器的效率大于90%,所以 $\eta\times P_1=P_2$,$P_2=237\text{W}$,故 $P_1=263\text{W}$。

则额定容量:

$$P=\frac{p_1+p_2}{2}=250\text{W}$$

(2)计算初级电流 I_1:

$$I_1=K\frac{P_1}{U_1}=1.43\text{A}$$

(3)计算铁芯实际截面积 A_c^1:(K_2 值取 1.1 ~ 1.6)采用 D41 ~ D43 热轧硅钢片可取 $K_2=1.25$。

$$A_c^1=K_2\sqrt{P}$$

因此:

$$A_c^1=1.25\sqrt{250}=19.7\text{cm}^2$$

$$W_o=\frac{10^4}{4.44fA_tB_t}=\frac{45}{A_tB_t}=\frac{45}{1.2\times19.1}=1.96\text{ 匝/V}$$

式中:f——电源频率,为50Hz;

B_t——对一般热轧硅钢片可取1.0～1.2T,对冷轧硅钢片可取1.2～1.6T。

(4)计算初级匝数W_1:$W_1 = U_1 W_n = 1.96 \times 220 \approx 431$匝。

(5)计算次级匝数W_2:由于次级绕组加上负载后其铜线电阻会产生5%～10%电压降,必须适当增加次级绕组匝数,因此,对理想的计算公式$W_2 = U_2 W_n$必须乘上系数K_3,$K_3 = 1.05 \sim 1.1$,暂取$K_3 = 1.05$。

所以:

$$W_2 = U_2 W_n = 1.05 \times 1.96 \times 13 = 26.7 \approx 27 \text{匝}$$

(6)计算导线直径j:可取$j = 2 \sim 4\text{A/mm}^2$,暂取$j = 2\text{A/mm}^2$。

则初级绕组导线直径$d_1 = \sqrt{\frac{4I_1}{\pi j}} = 1.13\sqrt{\frac{I_1}{j}} = 1.13\sqrt{\frac{1.43}{2}} \approx 0.84\text{mm}$。

查表得初级绕组导线直径标准值$d'_1 = 9\text{mm}$。

次级绕组导线直径$d_2 = \sqrt{\frac{4I_2}{\pi j}} = 1.13\sqrt{\frac{I_2}{j}} = 1.13\sqrt{\frac{18.2}{2}} \approx 3.41\text{mm}$。

查表得初级绕组导线直径标准值$d'_2 = 3.45\text{mm}$。

(7)选取漆包线规格:根据计算的d_1、d_2值,查表选取$d'_1 = 0.85\text{mm}$、$d'_2 = 3.55\text{mm}$。

(8)选取铁芯窗口面积:铁芯舌宽$a = 35\text{mm}$,可得$h = 61.5\text{mm}$。(此长度为绕组框架长度)

由于绕组两端约10%长度不可绕线,设框架用1mm纸板制作,则框架有效长度为:

$$h' = 0.90 \times (h_1 \times 2) = 53.6\text{mm}$$

(9)计算绕组每层匝数W_n:选取绕排系数$K_4 = 1.05 \sim 1.15$,暂取$K_4 = 1.05$。

初级绕组的每层匝数$W_{1n} = \frac{h'}{K_4 d_1} \approx \frac{53.6}{1.05 \times 0.85} \approx 61$匝。

次级绕组的每层匝数$W_{2n} = \frac{h'}{K_4 d_2} \approx \frac{53.6}{1.05 \times 3.55} \approx 15$匝。

(10)计算绕组层数N:初级绕组层数$N_1 = \frac{W_1}{W_{1n}} = \frac{431}{61} \approx 8$层。

次级绕组层数$N_2 = \frac{W_2}{W_{2n}} = \frac{27}{15} \approx 2$层。

(11)计算各级绕组厚度:

①初级绕组厚度$D_1 = N_1(d'_1 + I_1) + r_1$。

代入式中$I_1 = (0.02 \sim 0.12)\text{mm}$厚的白玻璃纸、电话纸、电缆纸,暂用0.12mm的电缆纸;$r_1 = 0.34\text{mm}$厚的聚酯薄膜。

所以,$D_1 = 8 \times (0.85 + 0.12) + 0.34 = 8.1\text{mm}$。

②次级绕组厚度$D_2 = N_2(d'_2 + I_2) + r_2$。

代入式中 $l_2=(0.02\sim0.12)$mm 厚的白玻璃纸、电话纸、电缆纸，暂用 0.12mm 的电缆纸；

$r_2=r_1=0.34$mm 厚的聚酯薄膜。

所以，$D_2=11.23$mm。

(12) 选取绕组骨架厚度 D_n：骨架用 1mm 厚纸板制作，外包两层 0.05mm 厚的电话纸、0.05厚的聚酯薄膜。

因此，$D_n=1+0.05\times2+2\times0.05=1.2$mm。

(13) 计算绕组总厚度 $D=K_3(D_n+D_1+D_2)$：式中 $K_3=1.1\sim1.2$，为叠绕系数，暂取 1.15。

则 $D=K_3(D_n+D_1+D_2)=1.15\times(1.2+8.1+11.23)=20.48$mm。

查表的 $c=22$mm，因 $D<c$，所以计算结果可行。考虑到手工绕制的实际，应留有一定余量。

三、小型变压器的制作

1. 使用材料及工具设备

(1) 使用材料：青壳纸、聚酯薄膜、Φ0.27 漆包线、Φ1.12 漆包线、Φ3 黄蜡管、Φ4 黄蜡管、绝缘胶带、0.5mm 导线、1mm 导线、铁芯、钢带及钢带扣。

(2) 工具设备：绕线机、剪子、尖嘴钳子、电烙铁、偏口钳子、300mm 钢板尺、裁纸刀、木胎或铁胎（芯子）、细线手套、测圈仪。

2. 工艺规范

(1) 所需材料：裁剪宽度为 45mm 青壳纸 1 条；

宽度为 45mm 聚酯薄膜 1 条；

Φ0.5mm×100mm 引出线二根；

Φ0.5mm×250mm 引出线三根；

做 Φ1mm×100mm 引出线二根；

Φ1mm×250mm 引出线五根。

(2) 变压器线圈绕制要求：

绕制时两个线圈的初级与次级均按同一方向绕线；

绕制时漆包线严禁损伤、背扣，线圈层绕应排列整齐；

骨架包一层聚酯薄膜打底，层与层之间垫一层聚酯薄膜，初级与次级间垫三层聚酯薄膜。线圈绕制完毕，最外层包裹两层聚酯薄膜一层青壳纸两层绝缘胶带。

(3) 线圈引线焊点要光滑，不能有毛刺，用绝缘胶带粘牢后，套 Φ3 黄蜡管，黄蜡管高出骨架穿线孔 3mm。

(4) 变压器引线位置按变压器线圈排列图。

3. 初级线圈绕制

(1) 采用 Φ0.27mm 漆包线，用 Φ0.5mm 导线做引出线。

(2)引线剥8~10mm头,漆包线去漆30~40mm后与引线头平铺紧密的绕紧,用电烙铁焊好,引线由骨架初级侧按引出。

(3)左线圈排线1996匝,始端用100mm导线做引出线此端为Is,末端用250mm导线做引出线,此端为I1。

(4)右线圈始端用100mm导线做引出线此端为Is,先排线602匝,用250导线做引出线,此端为I2。再接着绕3814匝,末端用250mm导线做引出线,此端为I3。

(5)用线圈测试仪测试初级线圈匝数,应符合线圈匝数要求。

4. 次级线圈绕制

(1)采用Φ1.12漆包线,用Φ1mm导线做引出线。

(2)引线剥头,漆包线去漆后与引线头平行用Φ0.26mm裸铜丝绕紧,用电烙铁焊好,引线由骨架次级侧按顺序引出。

(3)左线圈排线79匝,始端用100mm导线做引出线此端为Ⅱs,末端用250mm导线做引出线,此端为Ⅱ1。

(4)右线圈始端用100mm导线做引出线此端为Ⅱs,先排线910匝,用250mm导线做引出线,依次再绕10匝、20匝,引出Ⅱ3、Ⅱ4、Ⅱ5端子。

(5)用线圈测试仪测试次级线圈匝数,应符合线圈匝数要求,见表4-3,表4-4。

左线圈匝数表 表4-3

初级	次级		
I1~Is	Ⅱ1~Ⅱs		
1056匝	179匝		

右线圈匝数表 表4-4

初级		次级		
Is~I2	I2~I3	Ⅱs~Ⅱ2	Ⅱ3~Ⅱ4	Ⅱ4~Ⅱ5
672匝	4384匝	429匝	100匝	200

(6)两线圈测试合格后,将初级Is和次级的Ⅱs分别焊在一起。具体方法先套Φ4mm黄蜡管,引线分别剥头去漆后用裸铜线紧密的绕在一起,焊接好,焊点要求同上。

5. 线圈检查

(1)对两个线圈进行检查,其中隐含部分(如内部引线焊点、绕线层等)在生产过程中由质检员随机抽查。

(2)检查完毕,合格品整齐摆放在准备交到下道工序,不合格品由操作者返工。

(3)为便于查找,操作者应在初级和次级外层的绝缘胶带上标注自己的工作号。

6. 变压器浸漆按《变压器浸漆工艺》中真空浸漆部分执行

7. 变压器组装

（1）铁芯成对放置、安装。组装时先去除铁芯表面及横截面的油污。

（2）用钢带紧固铁芯，钢带必须紧固，无弯曲变形并在铁芯中间。

（3）将组装好的变压器按顺序摆放在待测试区。

（4）变压器空载电流的测试。

8. 检查

9. 变压器整体浸漆按《变压器浸漆工艺》中整体浸漆部分执行

10. 变压器电气性能测试

（1）技术指标（见表4-5）：变压器空载时，入端电流小于11mA，其二次端子电压的误差不应大于规定值的±5%，满载时其二次端子电压不应小于规定值的85%。

技术指标　　表4-5

容量（WA）	一次线圈		二次线圈	
	额定电压	空载电流	二次电压	二次电流
34	180V，220V	≤11mA	13，14，16	2.1A

（2）测试工具：调压器250V、0.3KVA一台，测试箱一台。

（3）测试方法：

①空载测试：空载电流的测试，闭合K，调节ZOB，使V1读数分别为220V，A1的读数应小于11mA。空载电压的测量，闭合K，调节ZOB，使V1读数分别为220V，然后分别用V2测量空载输出电压。测量结果应符合不大于规定值的±5%的规定，如图4-32所示。

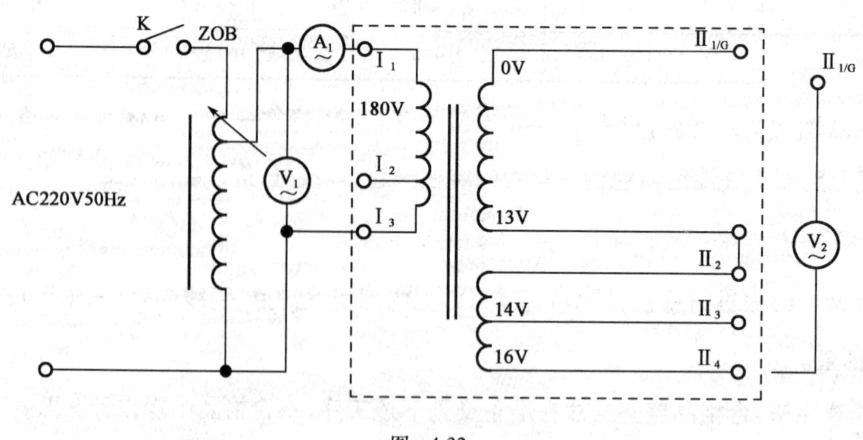

图 4-32

②负载测试：闭合 K，调节 ZOB，使 V1 读数分别为 220V，接通负载调整二次侧电流为 2.1A，测试结果符合不小于规定值的 85% 的规定，如图 4-33 所示。

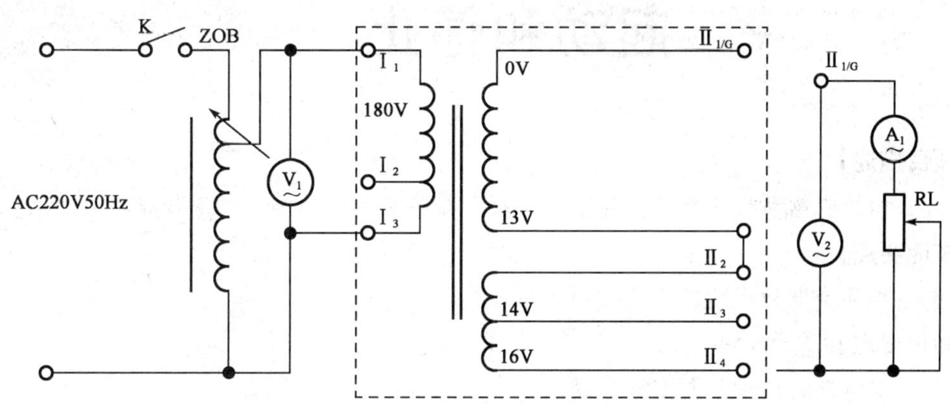

图 4-33　负载测试

（4）测试结果认真填写到变压器测试记录表中，同时将变压器编号填在变压器左线圈上。

（5）合格品整齐摆放到合格品区或入成品库。不合格品报废，同时填写不合格记录。

思　考　题

1. 磁体及其性质是什么？
2. 磁场与磁感线是如何描述的？
3. 电流的磁场的产生及判定方法。
4. 电磁感应现象指的是什么？
5. 闭合回路中感应电流的方向如何判断？
6. 线圈中感应电流的方向如何判断？
7. 自感现象指的是什么？
8. 互感现象指的是什么？
9. 互感线圈的同名端及判定方法。
10. 变压器同名端的作用及判定方法。
11. 什么是变压器的绝缘电阻？
12. 测量绝缘电阻的方法及步骤。
13. 测量绝缘电阻的注意事项是什么？
14. 小型电源变压器的主要组成有哪些部分？

项目五　控制三相异步电动机的起动和停止

【项目描述】

通过三相异步电动机的起动和停止来了解三相异步电动的结构和工作原理。

【技能要点】

安装三相异步电动机的基本的控制电路。

【知识要点】

三相异步电动机的结构与工作原理。

任务一　认识三相异步电动机

一、电动机概述

电动机是一种实现机—电能量转换的电磁装置，常见的电动机可分为交流电动机和直流电动机。电动机是随着生产力的发展而发展的，反过来，电动机的发展也促进了社会生产力的不断提高。从19世纪末期起，电动机就逐渐代替蒸汽机作为拖动生产机械的原动机，一个多世纪以来，虽然电动机的基本结构变化不大，但是电动机的类型增加了许多，在运行性能，经济指标等方面也都有了很大的改进和提高，而且随着自动控制系统和计算机技术的发展，在一般旋转电动机的理论基础上又发展出许多种类的控制电动机，控制电动机具有高可靠性、好精确度、快速响应的特点，已成为电动机学科的一个独立分支。在自然界各种能源中，电机具有大规模集中生产，远距离经济传输，智能化自动控制的突出特点，它成为人类生产和生活的主要能源，而且对近代人类文明的产生和发展起到了重要的推动作用。在现代生活中，电机在家电中扮演了重要的角色，家用电器用电机主要是小功率电机，凡家庭中有转动件的，都是由电机来驱动的，而且绝大部分为中小功率电机，如空调用的室内机风扇电机，室外机的风扇电机，压缩机，室内机转叶电机，洗衣机的转动电机等。

电动机的分类有许多种：

1. 按工作电源分类

根据电动机工作电源的不同，可分为直流电动机和交流电动机。其中交流电动机还分为单相电动机和三相电动机。

2. 按结构及工作原理分类

电动机按结构及工作原理可分为异步电动机和同步电动机。同步电动机还可分为永磁同步电动机、磁阻同步电动机和磁滞同步电动机。异步电动机可分为感应电动机和交流换向器电动机。感应电动机又分为三相异步电动机、单相异步电动机和罩极异步电动机。交流换向器电动机又分为单相串励电动机、交直流两用电动机和推斥电动机。

3. 按起动与运行方式分类

电动机按起动与运行方式可分为电容起动式电动机、电容运转式电动机、电容起动运转式电动机和分相式电动机。

4. 按用途分类

电动机按用途可分为驱动用电动机和控制用电动机。驱动用电动机又分为电动工具用电动机、家电用电动机及其他通用小型机械设备用电动机。控制用电动机又分为步进电动机和伺服电动机等。

5. 按转子的结构分类

电动机按转子的结构可分为笼型感应电动机和绕线转子感应电动机。

6. 按运转速度分类

电动机按运转速度可分为高速电动机、低速电动机、恒速电动机、调速电动机。

二、三相异步电动机结构

异步电动机的结构也可分为定子、转子两大部分。定子就是电机中固定不动的部分，转子是电机的旋转部分。由于异步电动机的定子产生励磁旋转磁场，同时从电源吸收电能，并产生且通过旋转磁场把电能转换成转子上的机械能，所以与直流电机不同，交流电机定子是电枢。另外，定、转子之间还必须有一定间隙（称为空气隙），以保证转子的自由转动。异步电动机的空气隙较其他类型的电动机气隙要小，一般为0.2～2mm。

三相异步电动机外形有开启式、防护式、封闭式等多种形式，以适应不同的工作需要。在某些特殊场合，还有特殊的外形防护形式，如防爆式、潜水泵式等。不管外形如何电动机结构基本上是相同的。现以封闭式电动机为例介绍三相异步电动机的结构。如图5-1所示是一台封闭式三相异步电动机解体后的零部件图。

1. 定子部分

定子部分由机座、定子铁芯、定子绕组及端盖、轴承等部件组成。

（1）机座。机座用来支承定子铁芯和固定端盖。中、小型电动机机座一般用铸铁浇成，大型电动机多采用钢板焊接而成。

（2）定子铁芯。定子铁芯是电动机磁路的一部分。为了减小涡流和磁滞损耗，通常用0.5mm厚的硅钢片叠压成圆筒，硅钢片表面的氧化层（大型电动机要求涂绝缘漆）作为片间绝缘，在铁芯的内圆上均匀分布有与轴平行的槽，用以嵌放定子绕组。

（3）定子绕组。定子绕组是电动机的电路部分，也是最重要的部分，一般是由绝缘铜（或

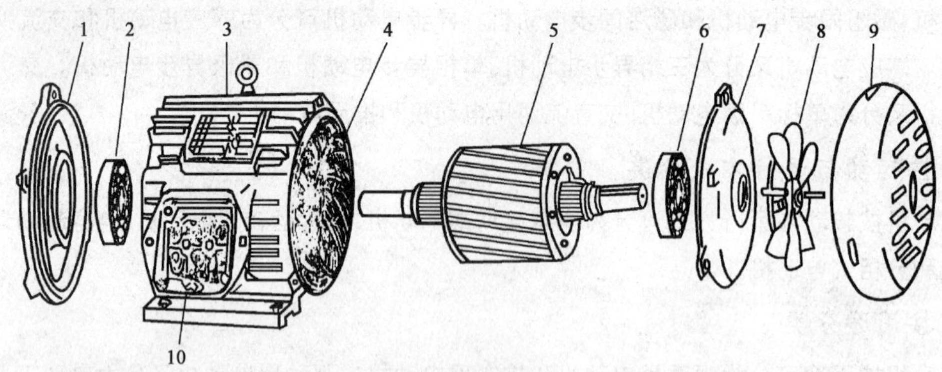

图 5-1　封闭式三相异步电动机的结构

1-端盖;2-轴承;3-机座;4-定子绕组;5-转子;6-轴承;7-端盖;8-风扇;9-风罩;10-接线盒

铝)导线绕制的绕组联接而成。它的作用就是利用通入的三相交流电产生旋转磁场。通常,绕组是用高强度绝缘漆包线绕制成各种形式的绕组,按一定的排列方式嵌入定子槽内。槽口用槽楔(一般为竹制)塞紧。槽内绕组匝间、绕组与铁芯之间都要有良好的绝缘。如果是双层绕组(就是一个槽内分上下两层嵌放两条绕组边),还要加放层间绝缘。

(4)轴承。轴承是电动机定、转子衔接的部位,轴承有滚动轴承和滑动轴承两类,滚动轴承又有滚珠轴承(也称为球轴承),目前多数电动机都采用滚动轴承。这种轴承的外部有贮存润滑油的油箱,轴承上还装有油环,轴转动时带动油环转动,把油箱中的润滑油带到轴与轴承的接触面上。为使润滑油能分布在整个接触面上,轴承上紧贴轴的一面一般开有油槽。

2. 转子部分

转子是电动机中的旋转部分,如图 5-1 中的部件 5 一般由转轴、转子铁芯、转子绕组、风扇等组成。转轴用碳纲制成,两端轴颈与轴承相配合。出轴端铣有键槽,用以固定皮带轮或联轴器。转轴是输出转矩、带动负载的部件。转子铁芯也是电动机磁路的一部分。由 0.5mm 厚的硅钢片叠压成圆柱体,并紧固在转子轴上。转子铁芯的外表面有均匀分布的线槽,用以嵌放转子绕组。

三相交流异步电动机按照转子绕组形式的不同,一般可分为笼型异步电动机和绕线型异步电动机。

(1)笼型转子线槽一般都是斜槽(线槽与轴线不平行),目的是改善起动与调速性能。其外形如图中的第 5 部分;笼型绕组(也称为导条)是在转子铁芯的槽里嵌放裸铜条或铝条,然后用两个金属环(称为端环)分别在裸金属导条两端把它们全部接通(短接),即构成了转子绕组;小型笼型电动机一般用铸铝转子,这种转子是用熔化的铝液浇在转子铁芯上,导条、瑞环一次浇铸出来。如果去掉铁芯,整个绕组形似鼠笼,所以得名笼型绕组,如图 5-2 所示。图 5-2a)为笼型直条形式,图 5-2b)为笼型斜条形式。

(2)绕线型转子绕组与定子绕组类似,由镶嵌在转子铁芯槽中的三相绕组组成。绕组一般采用星形连接,三相绕组绕组的尾端接在一起,首瑞分别接到转轴上的 3 个铜滑环上,通过电刷把 3 根旋转的线变成了固定线，与外部的变阻器连接，构成转子的闭合回路，以便于控制，如图 5-3 所示。有的电动机还装有提刷短路装置，当电动机起动后又不需要调速时，可提起电刷，同时使用 3 个滑环短路，以减少电刷磨损。

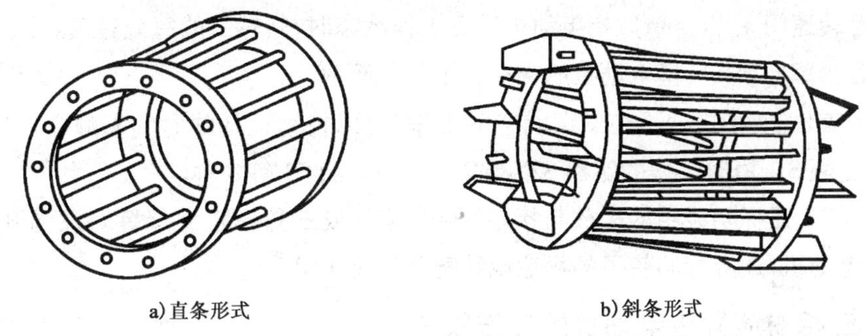

a)直条形式　　b)斜条形式

图 5-2　笼型异步电动机的转子绕组形式

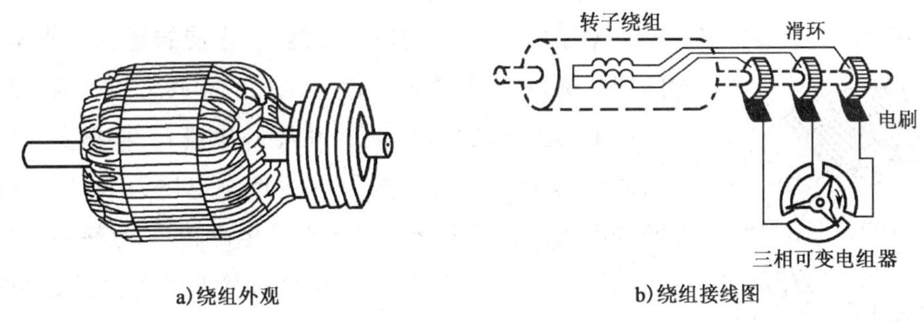

a)绕组外观　　b)绕组接线图

图 5-3　绕线式异步电动机的转子

两种转子相比较，笼型转子结构简单，造价低廉，并且运行可靠，因而应用十分广泛。绕线型转子结构较复杂，造价也高，但是它的起动性能较好，并能利用变阻器阻值的变化，使电动机能在一定范围内调速；在起动频繁、需要较大起动转矩的生产机械（如起重机）中常常被采用。

一般电动机转子上还装有风扇或风翼（如图 5-1 中部件 8），便于电动机运转时通风散热。铸铝转子一般是将风翼和绕组（导条）一起浇铸出来，如图 5-2b）所示。

3. 气隙 δ

所谓气隙就是定子与转子之间的空隙。中小型异步电动机的气隙一般为 0.2 ~ 1.5mm。气隙的大小对电动机性能影响较大，气隙大。磁阻也大，产生同样大小的磁通，所需的励磁电流 I_m 也越大，电动机的功率因数也就越低。但气隙过小，将给装配造成困难，运行时定、转子容易发生摩擦，使电动机运行不可靠。

三、三相异步电动机的铭牌数据

三相异步电动机在出厂时，机座上都固定着一块铭牌，铭牌上标注着额定数据。主要的额定数据为：

（1）额定功率 P_N（kW）：指电动机额定工作状态时，电动机轴上输出的机械功率。

$$P_N = \sqrt{3} I_N U_N \cos\varphi_N \eta_N$$

(2)额定电压 U_N(V):指电动机额定工作状态时,电源加于定子绕组上的线电压。

(3)额定电流 I_N(A):指电动机额定工作状态时,电源供给定子绕组上的线电流。

(4)额定转速门 n_N(r/min):指电动机额定工作状态时,转轴上的每分转速。

(5)额定频率 f_N(Hz):指电动机所接交流电源的频率。

(6)额定工作制:指电动机在额定状态下工作,可以持续运转的时间和顺序,可分为额定连续工作的定额 S1、短时工作的定额 S2、断续工作的定额 S3 等 3 种。

此外,铭牌上还标明绕组的相数与接法(接成星形或三角形)、绝缘等级及温升等。对绕线转子异步电动机,还应标明转子的额定电动势及额定电流。

四、三相交流异步电动机的工作原理

三相异步电动机的工作原理是基于定子旋转磁场和转子电流的相互作用。

如图 5-4 所示,假设定子只有一对磁极,转子只有一匝绕组。在旋转磁场的作用下,转子导体切割磁力线(其方向与旋转磁场的旋转方向相反),因而在导体内产生感应电动势 e 从而产生感应电流 i。根据安培电磁力定律,转子电流与旋转磁场相互作用产生电磁力 F(其方向用左手定则决定),这力在转子的轴上形成电磁转矩,且转矩作用方向与旋转磁场的旋转方向相同,转子受此转矩的作用,按旋转磁场的旋转方向旋转起来。

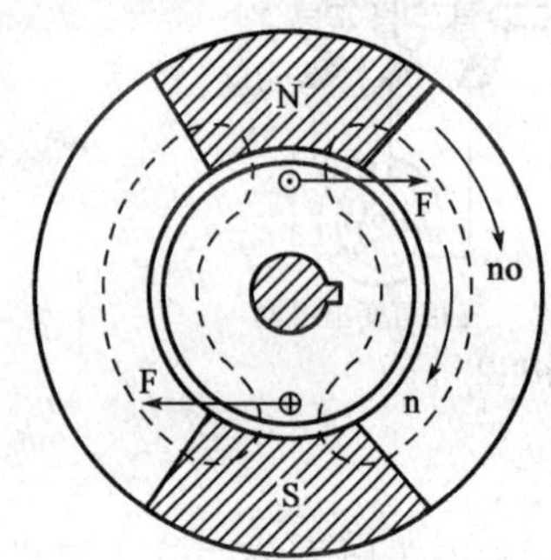

图 5-4 转子与定子示意图

1. 定子旋转磁场

假设每相绕组只有一个线匝,分别嵌放在定子内圆周的 6 个凹槽之中。现将三相绕组的末端 U2、V2、W2 相连,首端 U1、V1、W1 接三相交流电源。且三相绕组分别叫做 U、V、W 相绕组。如图 5-5 所示。

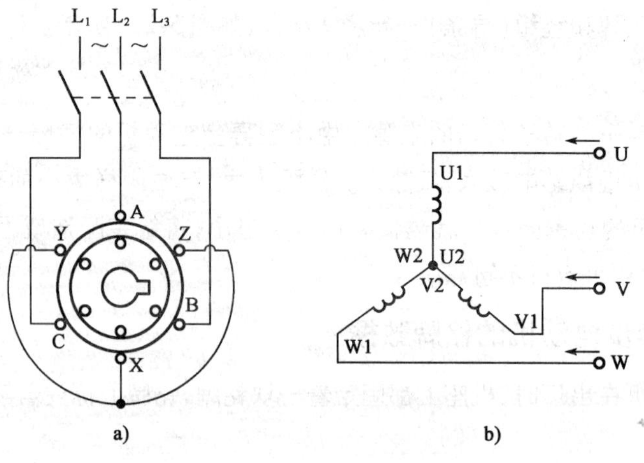

图 5-5 三相绕组

假定定子绕组中电流的正方向规定为从首端流向末端，且A相绕组的电流作为参考正弦量，即iU的初相位为零，则三相绕组U、V、W的电流（相序为U-V-W）的瞬时值为：

$$i_U = I_m \sin\omega t$$

$$i_V = I_m \sin\left(\omega t - \frac{2\pi}{3}\right)$$

$$i_W = I_m \sin\left(\omega t - \frac{4\pi}{3}\right)$$

如图5-6所示是这些电流随时间变化的曲线。

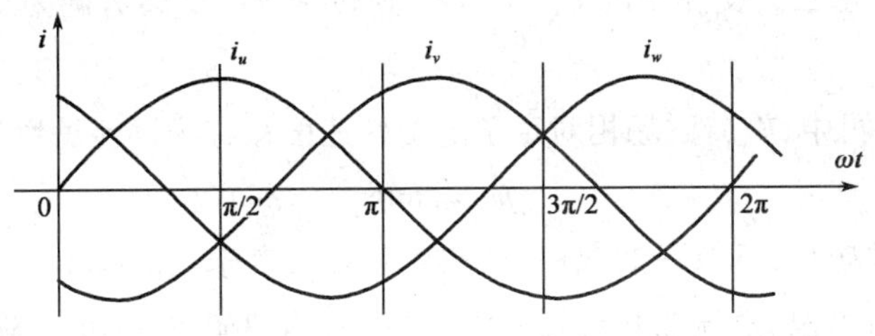

图5-6　变化曲线

（1）$t=0$

$i_U=0$，i_V为负，电流实际方向与正方向相反，即电流从V_2端流到V_1端；i_W为正，电流实际方向与正方向一致，即电流从W1端流到W2端。按右手螺旋法则确定三相电流产生的合成磁场如图5-7a）箭头所示。

（2）$t=\pi/2$

i_a为正，电流实际方向与正方向一致，即电流从U1端流到U2端。I_v、i_w为负，电流实际方向与正方向相反，即电流从V_2、W_2端流到V_1、W_1端；此时的合成磁场如图5-7b）所示，合成磁场已从$t=0$瞬间所在位置顺时针方向旋转了$\pi/2$。

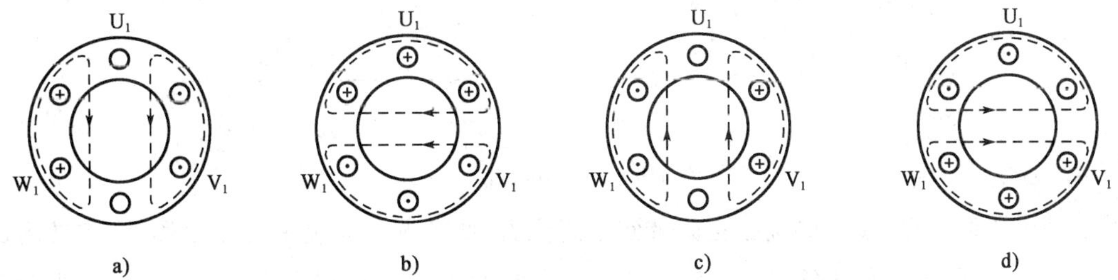

图5-7　磁场方向

（3）$t=\pi$

$i_u=0$，i_v为正，电流实际方向与正方向一致，即电流从V_1端流到V_2端。I_w为负，电流实际方向与正方向相反，即电流从W_2端流到W_1端；此时的合成磁场如图5-7c）所示，合成磁场已从$t=0$瞬间所在位置顺时针方向旋转了π。

(4) $t=3\pi/2$

I_U 为负，电流实际方向与正方向相反，I_V/I_W 为正，电流实际方向与正方向一致，即电流从 V_1、W_1 端流到 V_2、W_2 端。此时的合成磁场如图 5-7d) 所示，合成磁场已从 $t=0$ 瞬间所在位置顺时针方向旋转了 $3\pi/2$。按以上分析可以证明：当三相电流随时间不断变化时，合成磁场也在不断旋转，故称旋转磁场。

2. *旋转磁场的旋转方向和速度*

(1) U 相绕组内的电流超前 V 相绕组内的电流 $2\pi/3$，而 V 相绕组内的电流又超前 W 相绕组内的电流 $2\pi/3$，当三相交流电的 U→V→W，旋转磁场的旋转方向为从 U→V→W，即向顺时针方向旋转。

(2) 在交流电动机中，旋转磁场相对定子的旋转速度被称为同步速度，用 n_0 表示。

$$n_0 = 60f$$

以上讨论的旋转磁场，具有一对磁极（磁极对数用 p 表示）即 $p=1$。

从上述分析可以看出，电流变化经过一个周期（变化 360 电角度），旋转磁场在空间也旋转了一转（转了 360 机械角度），若电流的频率为 f，旋转磁场每分钟将旋转 $60f$ 转，即：如果把定子铁芯的槽数增加 1 倍（12 个槽），制成如图 5-8 所示的三相绕组。其中，每相绕组由两个部分串联组成，再将这三相绕组接到对称三相电源使通过对称三相电流，便产生具有两对磁极的旋转磁场。

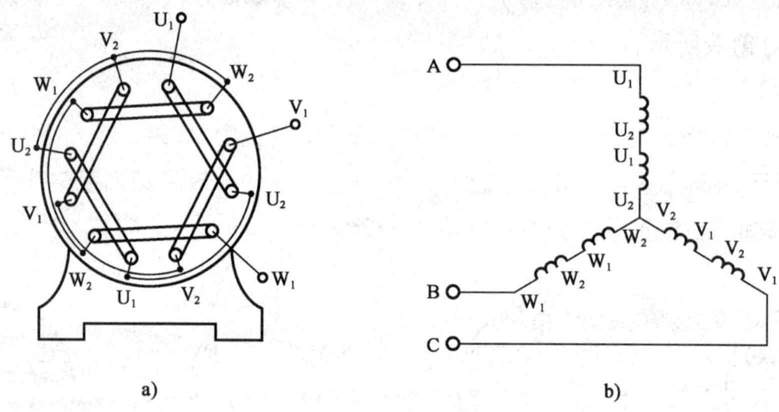

图 5-8　三相绕组

对应于不同时刻，旋转磁场在空间转到不同位置，此情况下电流变化半个周期，旋转磁场在空间只转过了 $\pi/2$，即 1/4 转，电流变化一个周期，旋转磁场在空间只转了 1/2 转。由此可知，当旋转磁场具有两对磁极（$p=2$）时，其旋转速度仅为一对磁极时的一半。依次类推，当有 p 对磁极时，其转速为：

$$n_0 = \frac{60f}{p}$$

所以，旋转磁场的旋转速度与电流的频率成正比而与磁极对数成反比。

如图5-9所示为24槽4极三相异步电动机旋转磁场。

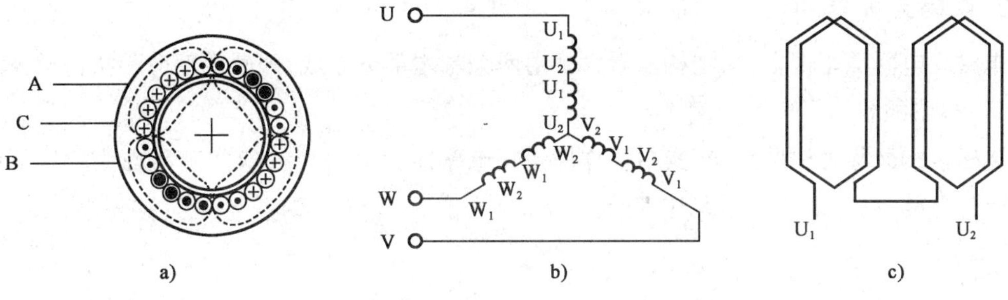

图5-9　三相异步电动机旋转磁场

(3)转差率S

转子的旋转速度称为电动机的转速,用n表示。由工作原理可知:转子的转速n(电动机的转速)恒比旋转磁场的旋转速度n_0(同步速度)要小。因为如果两种速度相等时,转子和旋转磁场没有相对运动,转子导体不切割磁力线,因此,不能产生电磁转矩,转子将不能继续旋转。因此,转子与旋转磁场之间的转速差是保证转子转速的主要因素,也是异步电动机的由来。

定义:转速差(n_0-n)与同步转速n_0的比值称为异步电动机的转差率,用表示S,即

$$S=\frac{n_0-n}{n_0}$$

转差率S是分析异步电动机运行特性的主要参数。

任务二　认识常用低压电器

一、低压电器的基本知识

1.低压电器的分类

(1)按电器的动作性质分:

①手控电器。这类电器是指依靠人力直接操作来进行切换等动作的电器,如刀开关、负荷开关、按钮、转换开关等。

②自控电器。这类电器是指按本身参数(如电流、电压、时间、速度等)的变化或外来信号而自动进行工作的电器,如各种形式的接触器、继电器等。

(2)按电器的性能和用途分可将低压电器分为配电电器和控制电器。

(3)按有无触点分:

①有触点电器。前述各种电器都是有触点的,由有触点的电器组成的控制电路又称为继电接触控制电路。

②无触点电器。用晶体管或晶闸管做成的无触点开关、无触点逻辑元件等。

(4)按工作原理分:可分为电磁式电器和非电量控制电器。

2. 电磁式电器

电磁式电器类型很多,从结构上看大都由两个基本部分组成,即感测部分和执行部分。

(1)电磁机构

电磁机构又称为磁路系统,其主要作用是将电磁能转换为机械能并带动触头动作从而接通或断开电路,结构形式如图 5-10 所示。

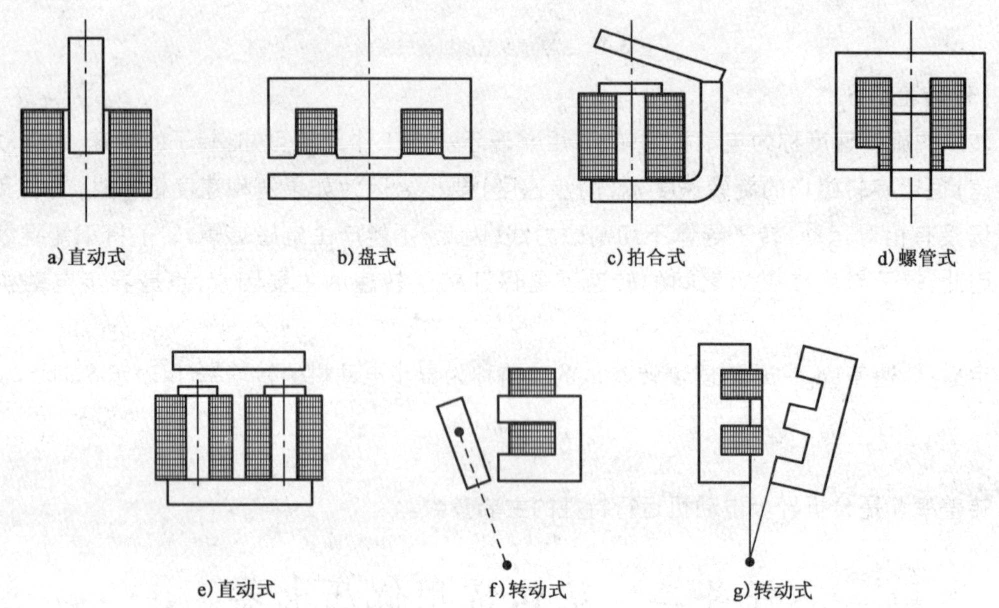

图 5-10 电磁机构的结构形式

(2)吸引线圈

吸引线圈的作用是将电能转化为磁场能。按线圈的接线形式分为电压线圈和电流线圈;单向交流电磁机构上短路环的作用是消除振动,如图 5-11 所示。

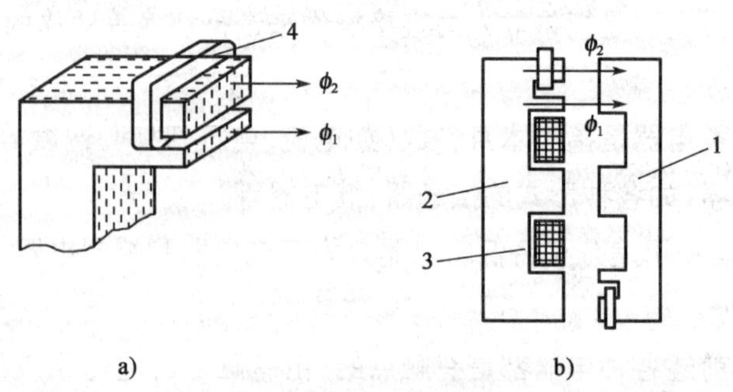

图 5-11 交流电磁铁的短路环

1-衔铁;2-铁芯;3-线圈;4-断路环

3. 电器的触头系统

触头是有触点电器的执行部分，通过触头的闭合、断开控制电路通、断。

（1）桥式触头，如图5-12a），图5-12b）所示。

（2）指式触头，如图5-12c）所示。

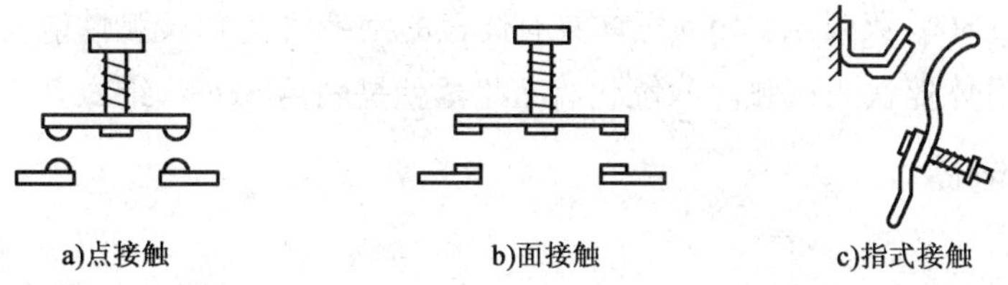

图5-12　触头的结构形式

4. 电弧和灭弧方法

电弧是一种气体放电现象，电流通过某些绝缘介质（例如空气）所产生的瞬间火花。灭弧方法如下：

（1）速拉灭弧法。迅速拉长电弧使弧隙的电场强度骤降，使离子的复合迅速增强，从而加速灭弧。这是开关电器最基本的一种灭弧方法。开关电器中装设有速动弹簧，其目的就在于加速触头的分断速度，迅速拉长电弧。

（2）冷却灭弧法降低电弧的温度可减弱电弧中的热游离，使正负离子的复合增强，从而有助于加速电弧熄灭。

（3）吹弧或吸弧灭弧法。利用外力如气流、油流或电磁力来吹动或吸动电弧，使电弧加速冷却，同时拉长电弧，降低电弧中的电场强度，使电弧中离子的复合和扩散加强，从而加速灭弧。吹弧方法按吹弧的方向可分为横吹和纵吹两种；按外力的性质可分为气吹、油吹、电动力吹和磁力吹弧或吸弧等。低压刀开关在拉开刀闸时，开关的电流回路产生的电动力会使电弧拉长变薄，以及有的开关采用专门的磁吹线圈来吹动电弧，都是增大跟空气的接触与散热面积，从而加快电弧的熄灭。也有的开关利用铁磁物质（如钢片）来吸引电弧，这相当于反向吹弧。

（4）长弧切短灭弧法。由于电弧的电压降主要降落在阴极和阳极上，其中以阴极的电压降最大，而弧柱（电弧中间部分）的电压降极小，因此，如果利用金属片将长弧切割成若干短弧，则电弧中的电压降将近似增大若干倍。当外施电压小于电弧中总的电压降时，电弧不能维持而迅速熄灭。此外，钢片对电弧还有冷却降温作用。

（5）粗弧分细灭弧法。将粗大的电弧分散成若干平行的细小电弧，使电弧与周围介质的接触面增大，改善电弧的散热条件，降低电弧的温度，从而使电弧中离子的复合和扩散都得到增强，加速电弧的熄灭。

（6）狭沟或狭缝灭弧法。使电弧在固体介质所形成的狭沟中燃烧，这样电弧的冷却条件得到了改善,从而使去游离增强,同时固体介质表面的复合也比较强烈,有利于加速灭弧。有一种用耐弧的绝缘材料(如陶瓷)制成的灭弧栅就利用了这种狭沟灭弧原理有的熔断器在装有熔丝的熔管内填充石英砂,这也是利用狭沟灭弧原理来加速熔丝的熔断。

(7)真空灭弧法。真空具有相当高的绝缘强度,因此装在真空容器内的触头分断时,在交流电流过零时即能熄灭电弧而不致复燃。真空断路器就是利用真空灭弧原理制成的。

(8)六氟化硫(SF6)灭弧法。SF6 气体具有优良的绝缘性能和灭弧性能,其绝缘强度约为空气的 3 倍,SF6 气体能快速灭弧。六氟化硫断路器就是利用 SF6 作绝缘介质和灭弧介质的。

二、开关电器

1. 刀开关

刀开关的典型结构如图 5-13 所示,主要由静插座、触刀、操作手柄、绝缘底板组成。

(1)开关板用刀开关(不带熔断器式刀开关)

(2)带熔断器式刀开关

(3)负荷开关

①开启式负荷开关。

②封闭式负荷开关。

2. 组合开关

组合开关又称转换开关。常用的组合开关有 HZ10 系列,其结构如图 5-14 所示。

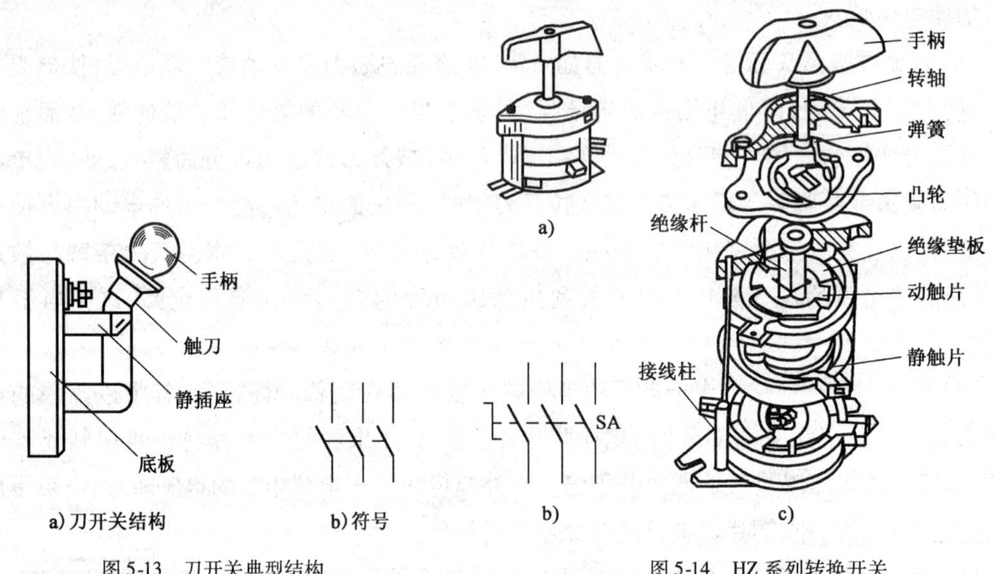

图 5-13　刀开关典型结构

图 5-14　HZ 系列转换开关

3. 低压断路器

(1)低压断路器的用途

低压断路器又称自动空气开关。分为框架式 DW 系列(又称万能式)和塑壳式 DZ 系列

(又称装置式)两大类。主要在电路正常工作条件下作为线路的不频繁接通和分断用,并在电路发生过载、短路及失压时能自动分断电路。

(2)DZ 系列断路器的结构和工作原理

断路器由触头系统、灭弧室、传动机构和脱扣机构几部分组成。如图 5-15 所示。

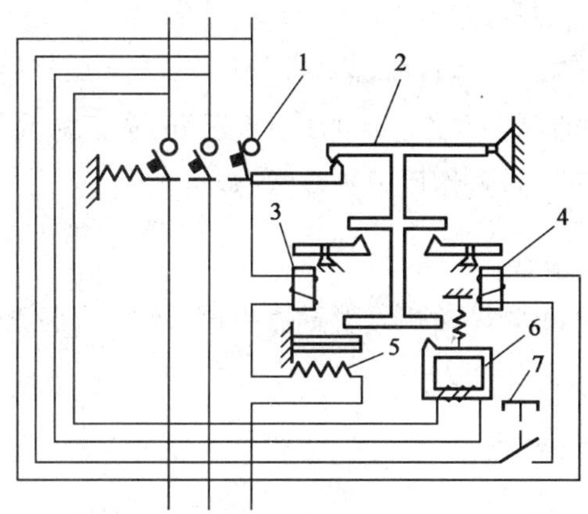

图 5-15　DZ 断路器结构图

1-主触头;2-自由脱扣器;3-过电流脱扣器;4-分励脱扣器;5-热脱扣器;6-失压脱扣器;7-按钮

三、接触器

1. 交流接触器

(1)交流接触器的结构

图 5-16 为交流接触器结构原理图。主要由三部分组成。

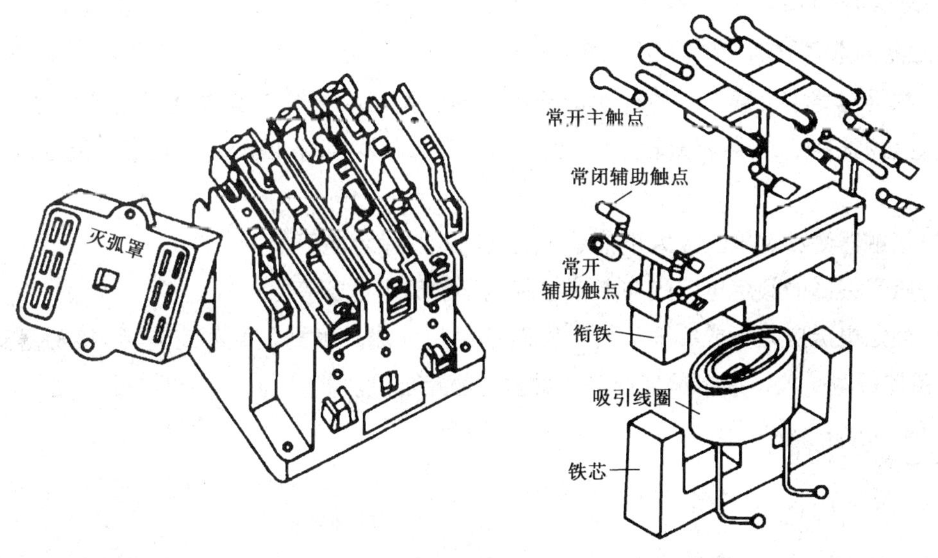

图 5-16　交流接触器的外形与结构

①触头系统：采用双断点桥式触头结构，一般有三对常开主触头。

②电磁系统：包括动、静铁芯，吸引线圈和反作用弹簧。

③灭弧系统：大容量的接触器（20A 以上）采用缝隙灭弧罩及灭弧栅片灭弧，小容量接触器采用双断口触头灭弧、电动力灭弧、相间弧板隔弧及陶土灭弧罩灭弧。

（2）交流接触器的工作原理

当吸引线圈两端加上额定电压时，动、静铁芯间产生大于反作用弹簧弹力的电磁吸力，动、静铁芯吸合，带动动铁芯上的触头动作，即常闭触头断开，常开触头闭合；当吸引线圈端电压消失后，电磁吸力消失，触头在反弹力作用下恢复常态。

2. 直流接触器

直流接触器主要用于远距离接通和分断直流电路，还用于直流电动机的频繁起动、停止、反转和反接制动。

3. 接触器的主要技术指标

（1）额定电压。

（2）额定电流。

（3）吸引线圈额定电压。

（4）通断能力。

（5）操作频率。

（6）交直流接触器的额定操作频率。

（7）寿命。

4. 接触器的选择

接触器的选择原则：

（1）根据电路中负载电流的种类选择接触器的类型。一般直流电路用直流接触器控制，当直流电动机和直流负载容量较小时，也可用交流接触器控制，但触头的额定电流应适当选择大些。

（2）接触器的额定电压应大于或等于负载回路的额定电压。

（3）吸引线圈的额定电压应与所接控制电路的额定电压等级一致。

（4）额定电流应大于或等于被控主回路的额定电流。根据负载额定电流，接触器安装条件及电流流经触头的持续情况来选定接触器的额定电流。

四、继电器

1. 电磁式继电器

作用：起控制、放大、联锁、保护和调节作用。

分类：直流继电器和交流继电器；电压继电器、电流继电器、中间继电器和时间继电器。

(1)电磁式电流继电器

电流继电器的线圈串接于电路中，根据线圈电流的大小而动作，符号如图5-17所示。这种继电器的线圈导线粗匝数少、线圈阻抗小。

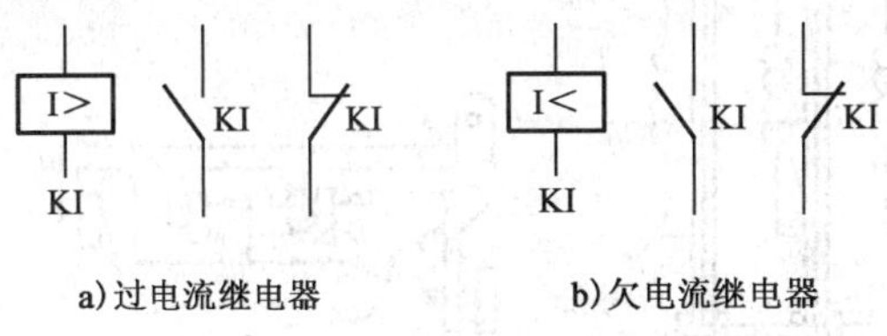

a)过电流继电器　　b)欠电流继电器

图5-17　电流继电器的符号

(2)电磁式电压继电器

电压继电器线圈匝数多，导线细，工作时并联在回路中，根据线圈两端电压的大小接通或断开电路。

(3)中间继电器

中间继电器的电磁线圈所用电源有直流和交流两种。常用的中间继电器有JZ7和JZ8两系列。

2.热继电器

热继电器有多种形式，其中常用的有：

①双金属片式：利用双金属片受热弯曲去推动杠杆使触头动作。

②热敏电阻式：利用电阻值随温度变化而变化的特性制成的热继电器。

③易熔合金式：利用过载电流发热使易熔合金达到某一温度值时，合金熔化而使继电器动作。

(1)热继电器的结构及工作原理

热继电器是利用电流的热效应来切断电路的保护电器，主要由发热元件、双金属片和触头及动作机构等部分组成，如图5-18所示。

(2)热继电器的使用与选择

热继电器的选择应满足：

$$I_{eR} \geqslant I_{ed}$$

式中：I_{eR}——热继电器热元件的额定电流；

I_{ed}——电动机的额定电流。

3.时间继电器

时间继电器用来按照所需时间间隔，接通或断开被控制的电路，以协调和控制生产机械的各种动作，因此是按整定时间长短进行动作的控制电器。

时间继电器种类很多，按构成原理有电磁式、电动式、空气阻尼式、晶体管式和数字式等。按延时方式分为通电延时型、断电延时型。

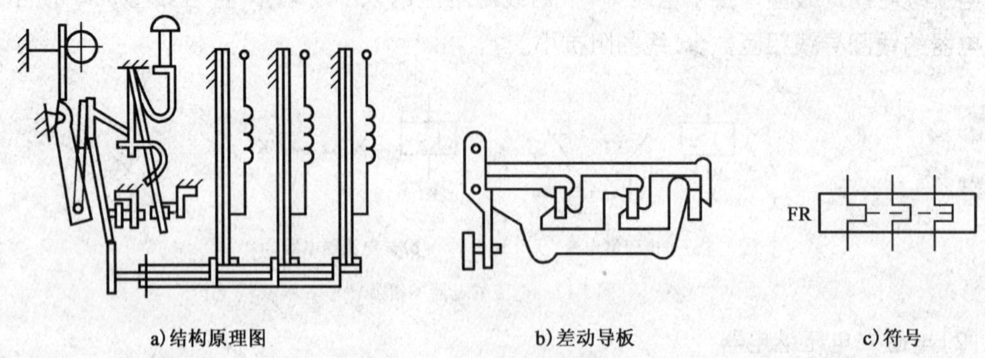

a)结构原理图　b)差动导板　c)符号

图 5-18　热继电器结构原理图

4. 速度继电器

速度继电器是以速度的大小为信号与接触器配合，完成笼型电动机的反接制动控制，故亦称为反接制动继电器。速度继电器常用于铣床和镗床的控制电路中，如图 5-19 所示。

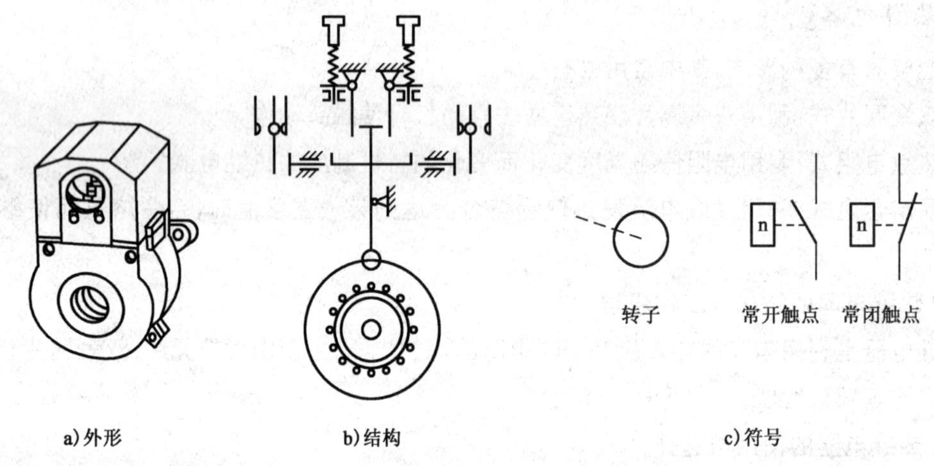

a)外形　b)结构　c)符号

图 5-19　速度继电器外形、结构和符号图

五、熔断器

1. 熔断器的分类

常用的熔断器有瓷插式、螺旋式、有填料密封管式、无填料管式等几种类型，如图 5-20 所示。

2. 熔断器的结构和原理

熔断器由熔体和熔座两部分组成，在正常情况下，熔体中通过额定电流时熔体不应该熔断，当电流增大至某值时，熔体经过一段时间后熔断并熄弧，这段时间称为熔断时间。

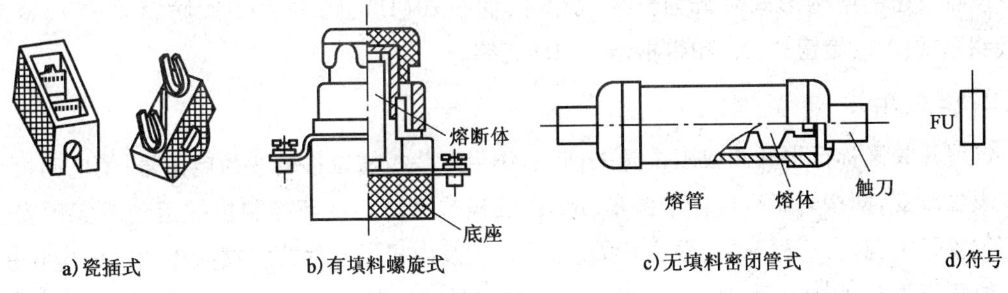

图 5-20 常用熔断器结构图

3. 熔断器的选择及性能指标

(1) 熔断器的技术参数

熔断器的选择有额定电压、额定电流、极限分断能力这三个技术参数。

(2) 熔断器的选择

对熔断器的选用主要包括类型选择和熔体额定电流的确定。

六、主令电器

1. 控制按钮

控制按钮是一种简单电器，不直接控制主电路，而在控制电路发出手动控制信号。其结构原理如图 5-21 所示。由按钮帽、复位弹簧、桥式触头和外壳组成。

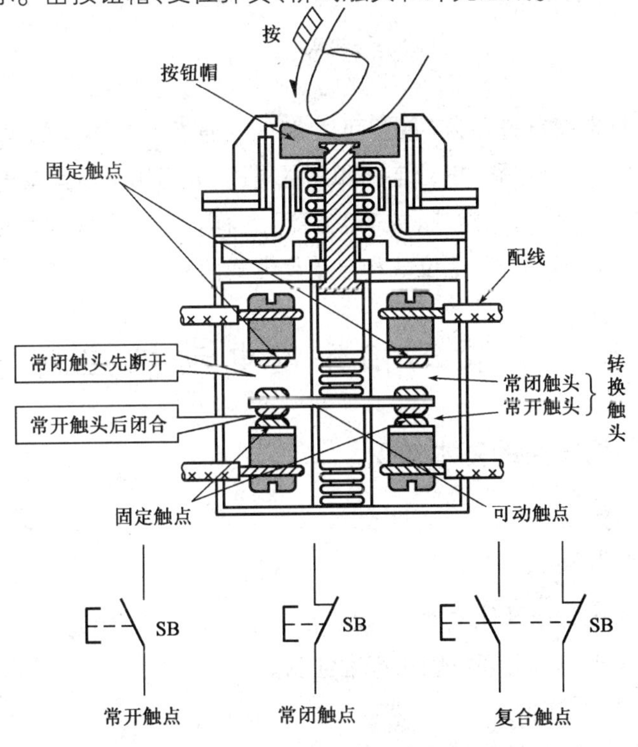

图 5-21 按钮的结构与符号

按照按钮的结构形式可分为开启式(K)、保护式(H)、防水式(S)、防腐式(F)、紧急式(J)、钥匙式(Y)、旋钮式(X)和带指示灯(D)式等。

2. 位置开关

位置开关又称行程开关或限位开关,它的作用是将机械位移转变为电信号,使电动机运行状态发生改变,即按一定行程自动停车、反转、变速或循环。从而控制机械运动或实现安全保护。位置开关包括:行程开关、限位开关、微动开关及由机械部件或机械操作的其他控制开关。

位置开关有两种类型:直动式(按钮式)和旋转式。其结构基本相同,由操作头、传动系统、触头系统和外壳组成,主要区别在传动系统。

3. 接近开关

无触点行程开关又称接近开关,是当某种物体与之接近到一定距离时就发出"动作"信号,它不须施以机械力。接近开关的用途已经远远超出一般的行程开关的行程和限位保护,它还可以用于高速计数、测速、液面控制、检测金属体的存在、检测零件尺寸、无触点按钮及用作计算机或可编程控制器的传感器等。

接近开关按工作原理分:高频振荡型(检测各种金属)、永磁型及磁敏元件型、电磁感应型、电容型、光电型和超声波型等几种。常用的接近开关是高频振荡型,由振荡、检测、晶闸管等部分组成。

常用的接近开关有LJ系列、SQ系列、CWY系列和3SG系列。3SG系列为德国西门子公司生产的新型产品。

4. 万能转换开关

万能转换开关可同时控制许多条(最多可达32条)通断要求不同的电路,而且具有多个档位,广泛应用于交直流控制电路、信号电路和测量电路,亦可用于小容量电动机的起动、反向和调速。由于其换接的电路多,用途广,故有"万能"之称。万能转换开关以手柄旋转的方式进行操作,操作位置有2~12个,分定位式和自动复位式两种。

任务三　安装三相异步电动机控制电路

一、电气控制系统图的基本知识

1. 图形、文字符号

(1)图形符号

图形符号通常用于图样或其他文件,用以表示一个设备或概念的图形、标记或字符。电气控制系统图中的图形符号必须按国家标准绘制。

(2)文字符号

文字符号分为基本文字符号和辅助文字符号。文字符号适用于电气技术领域中技术文件的编制，也可表示在电气设备、装置和元件上或其近旁以标明它们的名称、功能、状态和特征。

(3)主电路各接点标记

三相交流电源引入线采用 L1、L2、L3 标记。

电源开关之后的三相交流电源主电路分别按 U、V、W 顺序标记。

分级三相交流电源主电路采用三相文字代号 U、V、W 的前边加上阿拉伯数字 1、2、3 等来标记，如 1U、1V、1W；2U、2V、2W 等。

2. 绘图原则

电气控制系统图包括电气原理图、电气安装图（电器安装图、互连图）和框图等。各种图的图纸尺寸(mm)一般选用 297×210、297×420、297×630、297×840 四种幅面，特殊需要可按国家标准选用其他尺寸。

二、三相异步电动机全压起动控制线路

三相异步电动机全压起动就是：起动时加在电动机定子绕组上的电压为额定电压，也称直接起动。

1. 单向旋转控制电路

(1)点动正转控制线路

点动正转控制线路是用按钮、接触器来控制电动机运转的最简单的正转控制线路。如图 5-22 所示。

起动：按下起动按钮 SB ⟶ 接触器 KM 线圈得电 ⟶ KM 主触头闭合 ⟶ 电动机 M 起动运行。

停止：松开按钮 SB ⟶ 接触器 KM 线圈失电 ⟶ KM 主触头断开 ⟶ 电动机 M 失电停转。

停止使用时：断开电源开关 QS。

(2)接触器自锁正转控制线路

在要求电动机起动后能连续运行时，采用上述点动控制线路就不行了。因为要使电动机 M 连续运行，起动按钮 SB 就不能断开，这是不符合生产实际要求的。为实现电动机的连续运行，可采用图 5-23 所示的接触器自锁正转控制线路。

线路的工作原理如下：先合上电源开关 Q。

起动：按下起动按钮 SB1 ⟶ KM线圈得电 ⟶ { KM常开触头闭合 ⟶ 电动机M起动连续运行；KM主触头闭合 }

当松开 SB1 常开触头恢复分断后，因为接触器 KM 的常开辅助触头闭合时已将 SB1 短接，控制电路仍保持接通，所以接触器 KM 继续得电，电动机 M 实现连续运转。像这种当松开起动按钮 SB1 后，接触器 KM 通过自身常开触头而使线圈保持得电的作用叫做自锁（或自保）。与起动按钮 SB1 并联起自锁作用的常开触头叫自锁触头（也称自保触头）。

停止：按下停止按钮 SB2 → KM自锁触头分断 → 电动机M断电停转
→ KM线圈失电
→ KM主触头分断

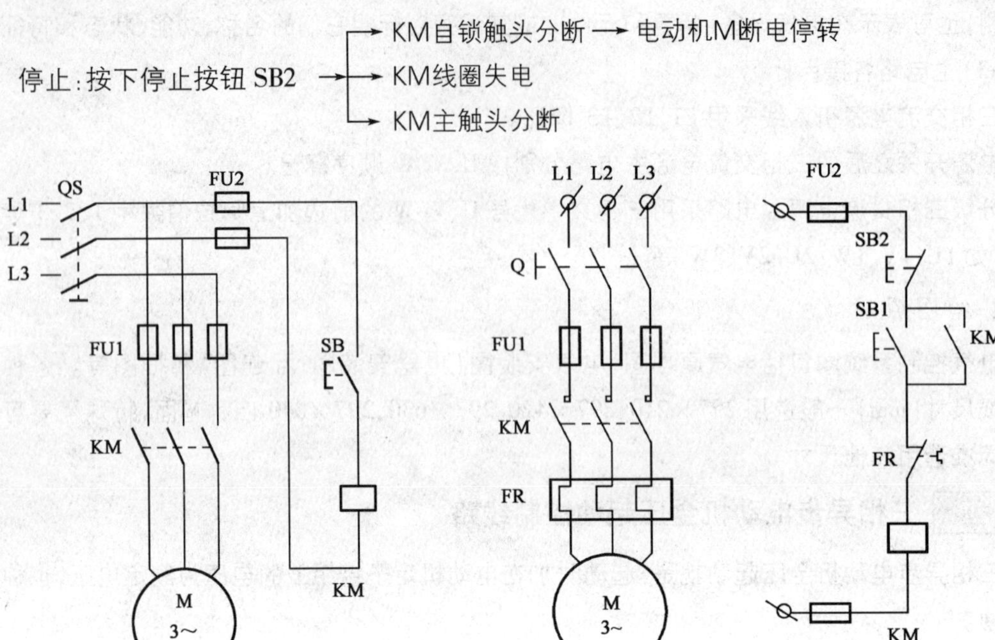

图 5-22　点动正转控制电路　　　　图 5-23　接触器自锁正转控制线路

当松开 SB2 其常闭触头恢复闭合后，因接触器 KM 的自锁触头在切断控制电路时已分断，解除了自锁，SB1 也是分断的，所以接触器 KM 不能得电，电动机 M 也不会转动。

电路的保护环节有短路保护、过载保护、失压和欠压保护。

(3) 连续与点动混合控制的正转控制电路

机床设备在正常运行时，一般电动机都处于连续运行状态。但在试车或调整刀具与工件的相对位置时，又需要电动机能点动控制，实现这种控制要求的线路是连续与点动混合控制的正转控制线路。

2. 可逆旋转控制电路

(1) 按钮控制的正反转控制电路（见图 5-24）

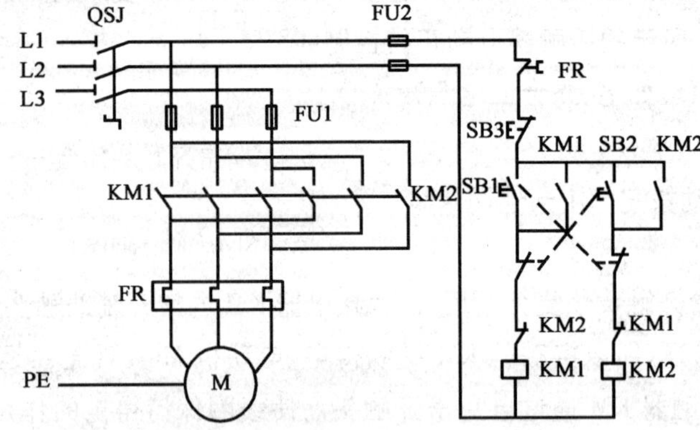

图 5-24　按钮控制的正反转控制电路

①正转控制：

按下SB1 → SB1 常闭触头先断开(对KM2实现联锁)
　　　　 → SB1 常开触头闭合 → KM1线圈得电 →

→ KM1自锁触头闭合(实现自锁) → 电机M启动连续正转工作
→ KM1主触头闭合
→ KM1联锁触头断开(对KM2实现联锁)

②反转控制：

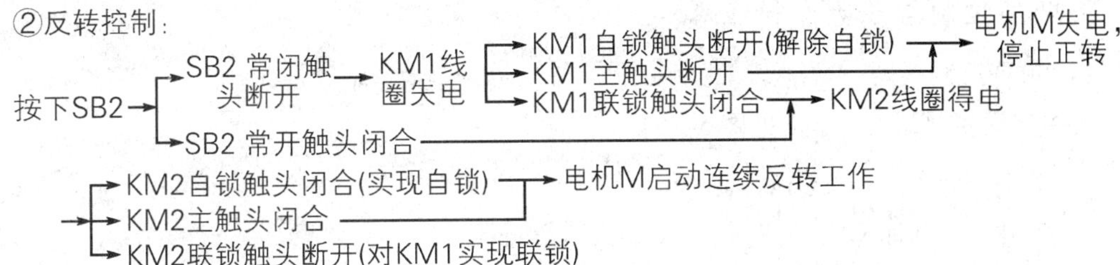

③停止控制：

按下SB3,整个控制电路失电，接触器各触头复位，电机M失电停转。

(2)自动往复控制电路

有些生产机械，如万能铣床，要求工作台在一定距离内能自动往返，而自动往返通常是利用行程开关控制电动机的正反转来实现工作台的自动往返运动。

图5-25为工作台自动往返行程控制线路，工作过程如下：按下起动按钮SB1，KM1得电并自锁，电动机正转工作台向左移动，当到达左移预定位置后，挡铁1压下SQ1，SQ1常闭触头打

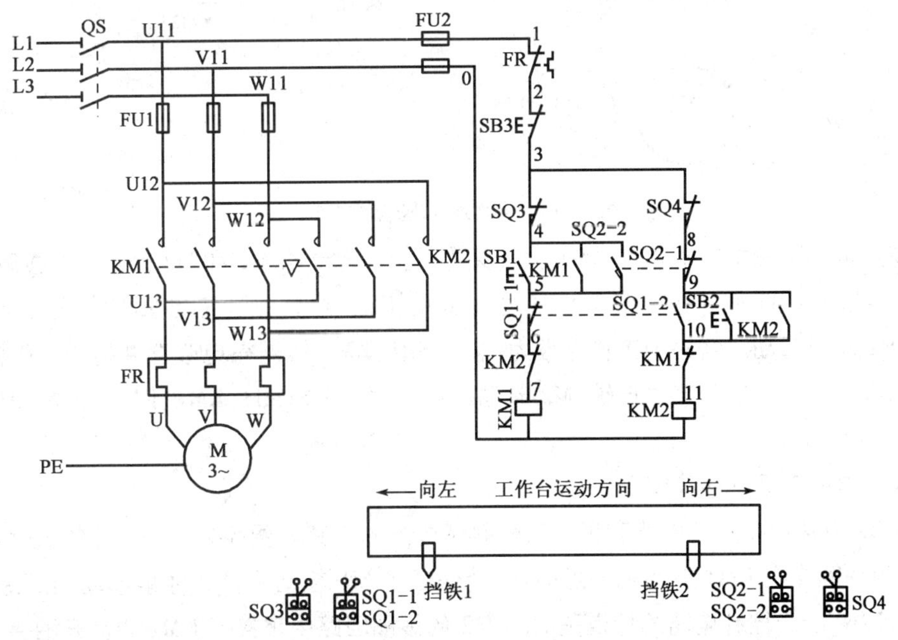

图5-25　自动往复控制电路

开使 KM1 断电，SQ1 常开触头闭合使 KM2 得电，电动机由正转变为反转，工作台向右移动。当到达右移预定位置后，挡铁 2 压下 SQ2，使 KM2 断电，KM1 得电，电动机由反转变为正转，工作台向左移动。如此周而复始地自动往返工作。当按下停止按钮 SB3 时，电动机停转，工作台停止移动。若因行程开关 SQ1、SQ2 失灵，则由极限保护行程开关 SQ3、SQ4 实现保护，避免运动部件因超出极限位置而发生事故。

3. 顺序控制与多地控制线路

(1) 顺序控制线路

①主电路实现顺序控制(见图 5-26)

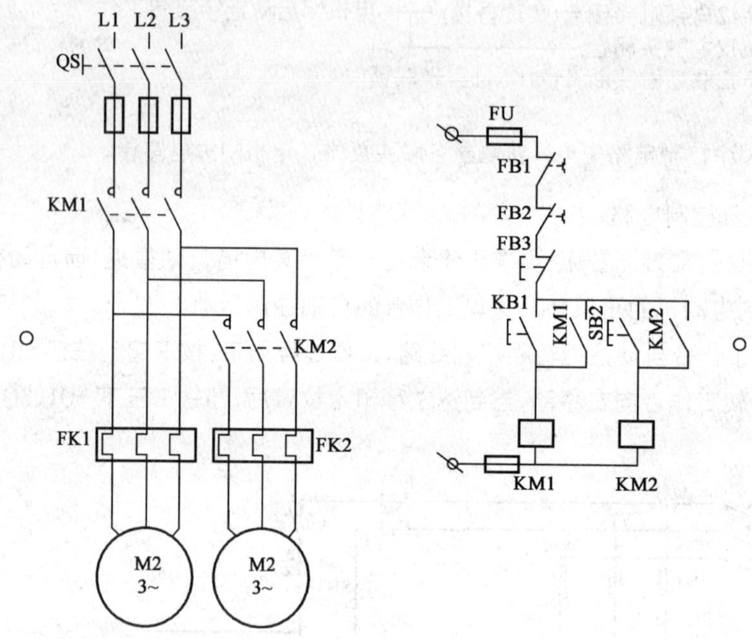

图 5-26 为主电路实现电动机顺序控制的线路

其特点是，M2 的主电路接在 KM1 主触头的下面。电动机 M1 和 M2 分别通过接触器 KM1 和 KM2 来控制，KM2 的主触头接在 KM1 主触头的下面，这就保证了当 KM1 主触头闭合，M1 起动后，M2 才能起动。线路的工作原理为：按下 SB1，KM1 线圈得电吸合并自锁，M1 起动，此后，按下 SB2，KM2 才能吸合并自锁，M2 起动。停止时，按下 SB3，KM1、KM2 断电，M1、M2 同时停转。

②控制电路实现顺序控制

图 5-27 为几种在控制电路实现电动机顺序控制的电路。图 5-27a) 所示控制线路的特点是：KM2 的线圈接在 KM1 自锁触头后面，这就保证了 M1 起动后，M2 才能起动的顺序控制要求。图 5-27b) 所示控制电路的特点是：在 KM2 的线圈回路中串接了 KM1 的常开触头。显然，KM1 不吸合，即使按下 SB2，KM2 也不能吸合，这就保证了只有 M1 电动机起动后，M2 电动机才能起动。停止按钮 SB3 控制两台电动机同时停止，停止按钮 SB4 控制 M2 电动机的单独停

止。图 5-27c)所示控制电路的特点是:在图 5-27b)中的 SB3 按钮两端并联了 KM2 的常开触头,从而实现了 M1 起动后,M2 才能起动,而 M2 停止后,M1 才能停止的控制要求,即 M1、M2 是顺序起动,逆序停止。

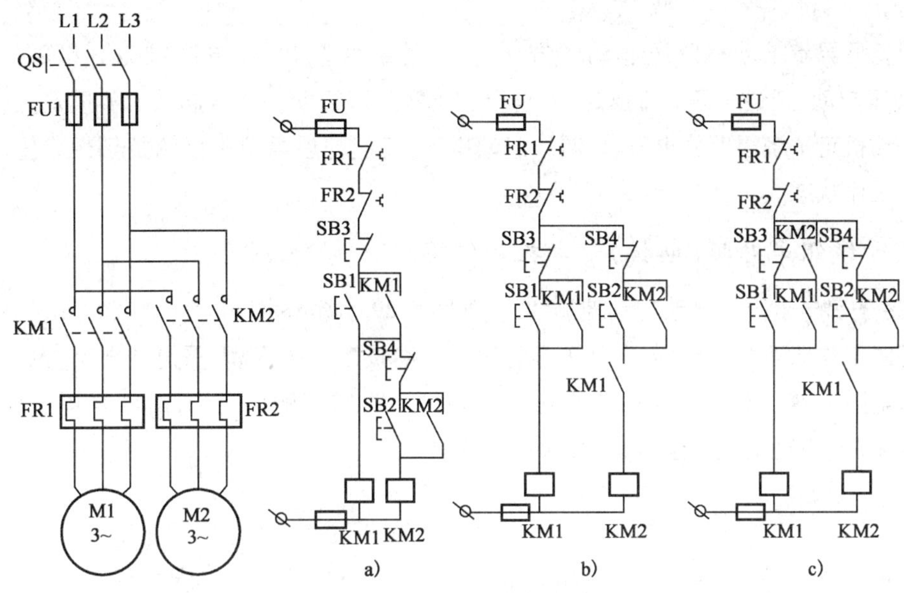

图 5-27　顺序控制

(2)多地控制线路

能在两地或多地控制同一台电动机的控制方式叫电动机的多地控制。

图 5-28 为两地控制的控制线路。其中 SB1、SB3 为安装在甲地的起动按钮和停止按钮,SB2、SB4 为安装在乙地的起动近钮和停止按钮。线路的特点是:起动按钮应并联接在一起,停止按钮应串联接在一起。这样就可以分别在甲、乙两地控制同一台电动机,达到操作方便的目的。对于三地或多地控制,只要将各地的起动按钮并联、停止按钮串联即可实现。

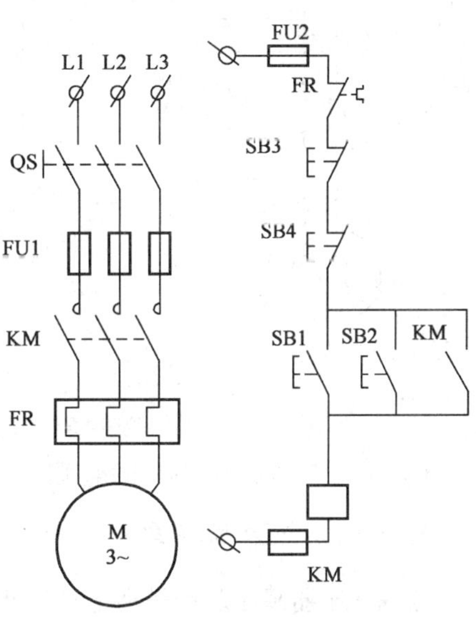

图 5-28　多地控制线路

三、三相异步电动机降压起动控制

判断一台电动机能否直接起动,可用下面经验公式来确定:

$$\frac{I_{ST}}{I_N} \leqslant \frac{3}{4} + \frac{S}{4P} \tag{5-1}$$

式中:I_{ST}——电动机全压起动电流(A);

I_N——电动机额定电流(A);

S——电源变压器容量(kVA);

P——电动机容量(kW)。

通常规定:电源容量在180kVA以上,电动机容量在7kW以下的三相异步电动机可采用直接起动。

三相笼型异步电动机降压起动的方法有:定子绕组串电阻(电抗)起动;星形—三角形(Y-△)降压起动;延边三角形降压起动;自耦变压器降压起动。降压起动的实质是,起动时减小加在电动机定子绕组上的电压,以减小起动电流;而起动后再将电压恢复到额定值,电动机进入正常工作状态。

1. 定子绕组串电阻(电抗)起动控制线路

(1)定子串电阻降压自动起动控制线路,如图5-29a)所示

电路的工作原理为:合上电源开关QS,按下起动按钮SB1,KM1得电并自锁,电动机定子绕组串入电阻R降压起动,同时KT得电,经延时后KT常开触头闭合,KM2得电主触头将起动电阻R短接,电动机进入全压正常运行。

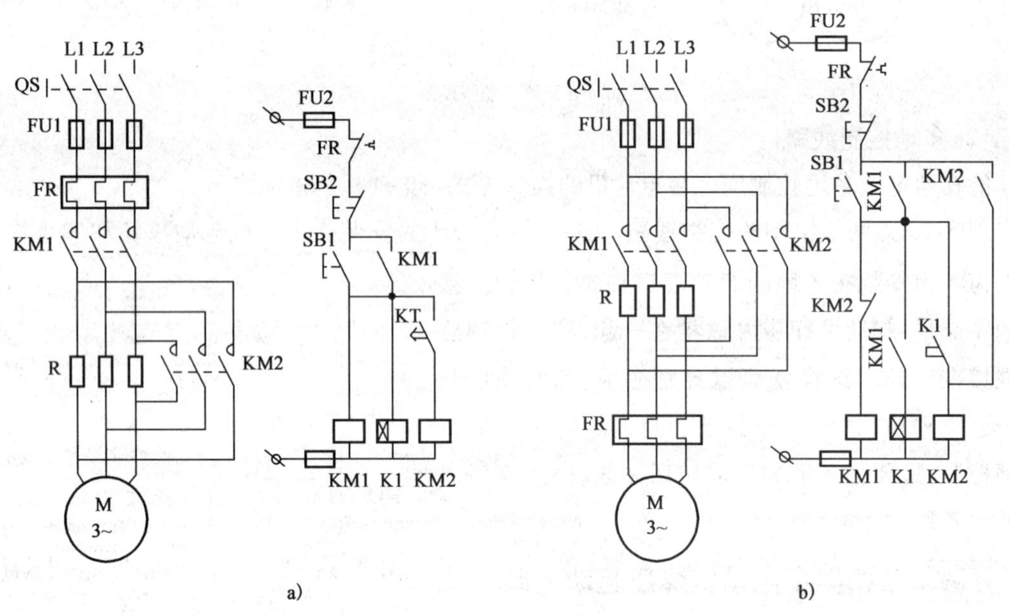

图5-29 定子串电阻降压自动起动控制线路

(2)手动自动混合控制线路(略)

2. 自耦变压器降压起动控制线路

自耦变压器降压起动是指电动机起动时利用自耦变压器来降低加在电动机定子绕组上的起动电压。待电动机起动后,再将自耦变压器脱离,使电动机在全压下正常运行。

3. 星形——三角形(Y-△)降压起动控制线路

Y-△降压起动是指电动机起动时，把定子绕组接成星形，以降低起动电压，减小起动电流；待电动机起动后，再把定子绕组改接成三角形，使电动机全压运行。Y-△起动只能用于正常运行时为△形接法的电动机，如图5-30a)所示。

(1)按钮、接触器控制Y-△降压起动控制线路

图5-30b)为按钮、接触器控制Y-△降压起动控制线路。线路的工作原理为：按下起动按钮SB1，KM1、KM2得电吸合，KM1自锁，电动机星形起动，待电动机转速接近额定转速时，按下SB2，KM2断电、KM3得电并自锁，电动机转换成三角形全压运行。

(2)时间继电器控制Y-△降压起动控制线路

图5-30c)为时间继电器自动控制Y-△降压起动控制线路，电路的工作原理为：按下起动按钮SB1，KM1、KM2得电吸合，电动机星形起动，同时KT也得电，经延时后时间继电器KT常闭触头打开，使得KM2断电，常开触头闭合，使得KM3得电闭合并自锁，电动机由星形切换成三角形正常运行。

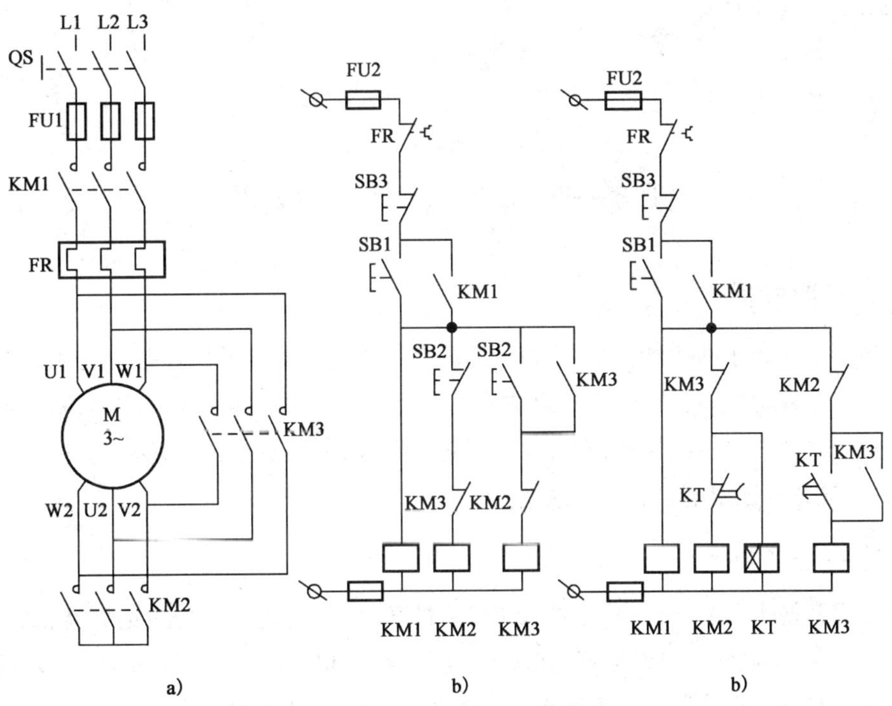

图5-30　Y-△降压起动控制线路

项目六 安全用电

【项目描述】

在电气操作和日常用电中，如果采取了有效的预防措施，会大幅度减少触电事故，但要绝对避免是不可能的。所以，在电气操作和日常用电中，必须作好触电急救的思想和技术准备。

【技能要点】

1. 掌握用电安全技术（包括接地保护、接零保护和漏电保护）。

2. 了解一般情况下对人体的安全电流和电压，了解触电事故的发生，了解安全用电的原则。

3. 培养逻辑思维和利用知识解决实际问题的能力。

【知识要点】

1. 学习安全操作规程。

2. 触电急救。

3. 安装接地知识。

任务一 安全操作规程

一、教学目标

随着电能应用的不断拓展，以电能为介质的各种电气设备广泛进入企业、社会和家庭生活中，与此同时，使用电气所带来的不安全事故也不断发生。为了实现电气安全，对电网本身的安全进行保护的同时，更要重视用电的安全问题。因此，学习安全用电基本知识，掌握常规触电防护技术，这是保证用电安全的有效途径。

二、工作任务

电气危害有两个方面：一方面是对系统自身的危害，如短路、过电压、绝缘老化等；另一方面是对用电设备、环境和人员的危害，如触电、电气火灾、电压异常升高造成用电设备损坏等，其中尤以触电和电气火灾危害最为严重。所以对于初学者必须掌握正确的操作规程，这也是本节的主要任务。

三、问题探究

1. 触电危害

触电是指人体触及带电体后，电流对人体造成的伤害。它有两种类型，即电击和电伤。

(1)电伤——非致命的

电伤是指电流的热效应、化学效应、机械效应及电流本身作用造成的人体伤害。电伤会在人体皮肤表面留下明显的伤痕，常见的有灼伤、电烙伤和皮肤金属化等现象。

(2)电击——致命的

电击是指电流通过人体内部，破坏人体内部组织，影响呼吸系统、心脏及神经系统的正常功能，甚至危及生命。在触电事故中，电击和电伤常会同时发生。

(3)影响触电危险程度的因素

①电流大小对人体的影响

通过人体的电流越大，人体的生理反应就越明显，感应就越强烈，引起心室颤动所需的时间就越短，致命的危害就越大。按照通过人体电流的大小和人体所呈现的不同状态，工频交流电大致分为下列三种：

a. 感觉电流：指引起人的感觉的最小电流(1~3mA)。

b. 摆脱电流：指人体触电后能自主摆脱电源的最大电流(10mA)。

c. 致命电流：指在较短的时间内危及生命的最小电流(30mA)。

②电流的类型

工频交流电的危害性大于直流电，因为交流电主要是麻痹破坏神经系统，往往难以自主摆脱。一般认为40~60Hz的交流电对人最危险。随着频率的增加，危险性将降低。当电源频率大于2000Hz时，所产生的损害明显减小，但高压高频电流对人体仍然是十分危险的。

③电流的作用时间

人体触电，当通过电流的时间越长，愈易造成心室颤动，生命危险性就愈大。据统计，触电1~5min内急救，90%有良好的效果，10min内60%救生率，超过15min希望甚微。

触电保护器的一个主要指标就是额定断开时间与电流乘积小于30mAs。实际产品一般额定动作电流30mA，动作时间0.1s，故小于30mAs可有效防止触电事故。

④电流路径

电流通过头部可使人昏迷；通过脊髓可能导致瘫痪；通过心脏会造成心跳停止，血液循环中断；通过呼吸系统会造成窒息。因此，从左手到胸部是最危险的电流路径；从手到手、从手到脚也是很危险的电流路径；从脚到脚是危险性较小的电流路径。

⑤人体电阻

人体电阻是不确定的电阻，皮肤干燥时一般为100kΩ左右，而一旦潮湿可降到1kΩ。人体不同，对电流的敏感程度也不一样，一般地说，儿童较成年人敏感，女性较男性敏感。患有心脏病者，触电后的死亡可能性就更大。

⑥安全电压

安全电压是指人体不戴任何防护设备时，触及带电体不受电击或电伤。

人体触电的本质是电流通过人体产生了有害效应，然而触电的形式通常都是人体的两部分同时触及了带电体，而且这两个带电体之间存在着电位差。因此在电击防护措施中，要将流过人体的电流限制在无危险范围内，也即将人体能触及的电压限制在安全的范围内。国家标准制定了安全电压系列，称为安全电压等级或额定值，这些额定值指的是交流有效值，分别为42V、36V、24V、12V、6V 等几种。

2. 常见的触电原因

人体触电主要原因有两种：直接或间接接触带电体以及跨步电压。直接接触又可分为单极接触和双极接触。

(1) 单极触电

当人站在地面上或其他接地体上，人体的某一部位触及一相带电体时，电流通过人体流入大地（或中性线），称为单极触电，如图 6-1 所示。图 6-1a) 为电源中性点接地运行方式时，单相的触电电流途径。图 6-1b) 为中性点不接地的单相触电情况。一般情况下，接地电网里的单相触电比不接地电网里的危险性大。

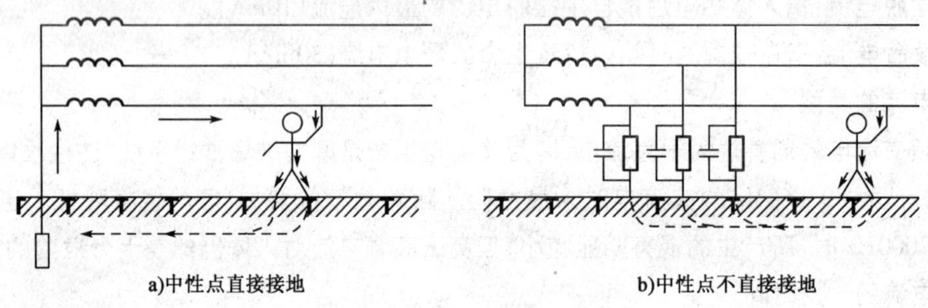

图 6-1 单相触电

(2) 双极触电

双极触电是指人体两处同时触及同一电源的两相带电体，以及在高压系统中，人体距离高压带电体小于规定的安全距离，造成电弧放电时，电流从一相导体流入另一相导体的触电方式，如图 6-2 所示。两相触电加在人体上的电压为线电压，因此不论电网的中性点接地与否，其触电的危险性都最大。

(3) 跨步电压触电

当带电体接地时有电流向大地流散，在以接地点为圆心，半径 20m 的圆面积内形成分布电位。人站在接地点周围，两脚之间（以 0.8m 计算）的电位差称为跨步电压 U_k，如图 6-3 所示，由此引起的触电事故称为跨步电压触电。高压故障接地处，或有大电流流过的接地装置附近都可能出现较高的跨步电压。离接地点越近、两脚距离越大，跨步电压值就越大。一般 10 米以外就没有危险了。

3. 防止触电

(1) 产生触电事故有以下原因

①缺乏用电常识，触及带电的导线。

②没有遵守操作规程，人体直接与带电体部分接触。

③由于用电设备管理不当，使绝缘损坏，发生漏电，人体碰触漏电设备外壳。

④高压线路落地，造成跨步电压引起对人体的伤害。

⑤检修中，安全组织措施和安全技术措施不完善，接线错误，造成触电事故。

⑥其他偶然因素，如人体受雷击等。

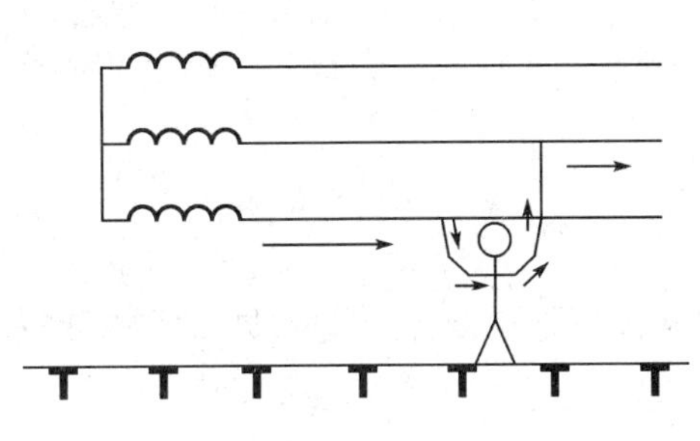

图 6-2　双极触电

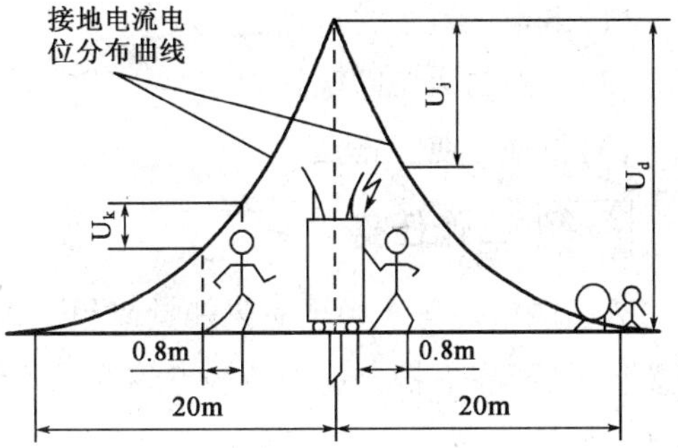

图 6-3　跨步电压触电

(2) 安全制度

①在电气设备的设计、制造、安装、运行、使用和维护以及专用保护装置的配置等环节中，要严格遵守国家规定的标准和法规。

②加强安全教育，普及安全用电知识。

③建立健全安全规章制度，如安全操作规程、电气安装规程、运行管理规程、维护检修制度等，并在实际工作中严格执行。

(3) 安全措施

①停电工作中的安全措施。

在线路上作业或检修设备时，应在停电后进行，并采取下列安全技术措施：

a. 切断电源。

b. 验电。

c. 装设临时地线。

②此外，对电气设备还应采取下列一些安全措施：

a. 电气设备的金属外壳要采取保护接地或接零。

b. 安装自动断电装置。

c. 尽可能采用安全电压。

d. 保证电气设备具有良好的绝缘性能。

e. 采用电气安全用具。

f. 设立保护装置。

g. 保证人或物与带电体的安全距离。

h. 定期检查用电设备。

任务二 触电急救

一、教学目标

(1)触电的现场抢救措施。

(2)口对口人工呼吸法。

(3)胸外心脏压挤法。

二、工作任务

人在触电后可能由于失去知觉或超过人的摆脱电流而不能自己脱离电源，此时抢救人员不要惊慌，要在保护自己不被触电的情况下使触电者脱离电源。本任务主要学习如何正确使触电者脱离电源，并进行正确的急救。

三、问题探究

1. 触电的现场抢救措施

(1)使触电者尽快脱离电源

发现有人触电，最关键、最首要的措施是使触电者尽快脱离电源。由于触电现场的情况不同，使触电者脱离电源的方法也不一样。在触电现场经常采用以下几种急救方法。

①迅速关断电源，把人从触电处移开。如果触电现场远离开关或不具备关断电源的条件，只要触电者穿的是比较宽松的干燥衣服，救护者可站在干燥木板上，如图 6-4a)所示，用一可用干燥木棒、竹竿等将电线从触电者身上挑开，如图 6-4b)所示。

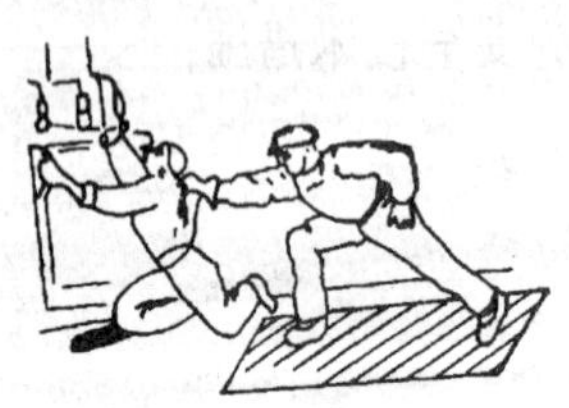

a)将触电者拉离电源图

b)将触电者身上的电线挑开图

c)用绝缘柄工具切断电线

图6-4 触电者脱离电源

②如果触电发生在相线与大地之间，一时又不能把触电者拉离电源，可用干燥绳索将触电者身体拉离地面，或在地面与人体之间塞入一块干燥木板，这样可以暂时切断带电导体通过人体流入大地的电流。然后再设法关断电源，使触电者脱离带电体。在用绳索将触电者拉离地面时，注意不要发生跌伤事故。

③救护者手边如有现成的刀、斧、锄等带绝缘柄的工具或硬棒时，可以从电源的来电方向将电线砍断或撬断，如图 6-4c)所示。但要注意切断电线时人体切不可接触电线裸露部分和

触电者。

④如果救护者手边有绝缘导线,可先将一端良好接地,另一端接在触电者所接触的带电体上,造成该相电源对地短路,迫使电路跳闸或熔断保险丝,达到切断电源的目的。在搭接带电体时,要注意救护者自身的安全。

⑤在电杆上触电,地面上一时无法施救时,仍可先将绝缘软导线一端良好接地,另一端抛掷到触电者接触的架空线上,使该相对地短路,跳闸断电。在操作时要注意两点:一是不能将接地软线抛在触电者身上,这会使通过人体的电流更大;二是注意不要让触电者从高空跌落。

注意,以上救护触电者脱离电源的方法,不适用于高压触电情况。

(2)脱离电源后的判断

触电者脱离电源后,应根据其受电流伤害的不同程度,采用不同的施救方法。

①判断呼吸是否停止

将触电者移至干燥、宽敞、通风的地方。将衣、裤放松,使其仰卧,观察胸部或腹部有无因呼吸而产生的起伏动作。若不明显,可用手或小纸条靠近触电者鼻孔,观察有无气流流动,用手放在触电者胸部,感觉有无呼吸动作,若没有,说明呼吸已经停止。

②判断脉搏是否搏动

用手检查颈部的颈动脉或腹股沟处的股动脉,看有无搏动。如有,说明心脏还在工作。因颈动脉或股动脉都是人体大动脉,位置表浅,搏动幅度较大,容易感知。所以经常用来作为判断心脏是否跳动的依据。另外,也可用耳朵贴在触电者心区附近,倾听有无心脏跳动的心音,如有,则心脏还在工作。

③判断瞳孔是否放大

瞳孔是受大脑控制的一个自动调节大小的光圈。如果大脑机能正常,瞳孔可随外界光线的强弱自动调节大小。处于死亡边缘或已经死亡的人,由于大脑细胞严重缺氧,大脑中枢失去对瞳孔的调节功能,瞳孔就会自行放大,对外界光线强弱不再做出反应,如图6-5所示。

根据上述简单判断的结果,对受伤害程度不同、症状表现不同的触电者,可用下面的方法进行不同的救治。

瞳孔正常

瞳孔放大

图6-5　瞳孔的比较

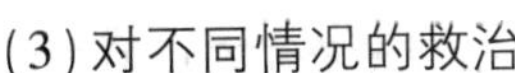

(3)对不同情况的救治

①触电者神志清醒,只是感觉头昏、乏力、心悸、出冷汗、恶心、呕吐时,应让其静卧休息,以减轻心脏负担。

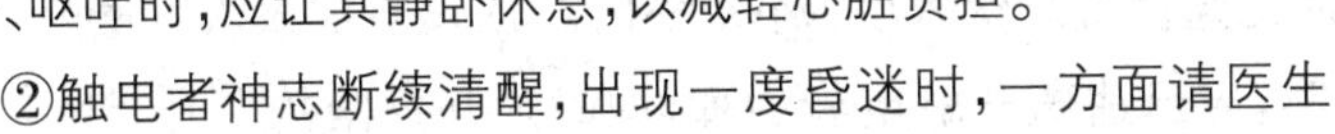

②触电者神志断续清醒,出现一度昏迷时,一方面请医生救治,一方面让其静卧休息,随时观察其伤情变化,作好万一恶化的施救准备。

③触电者已失去知觉,但呼吸、心跳尚存时,应在迅速请医生的同时,将其安放在通风、凉爽的地方平卧,给他闻一些氨水,摩擦全身,使之发热。如果出现痉挛,呼吸渐渐衰弱,应立即施行人工呼吸,并准备担架,送医院救治。在去医院途中,如果出现"假死",应边送边抢救。

④触电者呼吸、脉搏均已停止,出现"假死"现象时,应针对不同情况的"假死"现象对症处

理。如果呼吸停止，用口对口人工呼吸法，迫使触电者维持体内外的气体交换。对心脏停止跳动者，可同胸外心脏压挤法，维持人体内的血液循环。如果呼吸、脉搏均已停止，上述两种方法应同时使用，并尽快向医院告急。

下面介绍口对口人工呼吸法和胸外心脏压挤法。

2. 口对口人工呼吸法

对呼吸渐弱或已经停止的触电者，人工呼吸法是行之有效的。在几种人工呼吸法中，效果最好的是口对口人工呼吸法，其操作步骤如下所述。

（1）将触电者仰卧，松开衣、裤，以免影响呼吸时胸廓及腹部的自由扩张。再将颈部伸直，头部尽量后仰，掰开口腔，清除口中脏物，取下假牙，如果舌头后缩，应拉出舌头，使进出人体的气流畅通无阻，如图6-6a）、b）所示。如果触电者牙关紧闭，可用木片、金属片从嘴角处伸入牙缝，慢慢撬开。

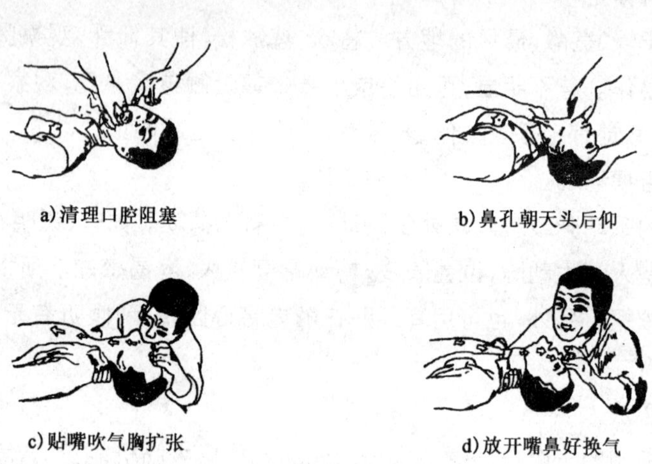

a）清理口腔阻塞　b）鼻孔朝天头后仰

c）贴嘴吹气胸扩张　d）放开嘴鼻好换气

图6-6　口对口人工呼吸法

（2）救护者位于触电者头部一侧，将靠近头部的一只手捏住触电者的鼻子（防止吹气时气流从鼻孔漏出），并将这只手的外缘压住额部，另一只手托其颈部，将颈上抬，这样可使头部自然后仰，解除舌头后缩造成的呼吸阻塞。

（3）救护者深呼吸后，用嘴紧贴触电者的嘴（中间也可垫一层纱布或薄布）大口吹气，如图6-6c）所示，同时观察触电者胸部的隆起程度，一般应以胸部略有起伏为宜。胸腹起伏过大，说明吹气太多，容易吹破肺泡。胸腹无起伏或起伏太小，则吹气不足，应适当加大吹气量。

（4）吹气至待救护者可换气时，应迅速离开触电者的嘴，同时放开捏紧的鼻孔，让其自动向外呼气，如图6-6d）所示。这时应注意观察触电者胸部的复原情况，倾听口鼻处有无呼气声，从而检查呼吸道是否阻塞。

按照上述步骤反复进行，对成年人每分钟吹气14～16次，大约每5s一个循环，吹气时间稍短，约2s；呼气时间要长，约3s左右。对儿童吹气，每分钟18～24次，这时不必捏紧鼻孔，让一部分空气漏掉。对儿童吹气，一定要掌握好吹气量的大小，不可让其胸腹过分膨胀，防止吹破肺泡。

3. 胸外心脏压挤法

在触电者心脏停止跳动时，可以有节奏地在胸廓外加力，对心脏进行挤压。利用人工方法代替心脏的收缩与扩张，以达到维持血液循环的目的，具体操作过程如图6-7所示。

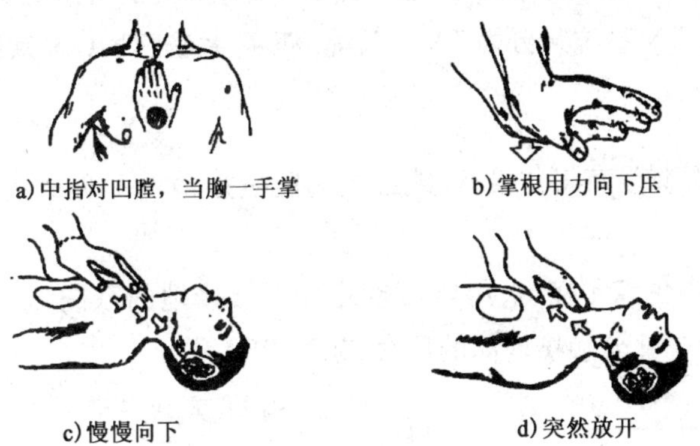

图6-7 胸外心脏压挤法

下面照图介绍其操作步骤与要领：

（1）将触电者仰卧在硬板上或平整的硬地面上，解松衣裤，救护者跪跨在触电者腰部两侧。

（2）救护者将一只手的掌根按于触电者胸骨以下横向二分之一处，中指指尖对准颈根凹膛下边缘，另一只手压在那只手的背上呈两手交叠状，肘关节伸直，靠体重和臂与肩部的用力，向触电者脊柱方向慢慢压迫胸骨下段，使胸廓下陷3～4cm，由此使心脏受压，心室的血液被压出，流至触电者全身各部。

（3）双掌突然放松，依靠胸廓自身的弹性，使胸腔复位，让心脏舒张，血液流回心室。放松时，交叠的两掌不要离开胸部，只是不加力而已。

重复（2）、（3）步骤，每分钟60次左右。

任务三 安装接地装置

一、教学目标

（1）了解用电器连接的基本形式。

（2）了解交流电的基本知识。

（3）掌握保护接地和保护接零的基本方法。

二、工作任务

在生产和生活中，电气设备上与带电部分相绝缘的金属外壳有时会因绝缘损坏或其他原因导致外壳带电，从而造成人身触电事故。为了避免或减小事故的危害性，除了用电器之间的连接，电气工程中还常采用保护接地或保护接零的安全技术措施，而规范的操作是电工从业人员生命的保障，本任务将学习如何正确规范接地。

三、问题探究

低压配电系统是电力系统的末端,分布广泛,几乎遍及建筑的每一角落,平常使用最多的是380/220V的低压配电系统。从安全用电等方面考虑,低压配电系统有三种接地形式,IT系统、TT系统、TN系统。TN系统又分为TN-S系统、TN-C系统、TN-C-S系统三种形式。

1. IT系统

IT系统I表示电源侧没有工作接地,或经过高阻抗接地。每两个字母T表示负载侧电气设备进行接地保护。

IT系统就是电源中性点不接地、用电设备外壳直接接地的系统,如图6-8所示。IT系统中,连接设备外壳可导电部分和接地体的导线,就是PE线。

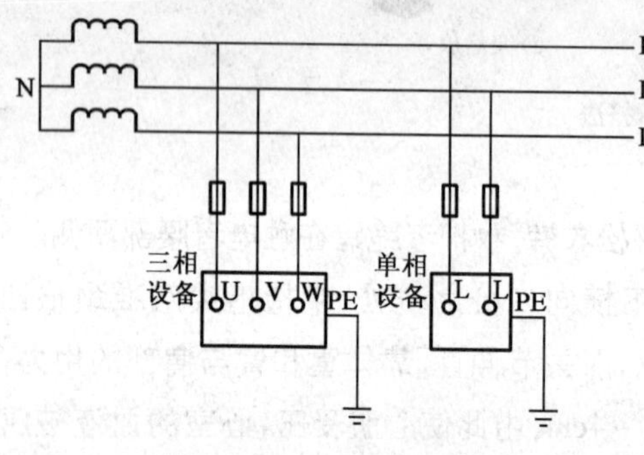

图6-8 IT系统接地

运用IT方式供电系统,即使电源中性点不接地,一旦设备漏电,单相对地漏电流仍小,不会破坏电源电压的平衡,所以比电源中性点接地的系统还安全。但是,如果用在供电距离很长时,供电线路对大地的分布电容就不能忽视了。在负载发生短路故障或漏电使设备外壳带电时,漏电电流经大地形成架路,保护设备不一定动作,这是危险的。只有在供电距离不太长时才比较安全。这种供电方式在工地上很少见。

2. TT系统

TT系统是指将电气设备的金属外壳直接接地的保护系统,称为保护接地系统,也称TT方式,是一种中性点直接接地系统。第一个符号T表示电力系统中性点直接接地;第二个符号T表示负载设备外露不与带电体相接的金属导电部分与大地直接连接,如图6-9所示。

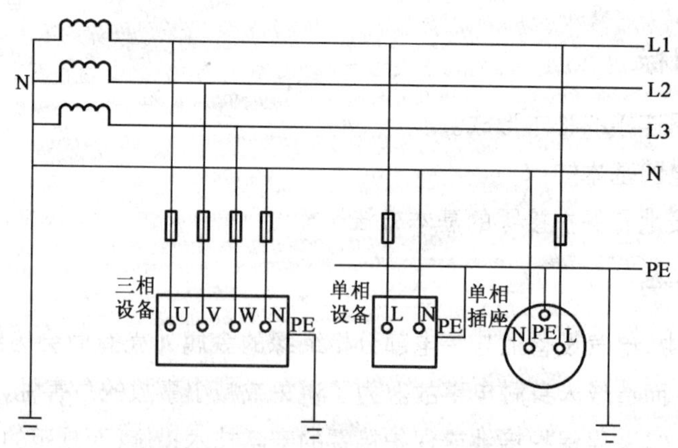

图6-9 TT系统接地

TT 系统配电线路内由同一接地故障保护电路的外露可导电部分，应用 PE 线连接，并应接至共用的接地极上。当有多级保护时，各级宜有各自独立的接地极。

3. TN 系统

TN 系统即电源中性点直接接地、设备外壳等可导电部分与电源中性点有直接接电气连接的系统，它有三种形式，分述如下。

(1) TN-S 系统

TN-S 系统如图 6-10 所示。图中中性线 N 与 TT 系统相同，在电源中性点工作接地，而用电设备外壳等可导电部分通过专门设置的保护线 PE 连接到电源中性点上。在这种系统中，中性线 N 和保护线 PE 是分开的。TN-S 系统的最大特征是 N 线与 PE 线在系统中性点分开后，不能再有任何电气连接。TN-S 系统是我国现在应用最为广泛的一种系统(又称三相五线制)。新楼宇大多采用此系统。

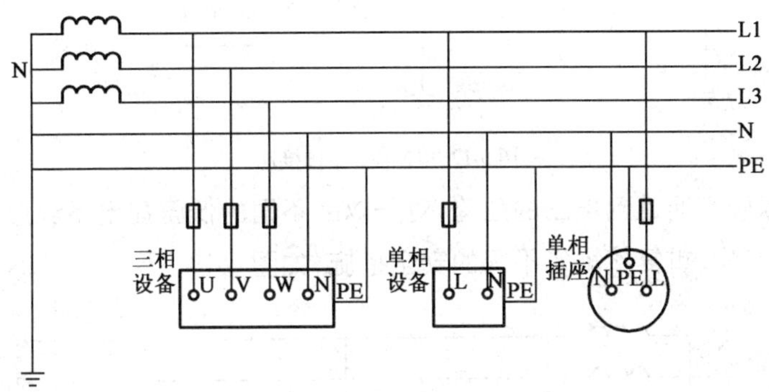

图 6-10 TN-S 系统接地

(2) TN-C 系统

TN-C 系统如图 6-11 所示，它将 PE 线和 N 线的功能综合起来，由一根称为保护中性线 PEN，同时承担保护和中性线两者的功能。在用电设备处，PEN 线既连接到负荷中性点上，又连接到设备外壳等可导电部分。此时注意火线(L)与零线(N)要接对，否则外壳要带电。

TN-C 现在已很少采用，尤其是在民用配电中已基本上不允许采用 TN-C 系统。

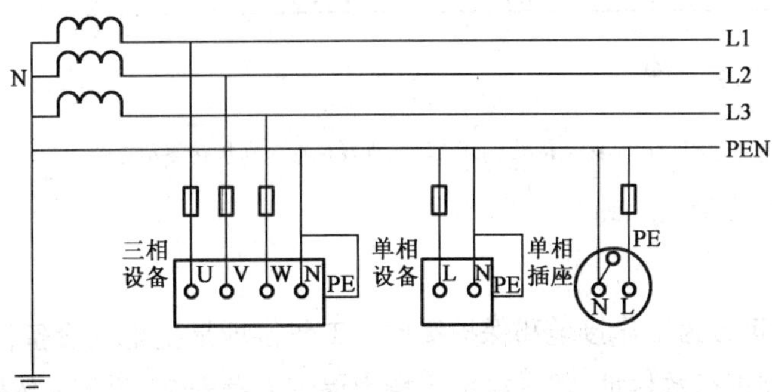

图 6-11 TN-C 系统接地

(3) TN-C-S 系统

TN-C-S 系统是 TN-C 系统和 TN-S 系统的结合形式,如图 6-12 所示。TN-C-S 系统中,从电源出来的那一段采用 TN-C 系统只起能的传输作用,到用电负荷附近某一点处,将 PEN 线分开成单独的 N 线和 PE 线,从这一点开始,系统相当于 TN-S 系统。TN-C-S 系统也是现在应用比较广泛的一种系统。这里采用了重复接地这一技术。此系统在旧楼改造适用。

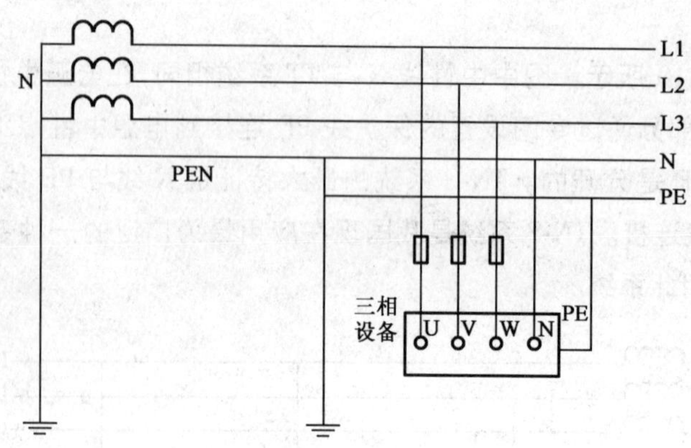

图 6-12 TN-C-S 系统接地

为降低因绝缘破坏而遭到电击的危险,对于以上不同的低压配电系统形式,电气设备常采用保护接地、保护接零、重复接地等不同的安全措施,如图 6-13 所示。

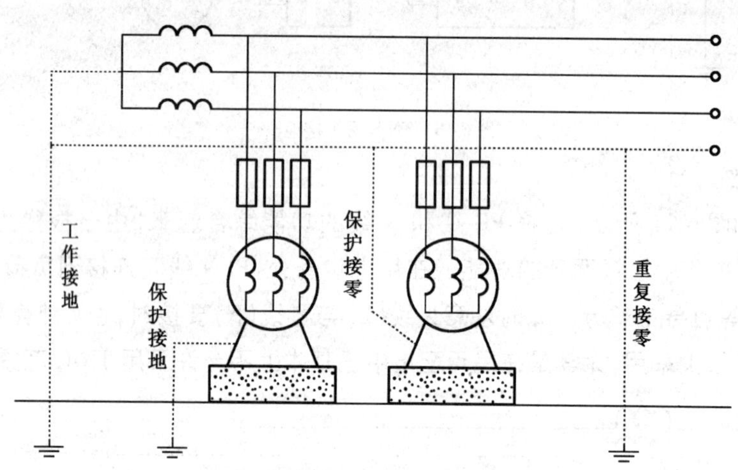

图 6-13 保护接地、工作接地、重复接地及保护接零示意图

4. 接地和接零保护

(1) 接地保护

按功能分,接地可分为工作接地和保护接地。工作接地是指电气设备(如变压器中性点)为保证其正常工作而进行的接地;保护接地是指为保证人身安全,防止人体接触设备外露部分而触电的一种接地形式。在中性点不接地系统中,设备外露部分(金属外壳或金属构架),必

须与大地进行可靠电气连接，即保护接地，如图 6-14 所示。

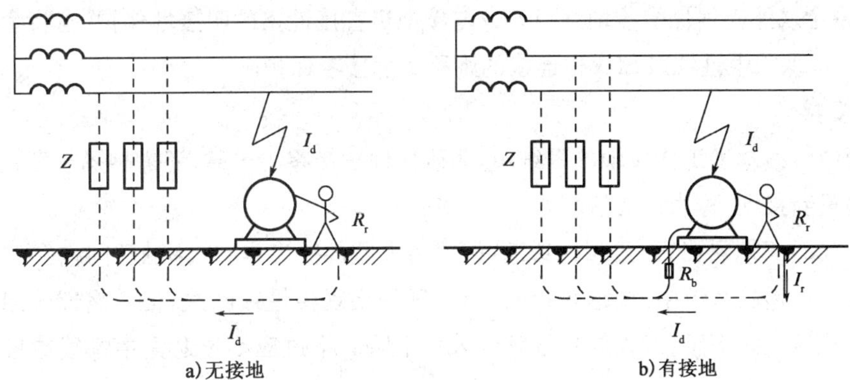

图 6-14　保护接地原理图

接地装置由接地体和接地线组成，埋入地下直接与大地接触的金属导体，称为接地体，连接接地体和电气设备接地螺栓的金属导体称为接地线。接地体的对地电阻和接地线电阻的总和，称为接地装置的接地电阻。

保护接地常用在 IT 低压配电系统和 TT 低压配电系统的形式中。

(2)保护接零

保护接零是指在电源中性点接地的系统中，将设备需要接地的外露部分与电源中性线直接连接，相当于设备外露部分与大地进行了电气连接。使保护设备能迅速动作断开故障设备，减少了人体触电危险。保护接零适用于 TN 低压配电系统形式。

保护接零的工作原理：

当设备正常工作时，外露部分不带电，人体触及外壳相当于触及零线，无危险，如图 6-15 所示。

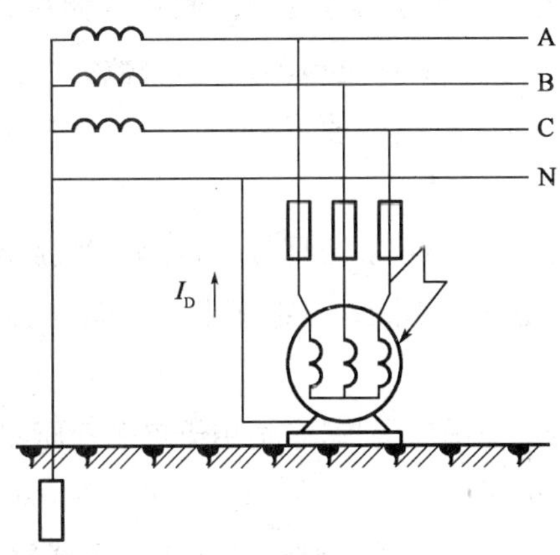

图 6-15　保护接零原理图

采用保护接零时注意：

①同一台变压器供电系统的电气设备不宜将保护接地和保护接零混用，而且中性点工作接地必须可靠。

②保护零线上不准装设熔断器。

区别:将金属外壳用保护接地线(PEE)与接地极直接连接的叫接地保护;当将金属外壳用保护线(PE)与保护中性线(PEN)相连接的则称之为接零保护。

(3)重复接地

在电源中性线做了工作接地的系统中,为确保保护接零的可靠,还需相隔一定距离将中性线或接地线重新接地,称为重复接地。

从图6-16a)可以看出,一旦中性线断线,设备外露部分带电,人体触及同样会有触电的可能。而在重复接地的系统中,如图6-16b)所示,即使出现中性线断线,但外露部分因重复接地而使其对地电压大大下降,对人体的危害也大大下降。不过应尽量避免中性线或接地线出现断线的现象。

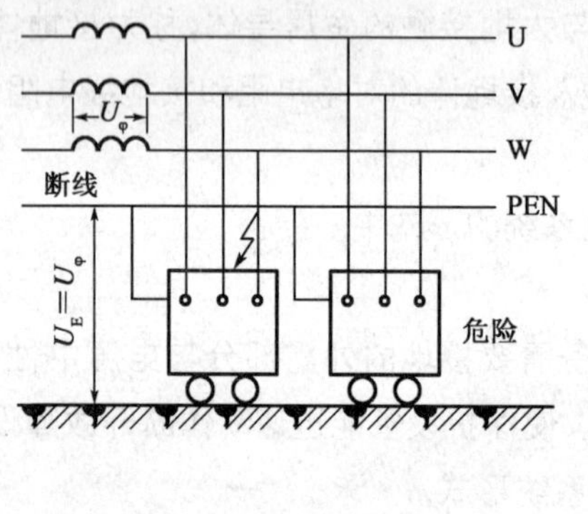

a)

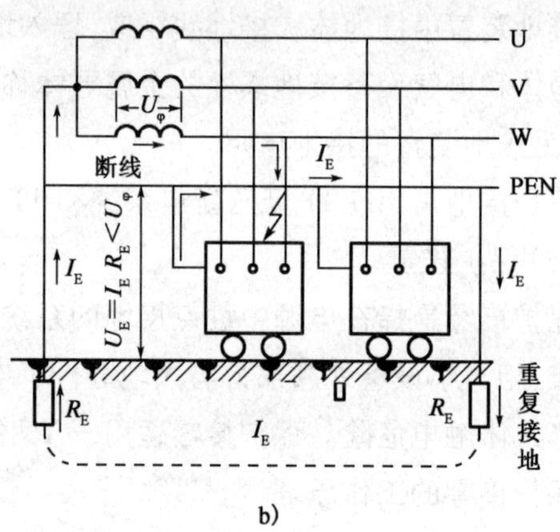

b)

图6-16 重复接地作用

种类:漏电保护器按不同方式分类来满足使用的选型。如按动作方式可分为电压动作型和电流动作型;按动作机构分,有开关式和继电器式;按极数和线数分,有单极二线、二极、二极三线等等。按动作灵敏度可分为:高灵敏度:漏电动作电流在30mA以下;中灵敏度:30~1000mA;低灵敏度:1000mA以上。

漏电保护器的种类很多,这里介绍目前应用较多的晶体管放大式漏电保护器。晶体管漏电保护器的组成及工作原理如图6-17所示,由零序电流互感器、输入电路、放大电路、执行电路、整流电源等构成。

漏电保护器是一种电流动作型漏电保护,它适用于电源变压器中性点接地系统(TT和TN系统),也适用于对地电容较大的某些中性点不接地的IT系统(对相—相触电不适用)。漏电保护器工作原理:三相线A,B,C和中性线N穿过零序电流互感器。在正常情况下(无触电或漏电故障发生),三相线和中性线的电流向量和等于零,即:

$$I_a+I_b+I_c+I_n=0$$

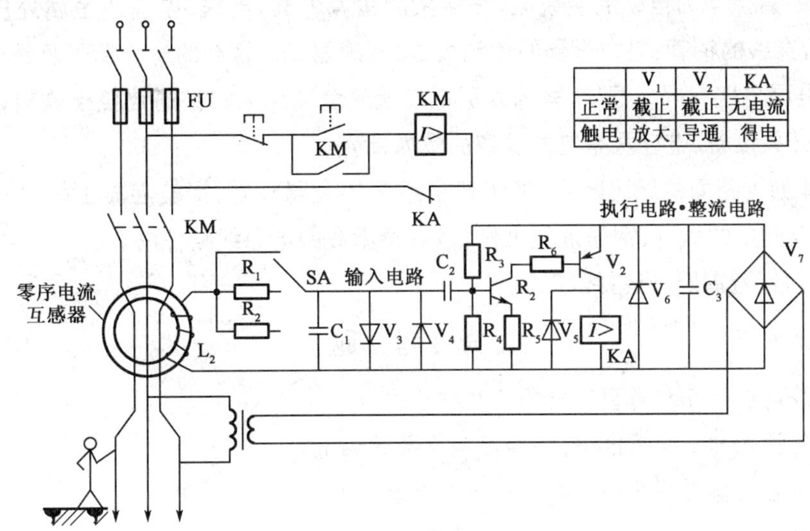

	V_1	V_2	KA
正常	截止	截止	无电流
触电	放大	导通	得电

图 6-17 晶体管放大式漏电保护器原理图

因此，各相线电流在零序电流互感器铁芯中所产生磁通向量之和也为零，即：

$$\Phi_a+\Phi_b+\Phi_c+\Phi_n=0$$

当有人触电或出现漏电故障时，即出现漏电电流，这时通过零序电流互感器的一次电流向量和不再为零，即：

$$I_a+I_b+I_c+I_n\neq 0$$

零序电流互感器原边中有零序电流流过，在其副边产生感应电动势，加在输入电路上，放大管 V1 得到输入电压后，进入动态放大工作区，V1 管的集电极电流在 R6 上产生压降，使执行管 V2 的基极电压下降，V2 管输入端正偏，V2 管导通，继电器 KA 流过电流启动，其常闭触头断开，接触器 KM 线圈失电，切断电源。

注意：漏电保护器的接线：

(1) 无论是单相负荷还是二相与单相的混合负荷，相线与零线均应穿过零序互感器。

(2) 安装漏电保护器时，一定要注意线路中中性线 N 的正确接法，即工作中性线一定要穿过零序互感器，而保护零线 PE 决不能穿过零序互感器。若将保护零线接漏电保护器，漏电保护器处于漏电保护状态而切断电源。即保护零线一旦穿过零序互感器就再也不能用作保护线。

5. 电气设备的接地范围

根据安全规程规定，下列电气设备的金属外壳应该接地或接零。

(1) 电机、变压器、电器、照明器具、携带式及移动式用电器具等的底座和外壳，如手电钻、电冰箱、电风扇、洗衣机等。

(2)交流、直流电力电缆的接线盒,终端头的金属外壳,电线、电缆的金属外皮,控制电缆的金属外皮,穿线的钢管;电力设备的传动装置,互感器二次绕组的一个端子及铁心。

(3)配电屏与控制屏的框架,室内外配电装置的金属构架和钢筋混凝土构架,安装在配电线路杆上的开关设备、电容器等电力设备的金属外壳。

(4)在非沥青路面的居民区中,高压架空线路的金属杆塔、钢筋混凝土杆,中性点非直接接地的低压电网中的铁杆、钢筋混凝土杆,装有避雷线的电力线路杆塔。

(5)避雷针、避雷器、避雷线等。

思考题

1. 人体触电有哪几种类型?有哪几种方式?
2. 在电气操作和日常用电中,哪些因素会导致触电?
3. 电流伤害人体与哪些因素有关?各是什么关系?
4. 将触电者脱离电源后,怎样根据不同情况对其进行救治?
5. 口对口人工呼吸法在什么情况下使用?试述其动作要领。
6. 胸外心脏压挤法在什么情况下使用?试述其动作要领。
7. 低压配电系统有几种接地形式?各自的特点有哪些?
8. 电气设备的接地范围有哪些?
9. 人体触电有哪几种类型?有哪几种方式?
10. 在电气操作和日常用电中,哪些因素会导致触电?
11. 电流伤害人体与哪些因素有关?各是什么关系?
12. 将触电者脱离电源后,怎样根据不同情况对其进行救治?
13. 口对口人工呼吸法在什么情况下使用?试述其动作要领?
14. 胸外心脏压挤法在什么情况下使用?试述其动作要领?

参考文献

[1] 郑彤,闫明. 电工技术基础[M]. 北京:国防工业出版社,2006.

[2] 朱国兴. 电子技能与训练[M]. 北京:高等教育出版社,2000.

[3] 申凤琴. 电工电子技术及应用[M]. 北京:机械工业出版社,2003.

[4] 徐国和. 电工学与工业电子学[M]. 北京:高等教育出版社,1998.

[5] 姚锡禄. 工厂供电[M]. 北京:电子工业出版社,2010.

[6] 张龙兴. 电子技术基础[M]. 北京:高等教育出版社,2006.

[7] 王慧玲. 电路基础[M]. 北京:高等教育出版社,2007.

[8] 谭有广. 设备电气控制及维修. [M]. 北京:机械工业出版社,2008.

[9] 中华人民共和国住房和城乡建设部. GB 50054—2011 低压配电设计规范[S]. 北京:中国计划出版社,2012.

[10] 中华人民共和国住房和城乡建设部. GB 50055—2011 通用用电设备配电设计规范[S]. 北京:中国计划出版社,2012.

[11] 中华人民共和国住房和城乡建设部. JGJ 16—2008 民用建筑电气设计规范[S]. 北京:中国建筑工业出版社,2008.

[12] 中国航空工业规划设计研究院. 工业与民用配电设计手册[M]. 北京:中国电力出版社,2005.

[13] 北京照明学会照明设计专业委员会. 照明设计手册[M]. 2 版. 北京:中国电力出版社,2006.

参考文献

[1] [illegible]

[2] [illegible]

[3] [illegible]

[4] [illegible]

[5] [illegible]

[6] [illegible]

[7] [illegible]

[8] [illegible]

[9] [illegible]

[10] [illegible]

[11] [illegible]

[12] [illegible]

[13] [illegible]